공학기초수학 I

이효삼 · 이관영 · 황정주 공저

대구대학교출판부

국립중앙도서관 출판시도서목록(CIP)

공업기초수학. 1 / 이효삼, 이관영, 황정주 공저. -- 경산 : 대구대학교 출판부, 2008
p. ; cm

색인수록

530.1-KDC4
620.00151-DDC21 CIP2008000686

머리말

수학은 인류 역사와 함께 시작된 가장 오래된 학문이다. 일상생활 속에서 발견되는 자연현상의 원리와 법칙에 대한 이론을 수학식으로 표현함으로서 자연의 섭리와 법칙을 이해한다. 그러므로 모든 과학의 모태가 된다고 말한다.

특히 해가 거듭할수록 정보의 양적증가와 지식의 질적 고도화로 신속하고 능률적으로 문제를 처리해야할 요구를 강하게 부여 받고 있는 현실이다.

더욱이 자연과학의 기본바탕으로 수학을 필수적으로 공부하지 않고서는 고도의 사고를 요하는 공학을 깊이 연구할 수 없다.

이러한 점을 고려하여 공학을 전공하려는 학생들에게 필수적으로 필요한 수학적인 기초 핵심내용을 추출하여 미적분학을 이해하는데 도움이 되도록 저술하였다.

다소 수학의 기초가 부족하다고 느끼는 학생들에게 쉽게 접근할 수 있도록 다양한 예제와 그래프, 연습문제를 제시하였고 공학에서 이용되는 예제도 제시하여 전공진입에 도움을 줄 수 있으리라 생각된다.

이 책을 통하여 대학에서 공학을 전공하는 학생들이 수학의 기초를 다지고 앞으로 학력증진에 도움이 되기 바란다. 성의를 다해 썼으나 다소 미흡한 점도 있을 줄로 생각한다.

이점에 대해서는 계속하여 재판을 낼 때 수정 보완할 예정이니 여러분의 아낌없는 지적과 도움을 바라며 이 책을 출간하는데 힘써주신 대구대학교 출판부 직원여러분께 감사드린다.

2008년 2월

저자일동

차 례

머리말 / iii

1. 지수함수와 로그함수 ·· 1

1.1 지수법칙 ··· 3
1.2 지수함수 ··· 4
1.3 로그함수 ··· 6
1.4 지수방정식과 로그방정식 ··· 12

2. 삼각함수 ·· 23

2.1 일반각과 호도법 ··· 25
2.2 삼각함수의 성질 ··· 29
2.3 삼각함수의 그래프 ··· 41
2.4 삼각 방정식 ··· 48
2.5 역삼각함수 ··· 51
2.6 삼각함수의 응용 ··· 57

3. 좌표계 ·· 69

3.1 극좌표와 그래프 ··· 71
3.2 직교좌표계 ··· 80
3.3 원주좌표계 ··· 82
3.4 구면좌표계 ··· 83

4. 미분법 ·· 85

4.1 함수의 극한과 연속 ··· 87
4.2 미분 ··· 93
4.3 삼각함수의 미분 ··· 102
4.4 지수함수와 로그함수의 미분 ··· 107
4.5 쌍곡선함수의 미분 ··· 110

5. 도함수의 응용 ·· 115

5.1 평균값의 정리 ··· 117
5.2 함수의 증감과 극값 ··· 120
5.3 Taylor 정리 ··· 125
5.4 미분과 근의 근사값 ··· 130

6. 적분법 ·· 135

6.1 부정적분 ··· 137
6.2 부분적분(Integration by substitution) ··· 140
6.3 치환적분(Integration by substitution) ··· 145
6.4 삼각함수의 적분 ··· 149
6.5 유리함수의 적분 ··· 161
6.6 무리함수의 적분 ··· 166

7. 정적분 ·· 171

7.1 정적분의 정의와 기본성질 ··· 173
7.2 정적분법 ··· 179
7.3 이상적분 ··· 182

8. 정적분의 응용 ·· 185

8.1 넓이 ··· 187
8.2 부피 ··· 197
8.3 평면곡선의 길이 ··· 205
8.4 회전체의 겉넓이 ··· 211

9. 편도함수 ·· 219

9.1 편도함수 ··· 221
9.2 연쇄 법칙 ··· 225
9.3 편도함수의 응용 ··· 230

10. 중적분 ·· 239

10.1 중적분의 정의 ········ 241
10.2 극좌표의 중적분 ········ 249
10.3 다중적분 ········ 253

연습문제 해답 / 260
찾아보기 / 277

1. 지수함수와 로그함수

1.1 지수법칙

1.2 지수함수

1.3 로그함수

1.4 지수방정식과 로그방정식

1.1 지수법칙

a, b가 임의의 실수이고, m, n이 양의 정수일 때

① $a^m \times a^n = a^{m+n}$

② $(a^m)^n = a^{mn}$

③ $(ab)^n = a^n b^n$

④ $a^{-n} = \dfrac{1}{a^n}$

⑤ $a^m \div a^n = \begin{cases} a^{m-n} & (m > n) \\ 1 & (m = n) \\ \dfrac{1}{a^{n-m}} & (m < n) \end{cases} \quad (a \neq 0)$

⑥ $a > 0$이고 m이 정수, n이 양의 정수일 때

$$a^{\frac{m}{n}} = \sqrt[n]{a^m}. \text{ 특히 } a^{\frac{1}{n}} = \sqrt[n]{a}$$

【예제 1】 $a > 0, b > 0$일 때, 다음 식을 간단히 하여라.

$$\sqrt{a^3 b} \div \sqrt[3]{a^4 b^2} \times \sqrt[6]{a^5 b}$$

《풀이》
$$\begin{aligned}\sqrt{a^3 b} \div \sqrt[3]{a^4 b^2} \times \sqrt[6]{a^5 b} &= (a^3 b)^{\frac{1}{2}} \div (a^4 b^2)^{\frac{1}{3}} \times (a^5 b)^{\frac{1}{6}} \\ &= \left(a^{\frac{3}{2}} b^{\frac{1}{2}}\right) \div \left(a^{\frac{4}{3}} b^{\frac{2}{3}}\right) \times \left(a^{\frac{5}{6}} b^{\frac{1}{6}}\right) \\ &= a^{\frac{3}{2} - \frac{4}{3} + \frac{5}{6}} \times b^{\frac{1}{2} - \frac{2}{3} + \frac{1}{6}} \\ &= a^1 b^0 = a \quad ◀\end{aligned}$$

【예제 2】 $9^{1/2} \times 64^{-1/3}$의 값을 구하여라.

《풀이》 $9^{1/2} \times 64^{-1/3} = (3^2)^{1/2} \times (4^3)^{-1/3} = 3 \times 4^{-1} = \dfrac{3}{4}$ ◀

1.2 지수함수

정의 1 $a>0, a\neq 0$일 때 $f(x)=a^x$를 **지수함수**라 하고
이 때, a를 **밑**(base), x를 **지수**라고 한다.

일반적으로 지수함수 $y=a^x$에는 다음과 같은 성질이 있다.

[지수함수 $y=a^x(a>0, a\neq 0)$의 성질]

① 정의역은 실수 전체의 집합이고 치역은 양의 실수 전체의 집합이다.

② $a>0$일 때, x의 값이 증가하면 y의 값도 증가한다.
$0<a<1$일 때, x의 값이 증가하면 y의 값은 감소한다.

③ 그래프는 두 점 $(0,1)$과 $(1,a)$를 지나고 x축을 점근선으로 한다.

④ $y=a^x$와 $y=\left(\dfrac{1}{a}\right)^x$의 그래프는 y축에 대하여 서로 대칭이다.

또, 지수함수 $y=a^x$의 그래프를 그려보면 다음과 같다.

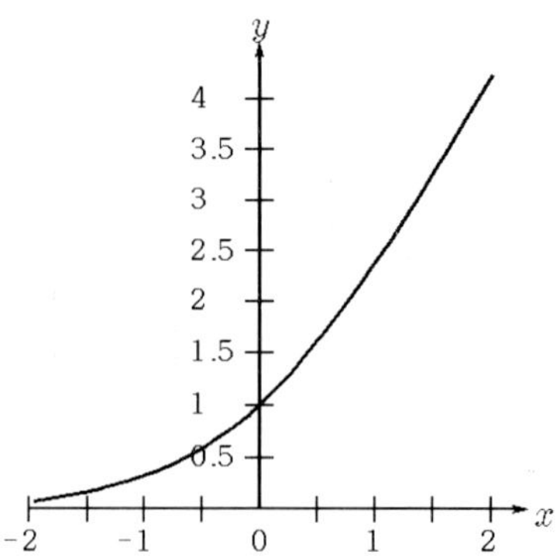

$(a>1)$

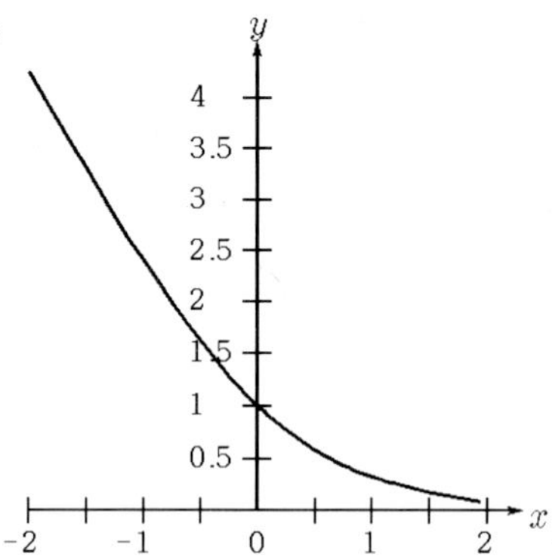

$(0<a<1)$

0보다 큰 모든 실수는 밑이 될 수 있지만, 우리가 주로 사용하는 밑은 2와 10이다. 컴퓨터 연산에서는 밑 2를 사용하고, 우리가 사용하는 연산은 밑이 10이다.

2와 10이외에 유용하게 사용되는 밑은 무리수 e이다. e를 다음과 같이 정의한다.

$$e = \lim_{n \to \infty}\left(1 + \frac{1}{n}\right)^n$$

위에서 정의한 e의 값을 추정해 보자.

$$\left(1+\frac{1}{2}\right)^2 = 2.25,$$
$$\left(1+\frac{1}{3}\right)^3 = 2.37037\cdots,$$
$$\left(1+\frac{1}{10}\right)^{10} = 2.5937\cdots,$$
$$\left(1+\frac{1}{100}\right)^{100} = 2.7048\cdots,$$
$$\left(1+\frac{1}{1000}\right)^{1000} = 2.7169\cdots,$$
$$\left(1+\frac{1}{10000}\right)^{10000} = 2.7187\cdots,$$

이 값들은 n을 크게 택할수록
$e \approx 2.718281828459045235360287471352\cdots$ 에 수렴함을 알 수 있다.

【예제 1】 e^4, $e^{-\frac{1}{5}}$, e^0을 구하여라.

《풀이》 계산기를 사용하여 구한다.

$$e^4 = e \cdot e \cdot e \cdot e \approx 54.598$$

$$e^{-\frac{1}{5}} = \frac{1}{e^{\frac{1}{5}}} = \frac{1}{\sqrt[5]{e}} \approx 0.81873$$

$$e^0 = 1$$ ◀

1.3 로그함수

정의 1 $a>0, a\neq 1$이고 $a^x=y$일 때 x를 밑이 a인 y의 로그라 한다.

$$y=a^x \iff \log_a y = x$$

로그함수 $y=\log_a x$는 다음과 같은 성질을 갖는다.

① 정의역은 양의 실수 전체의 집합이고 치역은 실수 전체의 집합

② $a>1$일 때, x의 값이 증가하면 y의 값도 증가한다.
$0<a<1$일 때, x의 값이 증가하면 y의 값은 감소한다.

③ 그래프는 두 점 $(1,0)$과 $(a,1)$을 지나고 y축을 점근선으로 한다.

④ $y=\log_a x$와 $y=a^x$의 그래프는 직선 $y=x$에 대하여 대칭이다. (역함수 관계)

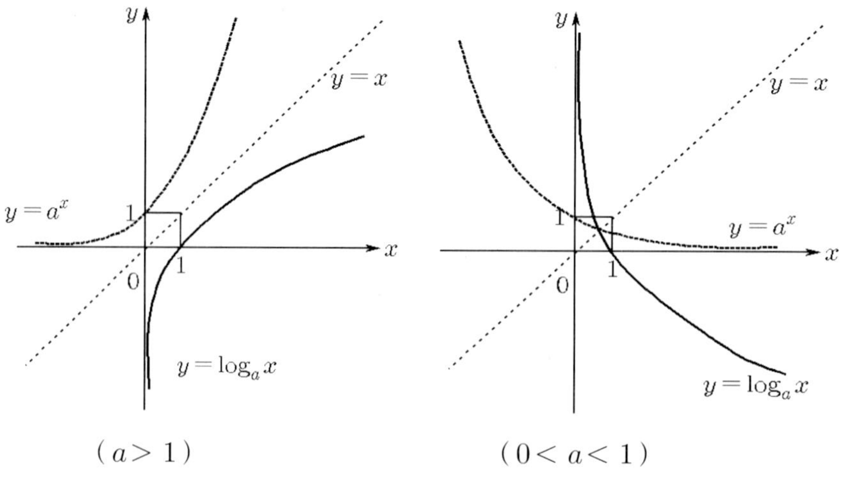

정리 2 $a(\neq 1)>0$ 이고 $x>0,\ y>0$ 일 때

① $\log_a a=1$ ② $\log_a 1=0$

③ $\log_a xy=\log_a x+\log_a y$ ④ $\log_a \dfrac{x}{y}=\log_a x-\log_a y$

⑤ $\log_a x^n=n\log_a x$ (n은 실수)

⑥ $\log_a b=\dfrac{\log_c b}{\log_c a}$ ($c>0,\ c\neq 1$)

정리 3 $a(\neq 1)>0$ 이고 $b>0,\ c>0$ 일 때

① $\log_a b=\dfrac{1}{\log_b a}$

② $\log_{a^m} a^n=\dfrac{n}{m}$, $\log_{a^m} b^n=\dfrac{n}{m}\log_a b$ ($m,\ n$은 유리수)

③ $a^{\log_a b}=b^{\log_a a}=b$

【예제 1】 ① $\log_{\sqrt{2}} 8=\log_{2^{\frac{1}{2}}}\left(2^{\frac{1}{2}}\right)^6=6$

② $\log_{\sqrt{2}} 32=\log_{\sqrt{2}} 32=\log_{2^{\frac{1}{2}}}\left(2^{\frac{1}{2}}\right)^{10}=10$ ◀

【예제 2】 $\log_{3\sqrt{3}} 81\sqrt[8]{27}=x$ 를 구하여라.

《풀이》 다음 등식을 만족하는 x를 구해야 한다.

$$(3\sqrt{3})^x=81\sqrt[8]{27}$$

$$(3\sqrt{3})^x=\left(3\cdot 3^{\frac{1}{2}}\right)^x=\left(3^{1+\frac{1}{2}}\right)^x=\left(3^{\frac{3}{2}}\right)^x=3^{\frac{3x}{2}}$$

$$81\sqrt[8]{27} = 3^4 \cdot (3^3)^{\frac{1}{8}} = 3^{4+\frac{3}{8}} = 3^{\frac{35}{8}}$$

$$3^{\frac{3x}{2}} = 3^{\frac{35}{8}} \quad \Rightarrow \quad \frac{3x}{2} = \frac{35}{8} \quad \Rightarrow \quad x = \frac{35}{12} \ ◂$$

【예제 3】 다음 식을 간단히 하여라.

$$\log_2 3 \cdot \log_3 5 \cdot \log_5 2$$

《풀이》 $\dfrac{\log_{10}3}{\log_{10}2} \cdot \dfrac{\log_{10}5}{\log_{10}3} \cdot \dfrac{\log_{10}2}{\log_{10}5} = 1$ ◂

【예제 4】 $\log_3 201$ 보다 작은 정수 중 가장 큰 정수를 구하여라.

《풀이》 $3^4 = 81 < 201 < 243 = 3^5$ 이므로 답은 4이다. ◂

【예제 5】 다음 식을 간단히 하여라.

(a) $\log_2 27^x - \log_2 3^x$ (b) $\ln 8 - 3\ln\left(\dfrac{1}{2}\right)$

《풀이》 (a) $\log_2 27^x - \log_2 3^x = \log_2 3^{3x} - \log_2 3^x$

$$= 3x\log_2 3 - x\log_2 3 = 2x\log_2 3 = \log_2 3^{2x}$$

(b) $\ln 8 - 3\ln(1/2) = 3\ln 2 - 3(-\ln 2) = 3\ln 2 + 3\ln 2 = \ln 2^6 = \ln 64$ ◂

우리는 일상생활에서 십진법을 사용하고 있으므로, 십진법으로 나타내어진 수의 계산에는 밑이 10인 로그를 이용하는 것이 편리하다.

10을 밑으로 하는 로그를 상용로그, e를 밑으로 하는 로그를 자연로그라 하고 간단히 다음과 같이 쓰기로 한다.

* 지표, 가수

$$\log a = n + \log b \quad (n: \text{정수},\ 0 < \log b \le 1)$$

↓ ↓

지표 가수

【예제 6】 다음 값을 구하여라.

$\log(1/10)$, $\log(0.001)$, $\log 1000^{0.4}$, $\ln e$, $\ln e^3$

《풀이》 $1/10 = 10^{-1}$ 이므로, $\log(1/10) = -1$

$0.001 = 10^{-3}$ 이므로, $\log(0.001) = -3$

$\log 1000^{0.4} = \log(10^3)^{0.4} = \log 10^{1.2} = 1.2$

$\ln e = \log_e e^1$ 이므로, $\ln e = 1$

$\ln e^3 = \log_e e^3$ 이므로, $\ln e^3 = 3$ ◀

$y = \ln x = \log_e x$ 라고 하면, $x = e^y = e^{\ln x}$ 이므로 다음 성질을 얻는다.

$$e^{\ln x} = x \ (x > 0)$$

【예제 7】 어떤 방사능 물질의 반감기 x는 $0.99^x = \frac{1}{2}$ 를 만족한다. 반감기 x를 구하여라.

《풀이》 주어진 식의 양변에 로그함수를 취하면

$$\log\frac{1}{2} = \log(0.99)^x = x\log(0.99)$$

이므로 $x = \dfrac{\log(0.5)}{\log(0.99)} \simeq 68.97$ 이다. ◀

【예제 8】은행에 연복리 4.5%의 예금을 할 때, 몇 년 후에 원금의 두 배의 돈을 찾을 수 있겠는가?

《풀이》 원금을 P라 하고 n년 후에 원금이 두 배가 된다면, 식 $P(1+0.045)^n = 2P$를 만족한다. P를 약분하고 로그를 취하면,

$$\log(1.045)^n = n\log(1.045) = \log 2$$

가 되고, 이로부터 $n = \dfrac{\log 2}{\log(1.045)} \simeq 15.75$를 얻는다. ◂

【예제 9】흙 시료를 입경별 표준체로 쳐서 각 체에 남은 무게를 측정한 후, 누가잔류율과 누가통과율을 계산하여 입도분포를 그린다. 어떤 시료의 체가름분석을 통하여 다음과 같은 결과를 얻었다. 이를 토대로 반대수방안지에 입도분포곡선을 그려라.

체가름 시험결과

체 번호	체의 크기(mm)	누가통과율(%)
-	25.0	100
-	19.0	98
-	9.5	94
4	4.75	77
10	2.0	58
20	0.85	42
40	0.425	26
60	0.25	20
100	0.15	15
200	0.075	8

《풀이》 체의 크기가 25mm에서 0.075mm까지이며, 특히 20번체 이하의 체의 크기는 모두 1mm 이하이므로 이를 토대로 그래프로 그리면 식별이 곤란하게 된다. 즉, 체의 크기가 330배 차이가 나므로 이를 로그값으로 바꾸면 1.398 ~ -1.125의 범위로 좁혀지므로 그래프의 공간을 넓게 활용하여 그릴 수 있다. 따라서 x축에 대해서만 로그그래프로 바꾸어 입도곡선을 그린다.

로그 값으로 바꾼 체의 크기

체번호	체의 크기(mm)	체의 크기(mm)	체의 크기 (log 값)
-	25.0	$10^{1.398}$	1.398
-	19.0	$10^{1.278}$	1.278
-	9.5	$10^{0.978}$	0.978
4	4.75	$10^{0.677}$	0.677
10	2.0	$10^{0.301}$	0.301
20	0.85	$10^{-0.071}$	-0.071
40	0.425	$10^{-0.372}$	-0.372
60	0.25	$10^{-0.602}$	-0.602
100	0.15	$10^{-0.823}$	-0.823
200	0.175	$10^{-1.125}$	-1.125

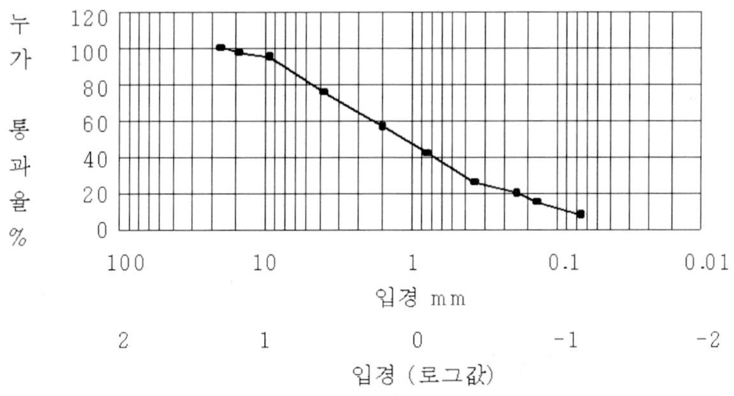

입도분포곡선의 예

1.4 지수방정식과 로그방정식

(1) 지수방정식의 해법

① 밑수를 통일해서 지수가 같음을 이용한다. 즉
$a^x = a^y$ 꼴 일 때 $x = y$이다.

② 같은 꼴이 있으면 치환(예컨대, $a^x = t$)하여 푼다.

③ 밑수가 다르면 양변에 "로그"를 취한다. 즉
$a^x = b$에서 $x = \log_a b$

【예제 1】 다음 방정식을 풀어라.

(1) $2^{x+1} = 3^{2-x}$ (2) $2^{2x} - 2^x - 2 = 0$

《풀이》 (1) 밑수가 다르므로 양변에 로그를 취하면

$$(x+1)\log 2 = (2-x)\log 3$$
$$(\log 2 + \log 3)x = 2\log 3 - \log 2$$
$$\therefore x = \frac{2\log 3 - \log 2}{\log 2 + \log 3}$$

(2) $2^x = t$라 놓으면

$$t > 0,\ t^2 - t - 2 = 0$$
$(t-2)(t+1) = 0$에서 $t = 2$

$\therefore 2^x = 2$에서 $x = 1$ ◀

【예제 2】 $4^x - 2^{x+1} + 1 = 0$의 근을 구하여라.

《풀이》 $2^x = t$로 치환하면 $t^2 - 2t + 1 = 0$, $t = 1$

$\therefore\ 2^x = 1$ 이므로 $x = 0$ ◀

(2) 지수부등식

$2^x < 8$, $3^x \geq 9$와 같이 지수에 미지수가 들어 있는 부등식을 **지수부등식**이라고 한다.

지수 부등식을 풀 때에도 지수함수의 다음 성질을 이용한다.

① $a > 1$일 때, $a^x < a^p \Leftrightarrow x < p$

② $0 < a < 1$일 때, $a^x < a^p \Leftrightarrow x > p$

【예제 3】 다음 지수부등식을 풀어라.

$$\left(\frac{1}{3}\right)^x \geq \frac{1}{27}$$

《풀이》 $\frac{1}{27} = \left(\frac{1}{3}\right)^3$ 이므로

$$\left(\frac{1}{3}\right)^x \geq \left(\frac{1}{3}\right)^3$$

②에 의하여 $x \leq 3$ ◀

【예제 4】 어느 자동차 판매 회사에서 조사한 통계 자료에 의하면, A만 원에 산 자동차의 t년 후의 값어치 v는

$$v = Aa^t$$

인 관계가 있다고 한다. 2000만 원에 산 자동차가 1년 후에 1500만 원의 값어치가 있다고 할 때, 자동차의 값어치가 $\frac{1}{2}A$ 이하로 떨어지는 것은 몇 년 후부터인가?

《풀이》 $t=1$ 일 때 $A=2000,\ v=1500$ 이므로 $a=\dfrac{3}{4}$

$$\therefore A\left(\frac{3}{4}\right)^{t}$$

v 가 $\dfrac{1}{2}A$ 이하가 되려면 $\left(\dfrac{3}{4}\right)^{t}$ 이 $\dfrac{1}{2}$ 이하이면 된다.

$$\left(\frac{3}{4}\right)^{2}=\frac{9}{16}>\frac{1}{2},\quad \left(\frac{3}{4}\right)^{3}=\frac{27}{64}<\frac{1}{2}$$

따라서, 구하는 해는 $t=3$

3년 후부터 값어치가 떨어진다. ◀

(문제) 다음 지수부등식을 풀어라.

(1) $2^{2x-1}<8$ (2) $3^{2-3x}>\sqrt{3}$

(3) $0.5^{x}\leq 0.125$ (4) $\left(\dfrac{1}{3}\right)^{x}\geq 3\sqrt{3}$

(3) 로그 방정식의 해법

$\log_a x=\log_a y$ 꼴로 정리한다.	⇒	$x=y$ 의 방정식을 푼다.	⇒	진수>0을 "근"으로 한다.

① 로그의 정의를 확인한다. → 진수>0, 밑수$\neq 1$이고 밑수>0

② 밑수를 통일하고, 로그를 없앤 다음 정방정식을 푼다.

③ 로그의 정의에 맞는 것이 답이다.

【예제 5】 다음 로그 방정식을 풀어라.

$$\log_3(x+4)+\log_3(x-4)=2$$

《풀이》 주어진 방정식을 변형하면 $\log_3(x+4)(x-4)=2$ 이고, 로그의 정의에 의하여 $(x+4)(x-4)=3^2$ 즉, $x=5$, $x=-5$ 이다. 그런데 로그 진수는 양수이어야 하므로 즉, $x-4>0$ 이므로 구하는 근은 $x=5$ 이다.

【예제 6】 다음 방정식을 풀어라.

(1) $\log x+\log(x-3)=1$ (2) $\log_2(x-4)=\log_4(x-1)+1$

《풀이》 (1) $\log x+\log(x-3)=\log x(x-3)$ 으로 고치고 $1=\log 10$ 이므로 로그의 정의에 의하여

$x>3$, $\log x(x-3)=\log 10$

$x^2-3x-10=0$, $(x-5)(x+2)=0$

$\therefore\ x=5$

(2) 로그의 정의에서 $x>4$ 이고, 또 $\log_2 A=\log_4 A^2$ 를 이용 한다.

즉 밑수를 4로 통일하면 $\log_4(x-4)^2=\log_4 4(x-1)$

$x^2-8x+16=4x-4$ 에서 $x^2-12x+20=0$

$x=2,\ 10$

그런데 로그의 정의에서 $x>4$ 이므로 $x=10$ ◂

$f(x)=a^x$ 와 $g(x)=\log_a x$ 는 서로 역함수 관계이므로

$$x=f(g(x))=a^{\log_a x}\quad {}^\forall a>0,\ a\neq 1,\ {}^\forall x>0$$

예를 들어

$$5^{\log_5 4}=4$$

$$26^{\log_{26} 8}=8$$

이것은 방정식을 풀 때 매우 유용하게 사용된다.

【예제 7】 방정식 $\ln(x+5)=3$의 해를 구하여라.

《풀이》 양변에 지수 e를 취하면

$e^3=e^{\ln(x+5)}=x+5$이다.

따라서, $x=e^3-5$ ◀

【예제 8】 방정식 $e^{x+4}=7$의 해를 구하여라.

《풀이》 양변에 자연로그를 취하면,

$$\ln 7=\ln(e^{x+4})=x+4$$

$$x=\ln 7-4$$ ◀

$e^{\ln y}=y\ (y>0)$로부터 다음 성질을 얻는다.

$$a^x=e^{\ln a^x}=e^{x\ln a}\,(a>0)$$

【예제 9】 다음을 만족하는 양수 x를 구하여라.

$$x^{(x^x)}=(x^x)^x$$

《풀이》 $x>0$이라 하자.

$$x^x\log_e x=x\log_e x^x$$

$$\Rightarrow\ x^x\log_e x=x^2\log_e x$$

$$\Rightarrow\ (\log_e x)(x^x-x^2)=0$$

따라서, $\log_e x=0$ 또는 $x^x=x^2$

즉, $x=1$ 또는 $x=2$ ◀

【예제 10】 다음 연립방정식을 풀어라.

$$\begin{cases} 5(\log_x y + \log_y x) = 26 \\ xy = 64 \end{cases}$$

《풀이》 우선 $x>0,\ y>0,\ x\neq 1,\ y\neq 1$ 이어야 한다. 그리고

$$5(\log_x y + \log_y x) = 26$$

$$\Rightarrow\ 5\left(\log_x y + \frac{1}{\log_x y}\right) = 26$$

$$\Rightarrow\ (\log_x y - 5)\left(\log_x y - \frac{1}{5}\right) = 0$$

따라서, 연립방정식의 근은

$\log_x y = 5$ 일 때 $xy = 64$

$\log_x y = \dfrac{1}{5}$ 일 때 $xy = 64$

를 만족한다. 그런데 $x>0,\ y>0,\ x\neq 1,\ y\neq 1$

$x=2,\ y=32$ 또는 $x=32,\ y=2$ ◀

【예제 11】 $1 \le x \le 100$ 의 범위에서 $y = x^{1-\log_{10} x}$ 의 최대값과 최소값을 구하여라.

《풀이》 식의 양변에 밑이 10인 로그를 취하면

$\log_{10} y = \log_{10} x^{1-\log_{10} x} = (1-\log_{10} x)\log_{10} x$

$\log_{10} x = t$ 라 하면 $0 \le t \le 2$ $(\because\ 1 \le x \le 100)$

$\log_{10} y = -t^2 + t = -\left(t - \dfrac{1}{2}\right)^2 + \dfrac{1}{4}$ 그러면 $t = \dfrac{1}{2}$ 일 때

$\log_{10} y$ 의 최대값은 $\dfrac{1}{4}$

따라서, $\log_{10} y = \frac{1}{4}$ $\therefore y = \sqrt[4]{10}$

그리고 $t=2$일 때 $\log_{10} y$의 최소값은 -2

따라서, $\log_{10} y = -2$ $\therefore y = 10^{-2} = \frac{1}{100}$ ◀

(4) 로그부등식

$\log_3 x \leq 2$, $\log_x 5 > 3$과 같이 로그의 진수 또는 밑에 미지수가 들어있는 부등식을 **로그부등식**이라 한다.

로그부등식을 풀 때에도 로그의 밑을 같게 한 후 로그함수의 다음 성질을 이용한다.

① $a > 1$일 때, $\log_a x < \log_a p \iff x < p$ $(x > 0,\ p > 0)$

② $0 < x < 1$일 때, $\log_a x < \log_a p \iff x > p$ $(x > 0,\ p > 0)$

【예제 12】 다음 부등식을 풀어라.

$$\log_3 (x-3) + \log_3 (x-5) < 1$$

《풀이》 진수는 양수이므로 $x-3>0$이고 $x-5>0$

$\therefore\ x > 5$ ……… ①

로그의 밑을 같게 하면

$\log_3 (x-3) + \log_3 (x-5) < \log_3 3$

$\log_3 (x-3)(x-5) < \log_3 3$

밑 3이 1보다 크므로 $(x-3)(x-5) < 3$

이것을 정리하여 풀면 $2 < x < 6$ ……… ②

①과 ②에서 $5 < x < 6$ ◀

(5) 자리수와 소수 수위

n을 양의 정수, $0 \leq \alpha < 1$(α: 가수)이라 하면

① x의 정수부분을 n자리라고 하면

$$10^{n-1} \leq x < 10^n \iff \log_{10} x = n - 1 + \alpha$$

② x의 소수 수위(처음으로 0이 아닌 수가 나타나는 소수의 자리수)를 n이라 하면

$$\frac{1}{10^n} \leq x < \frac{1}{10^{n-1}} \iff \log_{10} x = -n + \alpha$$

【예제 13】 (1) 375는 세자리수이므로 $10^2 < 375 < 10^3$에서

$$2 < \log 375 < 3$$

(2) 0.037은 소수점 이하 두 번째에서 처음으로 0이 아닌 수 3이 나타나므로

$10^{-2} < 0.037 < 10^{-1}$에서 $-2 < \log 0.037 < -1$ ◀

【예제 14】 2^{30}은 몇 자리의 수가 되는가를 검토하여라.

《풀이》 $x = 2^{30}$이라 놓으면

$\log_{10} x = 30 \log_{10} 2 = 30 \times 0.3010 = 9.030$에서

$9 < \log_{10} x < 10$, $10^9 < x < 10^{10}$

이므로 2^{30}은 10자리가 된다. ◀

【예제 15】 $\left(\dfrac{1}{2}\right)^{20}$ 의 소수 수위를 구하여라.

《풀이》 $y=\left(\dfrac{1}{2}\right)^{20}$ 이라 놓으면

$\log_{10} y = 20\log_{10}\dfrac{1}{2} = -20\log 2 = -20\times 0.3010 = -6.020$ 에서

$-7 < \log_{10} y < -6$, $10^{-7} < y < 10^{-6}$

이므로, 소수 수위는 제 7위가 된다. ◀

(6) 지수, 로그의 대소 관계

지수함수 $y=a^x$ 과 로그함수 $y=\log_a x$ $(a>0, a\neq 1)$의 그래프는 그림과 같다.

즉, $y=a^x$ 와 $y=\log_a x$ 에서

① $a>1$ 일 때 a^x 도 $\log_a x$ 도 증가함수이고

② $0<a<1$ 일 때 a^x 도 $\log_a x$ 도 감소함수이다.

그리고 $y=x$ 에 대칭인 함수를 역함수라 한다. 예를 들어 $y=a^x$ 의 역함수는 $x=a^y$ 에서 $y=\log_a x$ 이다.

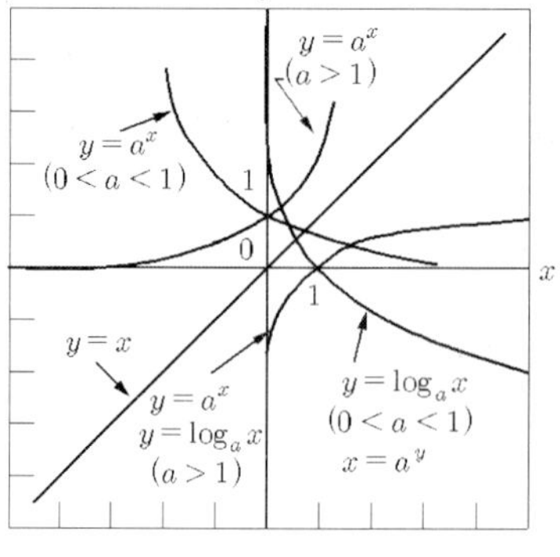

(1) 지수함수의 대소 관계

$a>1$일 때 $a^x > a^y \Leftrightarrow x > y$

$0<a<1$일 때 $a^x > a^y \Leftrightarrow x < y$

(2) 로그함수의 대소 관계

$a>1$일 때 $\log_a x > \log_a y \Leftrightarrow x > y > 0$

$0<a<1$일 때 $\log_a x > \log_a y \Leftrightarrow 0 < x < y$

(3) 누승의 대소 관계

$a>0, b>0,$ n이 양의 정수일 때 $a<b \Leftrightarrow a^n < b^n$

【예제 16】 $\log_2(x-2)+\log_2(x-9)>3$의 부등식을 만족하는 x의 범위를 구하여라.

《풀이》 $\log_2(x-2)(x-9)>\log_2 2^3$

로그의 밑이 1보다 크므로

$$(x-2)(x-9)>8$$

$$x^2-11x+10>0$$

$$(x-1)(x-10)>0$$

이 식은 $x>10$, $x<1$을 만족하면 되지만, 주어진 식에서 $x>9$이어야 하므로 $x>10$이 해가 된다. ◀

연습문제

1. 다음 식을 간단히 하여라.

(1) $a^{\frac{2}{3}} \div a^{\frac{1}{4}} \times a^{\frac{5}{6}}$ (2) $\dfrac{\log_2 5 \cdot \log_3 36 \cdot \log_5 27}{\log_2 3 + \log_2 2}$

2. 다음 식을 만족하는 x의 값을 구하여라.

(1) $4^{x+1} = 8 \times 2^{2-x}$ (2) $2(\log_2 x)^2 - 3(\log_2 x) + 1 = 0$

3. $\log_{10} 2 = a$, $\log_{10} 3 = b$일 때 다음 값을 a와 b를 사용하여 나타내어라.

(1) $\log_{10} 0.15$ (2) $\log_4 9$ (3) $\log_{60} \dfrac{2}{3}$

4. 다음 방정식을 풀어라.

(1) $2^{2x+1} + 3 \cdot 2^x - 2 = 0$ (2) $\log_2 (2x-1) - \log_4 (x^2 - x + 1) = \dfrac{1}{2}$

5. 다음 부등식을 풀어라.

(1) $8^x - 2 \times 2^{2x} - 2^x + 2 \le 0$ (2) $\log_{10} (2x-1) - \log_{10} (x+1) > 0$

6. 다음 식의 역함수를 구하여라.

(1) $y = \ln \sqrt{x} - 2 \ln x + \ln x^{\frac{5}{2}}$ (2) $y = 3 \cdot 2^{x-1}$

7. $\log_{10} 2 = 0.3010$, $\log_{10} 3 = 0.4771$일 때 다음 물음에 답하여라.

(1) 2^{23}은 몇 자리의 정수인가? (2) 0.12^{10}의 소수 수위는 얼마인가?

8. $\log_a p = 2$, $\log_a m = 9$, $\log_a n = -1$일 때 다음을 구하여라.

(1) $\log_a p^5$ (2) $\log_{a^3} p$ (3) $\log_{a^3} \dfrac{m^2 n}{p^4}$

9. 다음 값을 구하여라.

$$\frac{1}{\log_2 2004!} + \frac{1}{\log_3 2004!} + \frac{1}{\log_4 2004!} + \cdots \cdots \cdots \cdots + \frac{1}{\log_{2004} 2004!}$$

2. 삼각함수

2.1 일반각과 호도법

2.2 삼각함수의 성질

2.3 삼각함수의 그래프

2.4 삼각 방정식

2.5 역삼각함수

2.6 삼각함수의 응용

2.1 일반각과 호도법

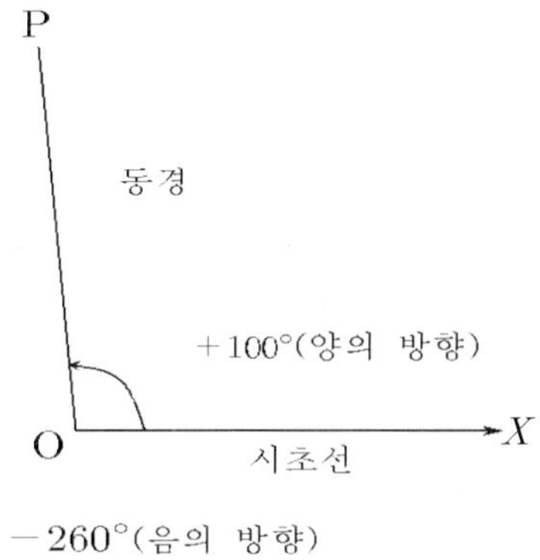

오른쪽 그림과 같이 $\overrightarrow{OP}$ 가 고정되어 있는 $\overrightarrow{OX}$ 의 위치에서 출발하여 점 O 를 중심으로 회전하여 $\angle XOP$ 를 만들 때, $\overrightarrow{OX}$ 를 $\angle XOP$ 의 시초선, $\overrightarrow{OP}$ 를 $\angle XOP$ 의 동경이라고 한다.

$\angle XOP$ 에서 동경 OP 가 시계 바늘이 도는 방향과 반대 방향으로 회전하여 생긴 각은 각의 크기에 '+' 부호를 붙여 나타내고, 시계 바늘이 도는 방향으로 회전하여 생긴 각은 크기에 '—' 부호를 붙여 나타낸다.

각의 크기가 주어지면 그 각의 크기를 나타내는 동경의 위치는 단 하나로 결정된다. 그러나 동경의 위치가 정해지더라도 그것이 나타내는 각의 크기는 동경이 회전한 수에 따라 여러 가지로 나타낼 수 있다.

일반적으로 동경 OP 가 나타내는 한 각의 크기를 a° 라고 할 때,

$$a^\circ + 360^\circ \times n \quad (\ n \text{은 정수})$$

으로 나타내는 각을 동경 OP 가 나타내는 일반각이라고 한다.

【예제 1】 동경 OP 가 나타내는 한 각의 크기가 120° 이면, 이 동경이 나타내는 일반각은 $120^\circ + 360^\circ \times n$ (n 은 정수)이다.

지금까지는 각의 크기를 측정할 때, 단위로 도(°)를 써서 나타내는 육십분법을 사용하였다.

여기에서는 각의 크기를 나타내는 새로운 단위를 알아보자.

반지름의 길이가 1인 단위원에서 호의 길이가 1인 부채꼴 AOB 의 중심각의 크기를 a° 라 하면, 한 원의 중심각의 크기는 360° 이고, 그 둘

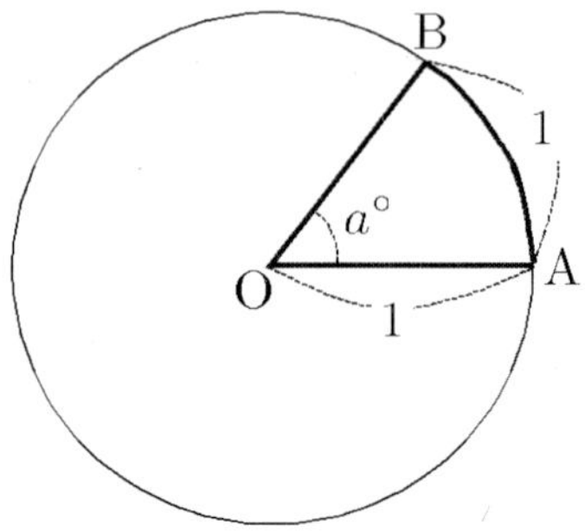

레의 길이는 2π이므로

$$2\pi : 1 = 360° : a°$$

따라서,

$$a° = \frac{360°}{2\pi} = \frac{180°}{\pi}$$

이다.

이 각의 크기 $\frac{180°}{\pi}$를 1**라디안**이라고 하고, 이것을 단위로 하여 각의 크기를 나타내는 방법을 **호도법**이라고 한다.

호도법과 육십분법 사이에는 다음과 같은 관계가 성립한다.

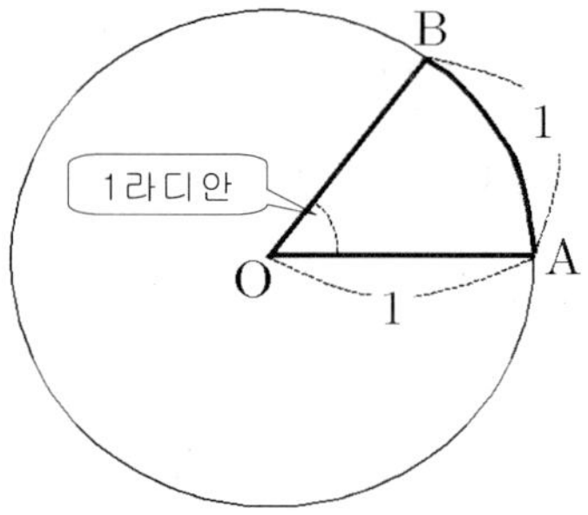

호도법과 육십분법

$$1\text{라디안} = \frac{180°}{\pi} \fallingdotseq 57.2958°$$

【예제 2】 $60° = 60 \times \frac{\pi}{180}\text{라디안} = \frac{\pi}{3}\text{라디안}$

$$45° = 45 \times \frac{\pi}{180}\text{라디안} = \frac{\pi}{4}\text{라디안}$$

$$\frac{\pi}{12}\text{라디안} = \frac{\pi}{12} \times \frac{180°}{\pi} = 15°,$$

$$2\text{라디안} = 2 \times \frac{180°}{\pi} = \frac{360°}{\pi}$$ ◀

각의 크기를 호도법으로 나타낼 때, 흔히 단위명인 라디안을 생략하기도 한다. 이를테면 2라디안을 2, $\frac{\pi}{4}$라디안을 $\frac{\pi}{4}$로 나타낸다.

[호도법과 60분법과의 관계]

호도법과 60분법과의 관계는 다음과 같다.

$$\pi\,[\text{rad}] = 180^\circ \Leftrightarrow \begin{cases} 1\text{라디안} = \dfrac{180^\circ}{\pi} \fallingdotseq 57.2958^\circ \\ 1^\circ = \dfrac{\pi}{180^\circ} \fallingdotseq 0.01745\,[\text{rad}] \end{cases}$$

한편 도표시와 호도표시를 상호 변환 할 때는 다음과 같은 방법을 활용하면 된다.

① 60분법의 각을 ⇒ 호도로 고칠 때

$\dfrac{\pi}{180^\circ} \times$ 60분법의 각

② 호도를 ⇒ 60분법의 각으로 고칠 때

$\dfrac{180^\circ}{\pi} \times$ 호도법의 각

60분법	0°	30°	45°	60°	90°	120°	150°	180°	270°	360°
호 도 법	0	$\dfrac{\pi}{6}$	$\dfrac{\pi}{4}$	$\dfrac{\pi}{3}$	$\dfrac{\pi}{2}$	$\dfrac{2\pi}{3}$	$\dfrac{5\pi}{6}$	π	$\dfrac{3\pi}{2}$	2π

60분법과 호도법과의 변환 관계

【예제 3】 도표시와 호도표시의 변환계산을 구하여라.

(1) 30° (2) 150° (3) $\dfrac{\pi}{3}[\text{rad}]$ (4) $\dfrac{7}{6}\pi\,[\text{rad}]$

《풀이》 (1) $30^\circ = 30^\circ \times \dfrac{\pi}{180^\circ} = \dfrac{\pi}{6}\,[\text{rad}]$

(3) $\dfrac{\pi}{3}\,[\text{rad}] = \dfrac{\pi}{3}\,[\text{rad}] \times \dfrac{180^\circ}{\pi} = 60^\circ$ ◀

【예제 4】 반지름의 길이가 r, 중심각의 크기가 θ(라디안) 인 부채꼴의 호의 길이를 l, 넓이를 S라 할 때, 다음이 성립함을 증명하여라.

$$l = r\theta, \qquad S = \frac{1}{2}r^2\theta = \frac{1}{2}rl$$

증명 호의 길이 l은 중심각의 크기에 비례하므로 $l : 2\pi r = \theta : 2\pi$

따라서, $l = r\theta$

부채꼴의 넓이 S는 중심각의 크기에 비례하므로 $S : \pi r^2 = \theta : 2\pi$

따라서 , $S = \frac{1}{2}r^2\theta = \frac{1}{2}rl$ ■

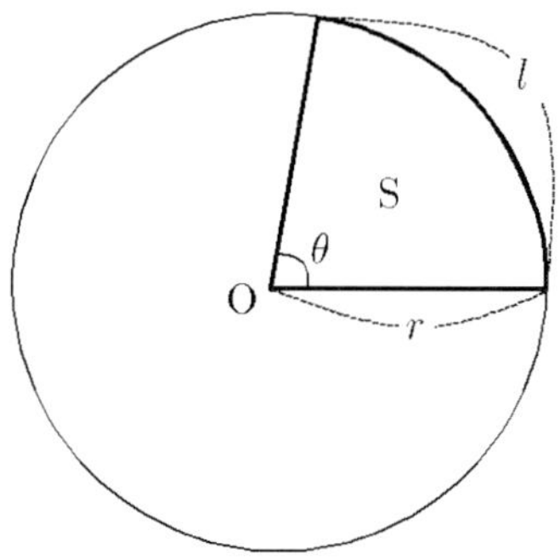

(문제) 반지름의 길이가 4cm, 중심각의 크기가 $\frac{2}{3}\pi$인 부채꼴의 호의 길이와 넓이를 각각 구하여라.

【예제 5】 방위각 255°에 대한 측선의 방위는?

(방위각은 시계방향으로 제 1, 2, 3, 4상한으로 정의한다.)

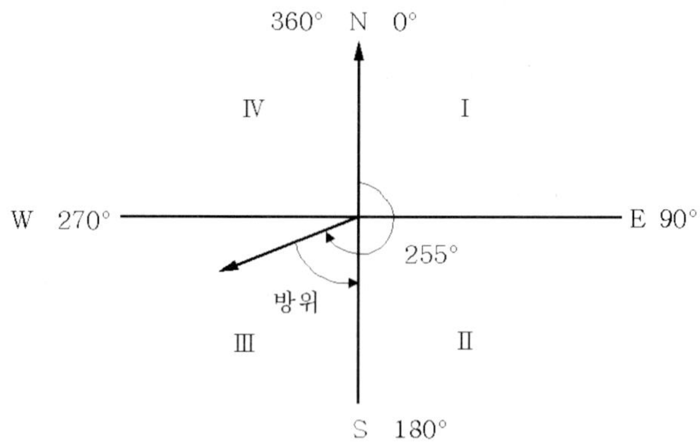

《풀이》 방위각 255°는 Ⅲ상한이므로

방위 = 255°-180°=75°= S 75°W ◂

2.2 삼각함수의 성질

[삼각함수]

임의의 실수 θ에 대하여

$\sin\theta = \dfrac{y}{r}$, $\qquad \mathrm{cosec}\,\theta = \dfrac{r}{y}$

$\cos\theta = \dfrac{x}{r}$, $\qquad \sec\theta = \dfrac{r}{x}$

$\tan\theta = \dfrac{y}{x}$, $\qquad \cot\theta = \dfrac{x}{y}$

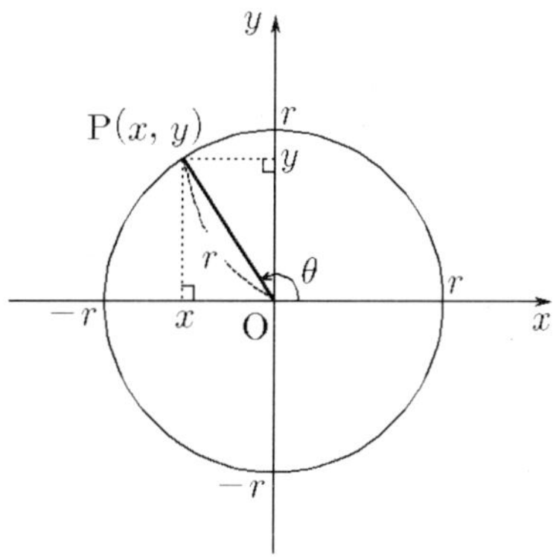

다음 표와 같이 특수각들에 대한 삼각함수의 값을 알 수 있다.

θ	$\sin\theta$	$\cos\theta$	$\tan\theta$	$\mathrm{cosec}\,\theta$	$\sec\theta$	$\cot\theta$
0	0	1	0		1	
$\frac{\pi}{6}$	$\frac{1}{2}$	$\frac{\sqrt{3}}{2}$	$\frac{\sqrt{3}}{3}$	2	$\frac{2\sqrt{3}}{3}$	$\sqrt{3}$
$\frac{\pi}{4}$	$\frac{\sqrt{2}}{2}$	$\frac{\sqrt{2}}{2}$	1	$\sqrt{2}$	$\sqrt{2}$	1
$\frac{\pi}{3}$	$\frac{\sqrt{3}}{2}$	$\frac{1}{2}$	$\sqrt{3}$	$\frac{2\sqrt{3}}{3}$	2	$\frac{\sqrt{3}}{3}$
$\frac{\pi}{2}$	1	0		1		0

각 삼각함수의 값의 부호는 동경이 위치하는 사분면에 따라 정해짐을 알 수 있다. 이것을 정리하면 다음 그림과 같다.

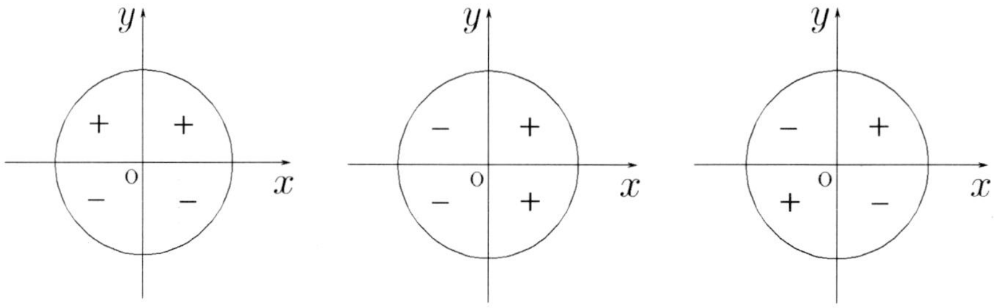

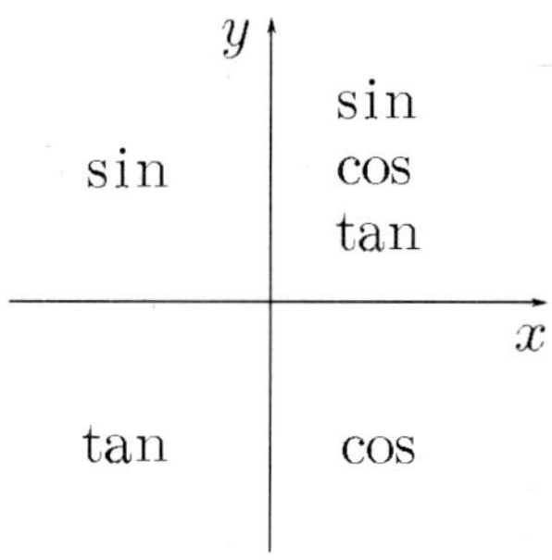

[삼각함수 사이의 관계(1)]

❶ $\operatorname{cosec}\theta=\dfrac{1}{\sin\theta}$, $\sec\theta=\dfrac{1}{\cos\theta}$, $\cot\theta=\dfrac{1}{\tan\theta}$

❷ $\tan\theta=\dfrac{\sin\theta}{\cos\theta}$, $\cot\theta=\dfrac{\cos\theta}{\sin\theta}$

[삼각함수 사이의 관계(2)]

❶ $\sin^2\theta+\cos^2\theta=1$

❷ $1+\tan^2\theta=\sec^2\theta$, $1+\cot^2\theta=\operatorname{cosec}^2\theta$

【예제 1】 $\tan\theta=\dfrac{1}{4}$ 일 때, $\sin\theta$의 값을 구하여라.

《풀이》 $1+\tan^2\theta=\sec^2\theta$ 이므로

$\sec^2\theta=1+\dfrac{1}{16}$ 에서 $\dfrac{1}{\cos^2\theta}=\dfrac{17}{16}$ $\quad\therefore \cos^2\theta=\dfrac{16}{17}$

$\sin^2\theta+\cos^2\theta=1$ 이므로

$$\sin^2\theta=1-\cos^2\theta=1-\frac{16}{17}=\frac{1}{17}$$

$\tan\theta>0$ 이므로 θ는 제 1사분면의 각 또는 제 3사분면의 각이다.

(i) θ가 제 1사분면의 각일 때, $\sin\theta>0$ 이므로

$$\sin\theta=\frac{1}{\sqrt{17}}=\frac{\sqrt{17}}{17}$$

(ii) θ가 제 3사분면의 각일 때, $\sin\theta<0$ 이므로

$$\sin\theta=-\frac{1}{\sqrt{17}}=-\frac{\sqrt{17}}{17}$$

따라서, (i),(ii)에서 $\sin\theta=\pm\dfrac{\sqrt{17}}{17}$ ◀

【예제 2】 $\sin\theta+\cos\theta=\dfrac{1}{2}$ 일 때, $\sin\theta\cos\theta$ 의 값을 구하여라.

《풀이》 $\sin\theta+\cos\theta=\dfrac{1}{2}$ 의 양변을 제곱하여

$$\sin^2\theta+2\sin\theta\cos\theta+\cos^2\theta=\frac{1}{4}$$

그런데 $\sin^2\theta+\cos^2\theta=1$ 이므로

$$2\sin\theta\cos\theta=-\frac{3}{4}$$

$\therefore\ \sin\theta\cos\theta=-\dfrac{3}{8}$ ◀

【예제 3】다음 등식이 성립함을 증명하여라.

$$\tan^2\theta - \sin^2\theta = \sin^2\theta \tan^2\theta$$

증명

$$\tan^2\theta - \sin^2\theta = \frac{\sin^2\theta}{\cos^2\theta} - \sin^2\theta = \sin^2\theta\left(\frac{1}{\cos^2\theta} - 1\right)$$

$$= \sin^2\theta\left(\frac{1-\cos^2\theta}{\cos^2\theta}\right) = \sin^2\theta \times \frac{\sin^2\theta}{\cos^2\theta}$$

$$= \sin^2\theta\left(\frac{\sin\theta}{\cos\theta}\right)^2$$

$$= \sin^2\theta\tan^2\theta \quad \blacksquare$$

【예제 4】$3\sin x + 4\cos x = 5$ 일 때, $\sin x$ 와 $\cos x$ 를 구하여라.

《풀이》 $3\sin x + 4\cos x = 5 \iff \sin x = \dfrac{5-4\cos x}{3}$

$\sin^2\theta + \cos^2\theta = 1$ 를 이용하면

$$\cos^2 x + \left(\frac{5-4\cos x}{3}\right)^2 = 1$$

$$\Rightarrow \cos^2 x + \frac{25-40\cos x + 16\cos^2 x}{9} = 1$$

$$\Rightarrow 9\cos^2 x + 25 - 40\cos x + 16\cos^2 x = 9$$

$$\Rightarrow 25\cos^2 x - 40\cos x + 16 = 0$$

$$\Rightarrow (5\cos x - 4)^2 = 0$$

$$\Rightarrow \cos x = \frac{4}{5}$$

$$\Rightarrow \sin x = \frac{5-4\cos x}{3} = \frac{5-\frac{16}{5}}{3} = \frac{3}{5} \quad ◀$$

【예제 5】 다음 방정식에서 k를 구하여라.

$$(\sin x+\cos x)^2+k\sin x\cos x=1$$

《풀이》 $1=(\sin x+\cos x)^2+k\sin x\cos x$

$$=\sin^2 x+2\sin x\cos x+\cos^2 x+k\sin x\cos x$$

$$=1+(k+2)\sin x\cos x$$

즉 $(k+2)\sin x\cos x=0$, 모든 x에 대해 성립하려면 $k=-2$ ◂

[$(2n\pi+\theta)$의 삼각함수]

$\sin(2n\pi+\theta)=\sin\theta$, $\cos(2n\pi+\theta)=\cos\theta$, $\tan(2n\pi+\theta)=\tan\theta$

(단, n은 정수)

【예제 6】 $\operatorname{cosec}\left(-\frac{35}{3}\pi\right)$의 값을 구하여라.

《풀이》 $\operatorname{cosec}\left(-\frac{35}{3}\pi\right)=\dfrac{1}{\sin\left(-\frac{35}{3}\pi\right)}$

$$=\frac{1}{\sin\left(-12\pi+\frac{\pi}{3}\right)}$$

$$=\frac{1}{\sin\frac{\pi}{3}}=\frac{1}{\frac{\sqrt{3}}{2}}$$

$$=\frac{2\sqrt{3}}{3}$$ ◂

[$-\theta$의 삼각함수]

$\sin(-\theta)=-\sin\theta$, $\cos(-\theta)=\cos\theta$, $\tan(-\theta)=-\tan\theta$

【예제 7】 $\sin\left(-\frac{9}{4}\pi\right)=-\sin\frac{9}{4}\pi=-\sin\left(2\pi+\frac{\pi}{4}\right)=-\sin\frac{\pi}{4}=-\frac{\sqrt{2}}{2}$ ◀

[$\left(\frac{\pi}{2}+\theta\right)$의 삼각함수]

$\sin\left(\frac{\pi}{2}+\theta\right)=\cos\theta$, $\cos\left(\frac{\pi}{2}+\theta\right)=-\sin\theta$, $\tan\left(\frac{\pi}{2}+\theta\right)=-\cot\theta$

【예제 8】 $\left(\frac{\pi}{2}+\theta\right)$의 삼각함수를 이용하여 $\sin\left(\frac{\pi}{2}-\theta\right)=\cos\theta$ 임을 설명하여라.

증명 $\sin\left(\frac{\pi}{2}-\theta\right)=\sin\left\{\frac{\pi}{2}+(-\theta)\right\}=\cos(-\theta)=\cos\theta$ ■

[$\left(\frac{\pi}{2}-\theta\right)$의 삼각함수]

$\sin\left(\frac{\pi}{2}-\theta\right)=\cos\theta$, $\cos\left(\frac{\pi}{2}-\theta\right)=\sin\theta$, $\tan\left(\frac{\pi}{2}-\theta\right)=\cot\theta$

[$(\pi+\theta)$의 삼각함수]

$\sin(\pi+\theta)=-\sin\theta$, $\cos(\pi+\theta)=-\cos\theta$, $\tan(\pi+\theta)=\tan\theta$

[$(\pi-\theta)$의 삼각함수]

$\sin(\pi-\theta)=\sin\theta$, $\cos(\pi-\theta)=-\cos\theta$, $\tan(\pi-\theta)=-\tan\theta$

[주기성과 값의 변화]

① 주기공식 $\begin{cases} \sin(2\pi \pm \theta) = \pm \sin\theta \\ \cos(2\pi \pm \theta) = \cos\theta \\ \tan(2\pi \pm \theta) = \pm \tan\theta \end{cases}$

② 보각공식 $\begin{cases} \sin(\pi \pm \theta) = \mp \sin\theta \\ \cos(\pi \pm \theta) = -\cos\theta \\ \tan(\pi \pm \theta) = \pm \tan\theta \end{cases}$

③ 여각공식 $\begin{cases} \sin\left(\frac{\pi}{2} \pm \theta\right) = \cos\theta \\ \cos\left(\frac{\pi}{2} \pm \theta\right) = \mp \sin\theta \\ \tan\left(\frac{\pi}{2} \pm \theta\right) = \mp \frac{1}{\tan\theta} = \mp \cot\theta \end{cases}$

④ 함수의 대칭성 $\begin{cases} \sin(-\theta) = -\sin\theta : \text{기함수(원점대칭)} \\ \cos(-\theta) = \cos\theta : \text{우함수(}y\text{축대칭)} \\ \tan(-\theta) = -\tan\theta : \text{기함수(원점대칭)} \end{cases}$

(단, 복호동순)

【예제 9】 다음을 45° 보다 작은 양의 각의 삼각함수로 고쳐라.

(1) sin 250°　　　(2) cos140°　　　(3) tan 290°

《풀이》

(1) $250° = 90° \times 3 - 20°$ 이므로 sin은 cos로 변한다. 또한 cos20°는 3사분면에 동경이 위치하고 3사분면에서는 sin함수는 음수이므로

$$\sin 250° = \sin(90° \times 3 - 20°) = -\cos 20°$$

(2) $140° = 90° \times 2 - 40°$ 이므로 cos는 그대로 cos된다. 140°는 제 2사분면에 동경이 위치하고 제 2사분면에서 cos은 음수이므로

$$\cos 140° = \cos(90° \times 2 - 40°) = -\cos 40°$$

(3) $290° = 90° \times 3 + 20°$ 이므로 tan은 cot가 된다. 290°는 제 4사분면에 동경이 위치하고 제 4사분에서 tan은 음수이므로

$$\tan 290° = \tan(90° \times 3 + 20°) = -\cot 20°$$ ◀

[사인, 코사인의 덧셈정리]

❶ $\sin(\alpha+\beta)=\sin\alpha\cos\beta+\cos\alpha\sin\beta$

❷ $\sin(\alpha-\beta)=\sin\alpha\cos\beta-\cos\alpha\sin\beta$

❸ $\cos(\alpha+\beta)=\cos\alpha\cos\beta-\sin\alpha\sin\beta$

❹ $\cos(\alpha-\beta)=\cos\alpha\cos\beta+\sin\alpha\sin\beta$

【예제 10】 $\sin 15^\circ=\sin(45^\circ-30^\circ)=\sin 45^\circ\cos 30^\circ-\cos 45^\circ\sin 30^\circ$

$$=\frac{1}{\sqrt{2}}\times\frac{\sqrt{3}}{2}-\frac{1}{\sqrt{2}}\times\frac{1}{2}=\frac{\sqrt{6}-\sqrt{2}}{4}$$ ◀

사인과 코사인의 덧셈정리를 이용하면 탄젠트의 경우에 다음이 성립한다.

$$\tan(\alpha+\beta)=\frac{\sin(\alpha+\beta)}{\cos(\alpha+\beta)}=\frac{\sin\alpha\cos\beta+\cos\alpha\sin\beta}{\cos\alpha\cos\beta-\sin\alpha\sin\beta}$$

여기서 우변의 분모와 분자를 $\cos\alpha\cos\beta(\neq 0)$로 나누면

$$\tan(\alpha+\beta)=\frac{\dfrac{\sin\alpha}{\cos\alpha}+\dfrac{\sin\beta}{\cos\beta}}{1-\dfrac{\sin\alpha}{\cos\alpha}\times\dfrac{\sin\beta}{\cos\beta}}=\frac{\tan\alpha+\tan\beta}{1-\tan\alpha\tan\beta}$$

즉, $\tan(\alpha+\beta)\equiv\dfrac{\tan\alpha+\tan\beta}{1-\tan\alpha\tan\beta}$

가 성립한다.

[탄젠트의 덧셈정리]

❶ $\tan(\alpha+\beta)=\dfrac{\tan\alpha+\tan\beta}{1-\tan\alpha\tan\beta}$

❷ $\tan(\alpha-\beta)=\dfrac{\tan\alpha-\tan\beta}{1+\tan\alpha\tan\beta}$

사인의 덧셈정리, 코사인의 덧셈정리, 탄젠트의 덧셈정리를 통틀어 삼각함수의 덧셈정리라고 한다.

【예제 11】 $\sin\alpha = \frac{1}{2}$, $\sin\beta = \frac{1}{3}$ 일 때, $\sin(\alpha+\beta)$의 값을 구하여라.

(단, α는 제 1사분면의 각이고, β는 제 2사분면의 각이다.)

《풀이》 $0 < \alpha < \frac{\pi}{2}$ 일 때, $\cos\alpha = \sqrt{1-\sin^2\alpha} = \frac{\sqrt{3}}{2}$

$\frac{\pi}{2} < \beta < \pi$ 일 때, $\cos\beta = -\sqrt{1-\sin^2\beta} = -\frac{2\sqrt{2}}{3}$

따라서, $\sin(\alpha+\beta) = \sin\alpha\cos\beta + \cos\alpha\sin\beta$

$$= \frac{1}{2}\times\left(-\frac{2\sqrt{2}}{3}\right) + \frac{\sqrt{3}}{2}\times\frac{1}{3}$$

$$= \frac{\sqrt{3}-2\sqrt{2}}{6}$$ ◀

【예제 12】 다음 두 직선이 이루는 예각의 크기를 구하여라.

$$\begin{cases} 3x-y-2=0 \\ x-2y+1=0 \end{cases}$$

《풀이》 다음 그림과 같이 두 직선이 x축의 양의 방향과 이루는 각의 크기를 각각 θ_1, θ_2라 하고 두 직선이 이루는 예각의 크기를 θ라 하면 $\theta = \theta_1 - \theta_2$이다.

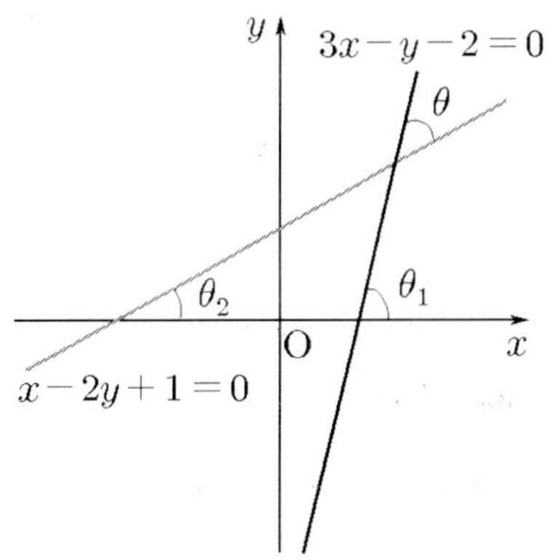

직선 $3x-y-2=0$의 기울기는 3, 직선 $x-2y+1=0$의 기울기는 $\frac{1}{2}$이므로

$$\tan\theta_1 = 3,\ \tan\theta_2 = \frac{1}{2}$$

$$\therefore \tan\theta = \tan(\theta_1 - \theta_2) = \frac{\tan\theta_1 - \tan\theta_2}{1 + \tan\theta_1 \tan\theta_2} = \frac{3 - \frac{1}{2}}{1 + 3 \times \frac{1}{2}} = 1$$

따라서, $\theta = \frac{\pi}{4}$ 이다. ◀

[삼각함수의 배각의 공식]

❶ $\sin 2\alpha = 2\sin\alpha\cos\alpha$

❷ $\cos 2\alpha = \cos^2\alpha - \sin^2\alpha = 1 - 2\sin^2\alpha = 2\cos^2\alpha - 1$

❸ $\tan 2\alpha = \frac{2\tan\alpha}{1 - \tan^2\alpha}$

【예제 13】 $0 < \alpha < \frac{\pi}{2}$ 일 때, $\sin\alpha = \frac{2}{3}$ 이면 $\cos\alpha > 0$ 이므로

$$\cos\alpha = \sqrt{1 - \sin^2\alpha} = \sqrt{1 - \frac{4}{9}} = \frac{\sqrt{5}}{3}$$

따라서, $\sin 2\alpha = 2\sin\alpha\cos\alpha = 2 \times \frac{2}{3} \times \frac{\sqrt{5}}{3} = \frac{4\sqrt{5}}{9}$

$$\cos 2\alpha = 1 - 2\sin^2\alpha = 1 - 2 \times \left(\frac{2}{3}\right)^2 = \frac{1}{9}$$ ◀

[삼각함수의 3배각 공식]

❶ $\sin 3\alpha = 3\sin\alpha - 4\sin^3\alpha$

❷ $\cos 3\alpha = 4\cos^3\alpha - 3\cos\alpha$

[삼각함수의 반각의 공식]

❶ $\sin^2\frac{\alpha}{2}=\frac{1-\cos\alpha}{2}$

❷ $\cos^2\frac{\alpha}{2}=\frac{1+\cos\alpha}{2}$

❸ $\tan^2\frac{\alpha}{2}=\frac{1-\cos\alpha}{1+\cos\alpha}$

【예제 14】 $\sin^2 22.5° = \frac{1-\cos 45°}{2} = \frac{1-\frac{\sqrt{2}}{2}}{2} = \frac{2-\sqrt{2}}{4}$

그런데, $\sin 22.5° > 0$ 이므로

$$\sin 22.5° = \frac{\sqrt{2-\sqrt{2}}}{4} = \frac{\sqrt{2-\sqrt{2}}}{2}$$ ◀

(문제) 다음 삼각함수의 값을 구하여라.

(1) $\cos 22.5°$ (2) $\tan 22.5°$ (3) $\sin 15°$

【예제 15】 $\sin\alpha = -\frac{1}{3}$ 일 때, $\sin\frac{\alpha}{2}$ 의 값을 구하여라.

(단, α는 제 4사분면의 각이다.)

《풀이》 $\cos\alpha = \sqrt{1-\left(-\frac{1}{3}\right)^2} = \sqrt{1-\frac{1}{9}} = \frac{2\sqrt{2}}{3}$

$$\sin^2\frac{\alpha}{2} = \frac{1-\cos\alpha}{2} = \frac{1-\frac{2\sqrt{2}}{3}}{2} = \frac{3-2\sqrt{2}}{6}$$

그런데, $\sin\frac{\alpha}{2} = \sqrt{\frac{3-2\sqrt{2}}{6}} = \frac{\sqrt{3-2\sqrt{2}}}{\sqrt{6}} = \frac{\sqrt{2}-1}{\sqrt{6}} = \frac{2\sqrt{3}-\sqrt{6}}{6}$ ◀

[곱을 합 또는 차로 고치는 공식]

❶ $\sin\alpha\cos\beta=\frac{1}{2}\{\sin(\alpha+\beta)+\sin(\alpha-\beta)\}$

❷ $\cos\alpha\sin\beta=\frac{1}{2}\{\sin(\alpha+\beta)-\sin(\alpha-\beta)\}$

❸ $\cos\alpha\cos\beta=\frac{1}{2}\{\cos(\alpha+\beta)+\cos(\alpha-\beta)\}$

❹ $\sin\alpha\sin\beta=-\frac{1}{2}\{\cos(\alpha+\beta)-\cos(\alpha-\beta)\}$

[합 또는 차를 곱으로 고치는 공식]

❶ $\sin A+\sin B=2\sin\frac{A+B}{2}cos\frac{A-B}{2}$

❷ $\sin A-\sin B=2\cos\frac{A+B}{2}\sin\frac{A-B}{2}$

❸ $\cos A+\cos B=2\cos\frac{A+B}{2}\cos\frac{A-B}{2}$

❹ $\cos A-\cos B=-2\sin\frac{A+B}{2}\sin\frac{A-B}{2}$

【예제 16】 아래의 그림과 같은 나무가 있다. 나무 바로 밑까지의 거리 a와 나무 꼭대기의 각을 측정하여 나무의 높이 h를 구하여라.

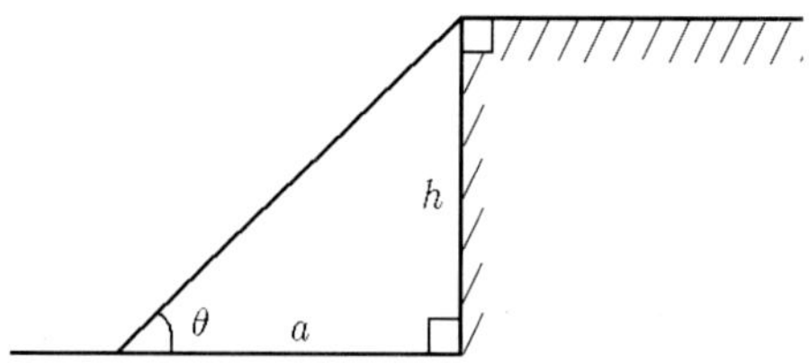

《풀이》 나무까지의 거리와 높이의 비는 $\tan\theta=\frac{h}{a}$ 이므로

$h=a\cdot\tan\theta$ 가 된다. ◀

2.3 삼각함수의 그래프

1) $y=\sin x$의 그래프

$y=\sin\theta$의 그래프는 θ를 x로 바꾸면 다음 그림과 같다.

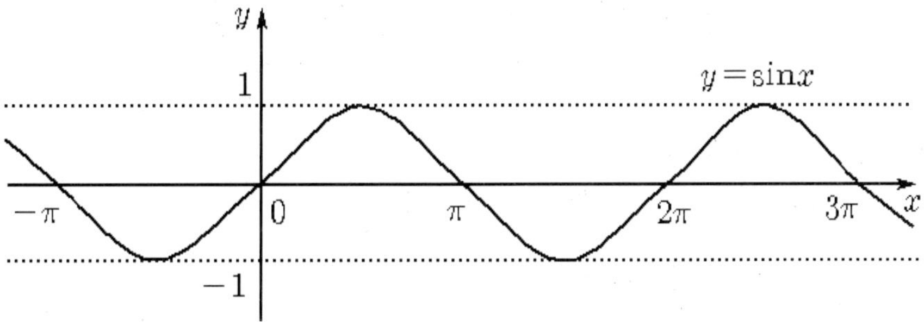

위의 그래프를 살펴보면 $y=\sin x$의 정의역은 $\{x \mid x$는 실수$\}$, 치역은 $\{y \mid -1 \leq y \leq 1\}$이고, 그 그래프는 $\sin(-x)=-\sin x$가 성립하므로 원점에 대하여 대칭임을 알 수 있다.

[함수 $y=\sin x$의 그래프의 성질]

❶ 정의역은 실수 전체의 집합이고, 치역은 $\{y \mid -1 \leq y \leq 1\}$이다.
❷ 주기가 2π인 주기함수이다.
❸ 그래프는 원점에 대하여 대칭이다.

【예제 1】 $y=\sin 2x$의 주기를 구하고, 그 그래프를 그려라.

《풀이》 $y=\sin 2x$의 주기를 p라 하면

$$\sin 2(x+p)=\sin 2x,\ \sin(2x+2p)=\sin 2x$$

$2x=x'$이라 놓으면 $\sin(x'+2p)=\sin x'$

한편 $y=\sin x'$의 주기는 2π이므로 $2p=2\pi \quad \therefore p=\pi$

따라서, $y=\sin 2x$의 주기는 π이고, 그래프는 아래 그림과 같다.

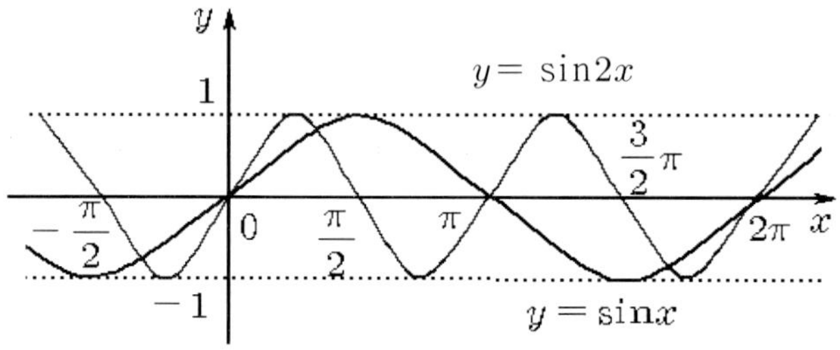

2) $y=\cos x$의 그래프

$y=\cos x$의 그래프 사인함수와 코사인함수 사이에는

$$\sin\left(x+\frac{\pi}{2}\right)=\cos x$$

인 관계가 있다.

그러므로 $y=\cos x$의 그래프는 $y=\sin x$의 그래프를 x축의 방향으로 $-\frac{\pi}{2}$만큼 평행 이동한 것과 같다.

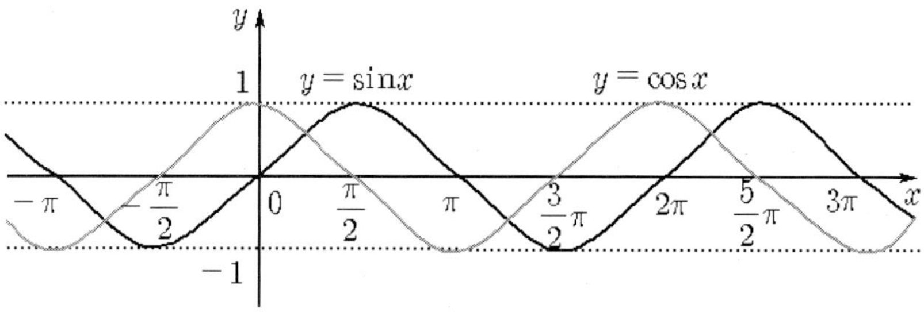

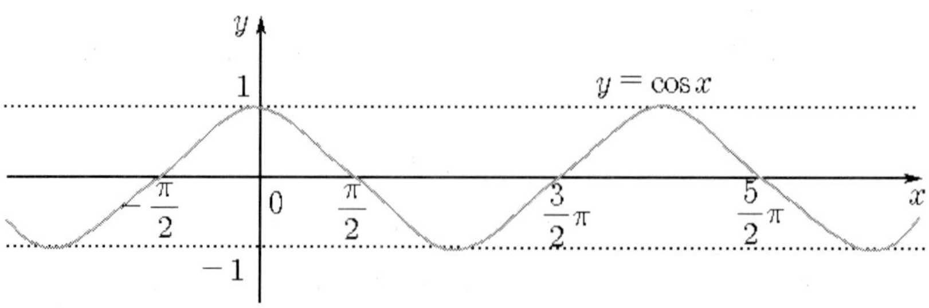

한편, $\cos(-x)=\cos x$가 성립하므로 $y=\cos x$의 그래프는 y축에 대하여 대칭임을 알 수 있다.

이상에서 다음을 알 수 있다.

[함수 $y=\cos x$의 그래프의 성질]

❶ 정의역은 실수 전체의 집합이고, 치역은 $\{y \mid -1 \le y \le 1\}$이다.

❷ 주기가 2π인 주기함수이다.

❸ 그래프는 y축에 대하여 대칭이다.

❹ $y=\cos x$의 그래프는 $y=\sin x$의 그래프를 x축의 방향으로 $-\frac{\pi}{2}$ 만큼 평행 이동한 것과 같다.

【예제 2】 $y=2\sin x$, $y=\sin 2x$의 그래프를 그리고 $y=\sin x$의 그래프와 비교하여 보아라.

《풀이》 아래그림은 각각 $y=\sin x$, $y=2\sin x$, $y=\sin 2x$의 그래프이다. $y=2\sin x$의 그래프는 $y=\sin x$의 그래프와 모양은 같고, y의 값은 2와 -2사이에서 진동 한다.($\sin x$의 경우는 1과 -1)

$y=\sin 2x$의 그래프는 $y=\sin x$의 그래프와 모양은 같지만 주기가 π이다. ($\sin x$의 주기는 2π)

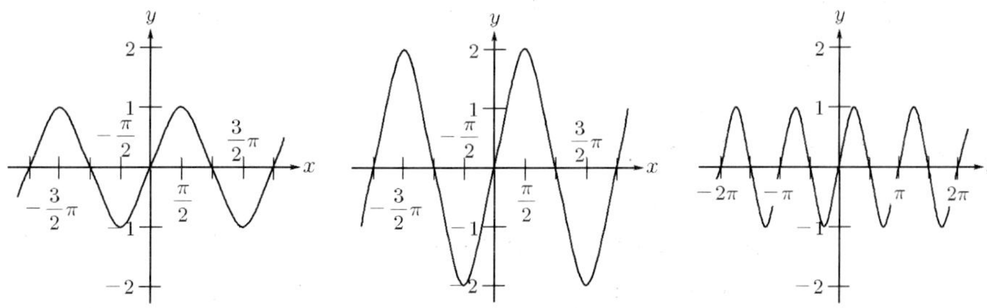

위 예제의 결과를 다음과 같이 일반화할 수 있다.

$A>0$일 때, $y=A\sin x$의 값은 $-A$와 A사이에서 진동한다. 이때 A를 **진폭**이라고 한다. 임의의 상수 c에 대해서, $y=\sin cx$의 주기는 $\frac{2\pi}{c}$이다. $y=A\cos cx$의 경우에도 진폭은 A, 주기는 $\frac{2\pi}{c}$이다.

【예제 3】 다음 함수의 진폭과 주기를 구하여라.

(1) $f(x)=4\cos 3x$　　　　(2) $g(x)=2\sin\left(\frac{x}{3}\right)$

《풀이》 (1) 진폭은 4, 주기는 $\frac{2\pi}{3}$이다.

(2) 진폭은 2, 주기는 $2\pi\times\left(1/\frac{1}{3}\right)=6\pi$이다. ◀

두 함수의 그래프는 다음과 같다.

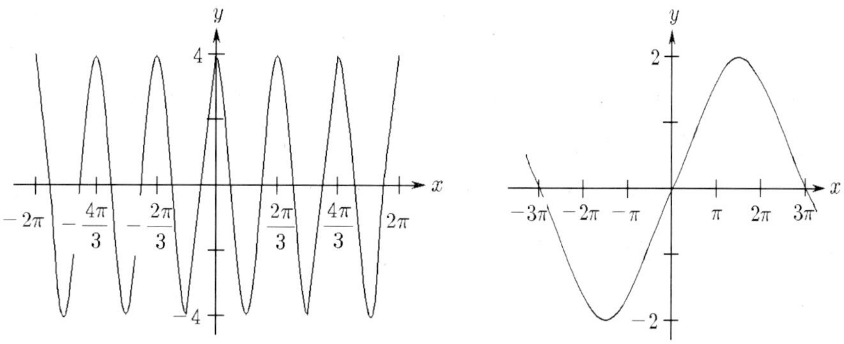

삼각함수의 주기와 진폭

함수 f가 주기함수(periodic function)라는 말은, 어떤 일정한 수 p가 있어서, f의 정의역에 속하는 모든 실수 x에 대해서

$$f(x+p)=f(x)$$

가 성립한다는 뜻이다. 이렇게 되는 가장 작은 양수 p를 f의 주기(period)라고 부른다. 사인 함수는 주기함수이다. 왜냐 하면 모든 x에 대해서 $\sin(x+2\pi)=\sin x$ 이기 때문이다. 그리고 모든 x에 대해서 다음 식도 성립한다.

$$\sin(x+4\pi)=\sin(x-2\pi)=\sin(x+12\pi)=\sin x$$

그러므로 $4\pi, -2\pi, 12\pi$ 는 모두 $\sin(x+p)=\sin x$를 만족하는 수 p이다. 이러한 수들 중에 가장 작은 양수는 $p=2\pi$이다. 그러므로 사인 함수는 주기가 2π인 주기함수이다. 코사인 함수도 역시 주기가 2π인 주기함수이다.

함수 $\sin(at)$는 주기가 $\dfrac{2\pi}{a}$이다. 왜냐하면,

$$\sin\left[a\left(t+\frac{2\pi}{a}\right)\right]=\sin[at+2\pi]=\sin(at)$$

함수 $\cos(at)$의 주기 역시 $\dfrac{2\pi}{a}$ 이다.

【예제 4】 다음 함수의 주기를 구하여라.

(1) $\sin(2\pi t)$ (2) $\cos(2t)$ (3) $\sin\left(\dfrac{2\pi t}{12}\right)$

《풀이》 (1) 함수 $\sin(2\pi t)$는 $\sin(at)$ 형태이며, 여기서 $a=2\pi$ 이다. 그러므로 그 주기는 $p=\dfrac{2\pi}{2\pi}=1$

(2) 함수 $\cos(2t)$는 $\cos(at)$형태이며, 여기서 $a=2$이다.

그러므로 $\cos(2t)$의 주기는 $p=\dfrac{2\pi}{2}=\pi$

(3) 함수 $\sin\left(\dfrac{2\pi t}{12}\right)$의 주기는 $p=\dfrac{2\pi}{\dfrac{2\pi}{12}}=12$ ◀

주기함수 f가 최소값과 최대값을 가지면, 그래프의 최저 높이와 최고 높이사이 거리의 절반 A를 **진폭**(amplitude)이라고 정의한다.

【예제 5】 다음 주기함수의 진폭을 구하여라.

(1) $\sin\left(\frac{2\pi t}{12}\right)$ (2) $3\cos(2t)$ (3) $50+21\sin\left(\frac{2\pi t}{12}+3\right)$

《풀이》

(1) 함수 $\sin\left(\frac{2\pi t}{12}\right)$의 치역은 $[-1, 1]$이므로, 그 진폭은 $A=1$이다.

(2) 함수 $3\cos(2t)$의 값은 $-3\left(t=\pm\frac{\pi}{2}, \pm\frac{3\pi}{2}, \ldots \text{ 일 때}\right)$과 $3(t=0, \pm\pi, \pm 2\pi, \ldots$ 일 때$)$사이에 있다. 그러므로 진폭은 $A=3$이다.

(3) 함수 $21\sin\left(\frac{2\pi t}{12}+3\right)$은 -21과 21사이에서 값을 가진다. 그러므로 $50+21\sin\left(\frac{2\pi t}{12}+3\right)$은 $50-21=29$와 $50+21=71$사이에서 값을 가진다.

그러므로 진폭은 $A=21$이다. ◀

일반적으로,

$C+A\sin(a(t+b))$와 $C+A\cos(a(t+b))$의 주기는 $\frac{2\pi}{a}$이고 진폭은 A이다.

3) 함수 $y=\tan x$의 그래프

$y=\tan x$의 그래프를 그리면 다음과 같다.

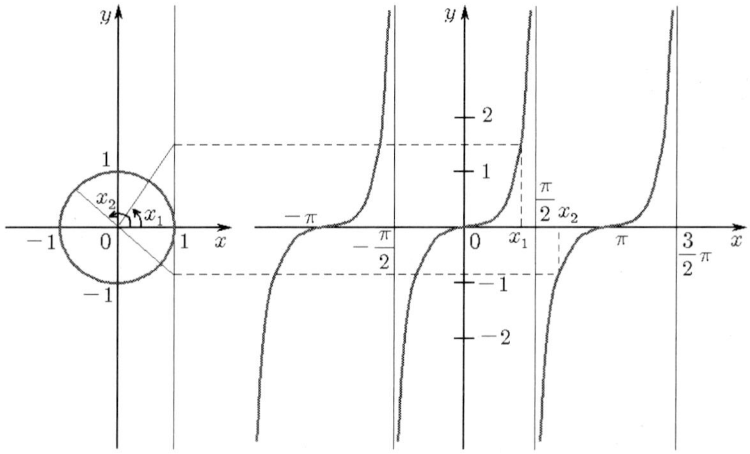

위의 그래프에서 직선 $x=\frac{\pi}{2}$, $x=-\frac{\pi}{2}$, $x=\frac{3}{2}\pi$, $x=-\frac{3}{2}\pi, \cdots$ 는 모두 $y=\tan x$의 그래프의 점근선이다.

한편, $\tan(-x)=-\tan x$이므로 $y=\tan x$의 그래프는 원점에 대하여 대칭임을 알 수 있다.

이상에서 다음을 알 수 있다.

[함수 $y=\tan x$의 그래프의 성질]

❶ 정의역은 $\left\{x \mid x \neq \frac{\pi}{2}+n\pi \ (n\text{은 정수})\text{인 모든 실수}\right\}$의 집합이고, 치역은 실수 전체의 집합이다.

❷ 주기가 π인 주기함수이다.

❸ 그래프는 원점에 대하여 대칭이다.

❹ 그래프의 점근선은 직선 $x=\frac{\pi}{2}+n\pi$(n은 정수)이다.

2.4 삼각 방정식

일반적으로 삼각방정식의 일반해는 다음과 같음을 알 수 있다.

[삼각방정식의 일반해]

n이 정수 일 때

❶ $\sin x = a\,(|a| \le 1)$의 한 해를 α라 하면 $x = n\pi + (-1)^n \alpha$

❷ $\cos x = a\,(|a| \le 1)$의 한 해를 α라 하면 $x = 2n\pi \pm \alpha$

❸ $\tan x = a$의 한 해를 α라 하면 $x = n\pi + \alpha$

【예제 1】 다음 방정식의 해를 모두 구하여라.

$$\cos^2 x - 3\cos x + 2 = 0$$

《풀이》 $\cos^2 x - 3\cos x + 2 = (\cos x - 1)(\cos x - 2) = 0,\ \cos x = 1,$

$\cos x = 2\,(-1 \le \cos x \le 1$이기 때문에 $\cos x = 2$는 해가 없다.)

$x = 0,\ x = 2\pi$이면 $\cos x = 1$ 이므로 임의의 정수 n에 대해서,

$x = 2n\pi$는 방정식의 해이다. ◀

【예제 2】 방정식 $\sin\dfrac{\pi}{x^2} = \dfrac{1}{2}$의 해를 구하여라.

《풀이》 $\sin\dfrac{\pi}{x^2} = \dfrac{1}{2}$을 만족하는 특수해는 $\dfrac{\pi}{x^2} = \dfrac{\pi}{6}$이므로

삼각방정식의 일반해 공식에 의하여

$$\frac{\pi}{x^2} = n\pi + (-1)^n\left(\frac{\pi}{6}\right) \ \Rightarrow\ x^2 = \frac{6}{(-1)^n + 6n}$$

한편, $n \le -1$ 이면 오른쪽 항이 음수가 되어 의미가 없다.

따라서, $x = \pm\sqrt{\dfrac{6}{(-1)^n + 6n}}$ $(n = 0, 1, 2, 3, \ldots)$ 이다. ◀

【예제 3】 방정식 $2\sin^2 x - \sin x - 1 = 0$ 의 해를 모두 구하여라.

《풀이》 $0 = 2\sin^2 x - \sin x - 1 = (2\sin x + 1)(\sin x - 1)$ 이므로

(1) $2\sin x + 1 = 0$ 일 때, $\sin x = -\dfrac{1}{2}$ 를 만족하는 특수해는 $-\dfrac{\pi}{6}$ 이므로 삼각방정식의 일반해 공식에 의하여

$$x = n\pi + (-1)^n\left(-\frac{\pi}{6}\right) = n\pi + (-1)^{n+1}\frac{\pi}{6}$$

이다.

(2) $\sin x - 1 = 0$ 일 때, $\sin x = 1$ 을 만족하는 특수해는 $\dfrac{\pi}{2}$ 이므로 삼각방정식의 일반해에 의하여 $x = n\pi + (-1)^n\left(\dfrac{\pi}{2}\right)$ 이다.

그러므로 해집합은

$$\left\{n\pi + (-1)^{n+1}\frac{\pi}{6},\ n\pi + (-1)^n\frac{\pi}{2},\ n \in Z\right\}$$ ◀

【예제 4】 방정식 $\cos 2x - 5\cos x + 3 = 0$ 의 해를 모두 구하여라.

《풀이》 우선 $\cos 2x = 2\cos^2 x - 1$ 이므로 주어진 방정식은 다음과 같다.

$$2\cos^2 x - 5\cos x + 2 = (\cos x - 2)(2\cos x - 1) = 0$$

$\cos x - 2 \neq 0$ 이므로 $2\cos x - 1 = 0$ 이다. $2\cos x - 1 = 0$ 에서 $\cos x = \dfrac{1}{2}$ 을 만족하는 하나의 특수해는 $\dfrac{\pi}{3}$ 이므로 삼각방정식의 일반해 공식에 의하여 일반해는 $x = 2n\pi \pm \dfrac{\pi}{3}$ 이다. ◀

【예제 5】 방정식 $(1-\tan x)(1+\sin 2x)=1+\tan x$ 의 해를 구하여라.

《풀이》 우선 $\sin 2x=2\sin x\cos x=\dfrac{2\sin x\cos x}{\sin^2 x+\cos^2 x}=\dfrac{2\tan x}{1+\tan^2 x}$ 이므로

주어진 방정식은 다음과 같다.

$$(1-\tan x)\left(1+\frac{2\tan x}{1+\tan^2 x}\right)=1+\tan x$$

$1+\tan^2 x\neq 0$ 이므로 분모를 없애면

$$(1-\tan x)(1+\tan^2 x+2\tan x)=(1+\tan x)(1+\tan^2 x)$$

$$\Rightarrow\ (1-\tan x)(1+\tan x)^2=(1+\tan x)(1+\tan^2 x)$$

$$\Rightarrow\ (1+\tan x)(1-\tan^2 x-1-\tan^2 x)=0$$

$$\Rightarrow\ 2(1+\tan x)\tan^2 x=0$$

그러므로 $\tan x=-1$ 또는 $\tan x=0$

(a) $\tan x=-1$ 에서 특수해는 $-\dfrac{\pi}{4}$,

(b) $\tan x=0$ 에서 특수해는 0

이므로 일반해는 $x=n\pi-\dfrac{\pi}{4},\ n\pi$ 이다. ◀

2.5 역삼각함수

이 절에서는 삼각함수의 역함수를 공부해 보자. $y=\sin x$의 그래프를 살펴보자.

$\sin x$는 일대일함수가 아니므로 역함수가 존재하지 않는다. 그러나 정의역을 $\left[-\frac{\pi}{2}, \frac{\pi}{2}\right]$로 제한하면 일대일함수가 되어 역함수가 존재하게 된다.

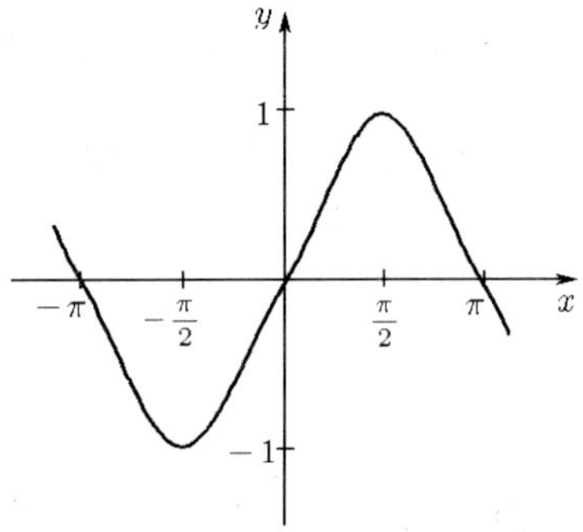

$y=\sin x$

이 함수를 역사인함수라 하고 다음과 같이 정의한다.

$$y=\sin^{-1}x \Leftrightarrow \sin y=x,\ -\frac{\pi}{2}\le y\le\frac{\pi}{2}$$

$\sin^{-1}x$는 $arc\sin x$라고도 쓰며, "**역사인함수**" 또는 "$arc\sin x$"라 읽는다.

【예제 1】 $\sin^{-1}\left(\frac{\sqrt{3}}{2}\right)$을 계산하여라.

《풀이》 $\sin\theta=\left(\frac{\sqrt{3}}{2}\right)$를 만족하는 θ를 $\left[-\frac{\pi}{2}, \frac{\pi}{2}\right]$에서 찾으면 된다.

$\sin\left(\frac{\pi}{3}\right)=\frac{\sqrt{3}}{2}$ 이고 $\frac{\pi}{3}\in\left[-\frac{\pi}{2}, \frac{\pi}{2}\right]$ 이므로 $\sin^{-1}\left(\frac{\sqrt{3}}{2}\right)=\frac{\pi}{3}$ ◀

【예제 2】 $\sin^{-1}\left(-\frac{1}{2}\right)$를 계산하여라.

《풀이》 $\sin\left(-\frac{\pi}{6}\right)=-\frac{1}{2}$ 이고 $-\frac{\pi}{6}\in\left[-\frac{\pi}{2}, \frac{\pi}{2}\right]$ 이므로

$$\sin^{-1}\left(-\frac{1}{2}\right)=-\frac{\pi}{6} \quad ◀$$

$y=\sin^{-1}x$ 의 그래프는 정의역이 $[-1, 1]$ 이고 치역이 $\left[-\frac{\pi}{2}, \frac{\pi}{2}\right]$ 이므로 앞에서 살펴보았듯이 $y=\sin x$ 의 그래프를 $y=x$ 에 대칭이 되도록 그리면 된다.

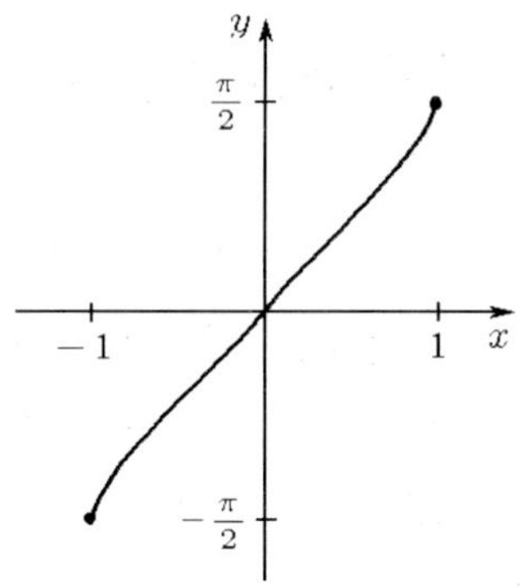

$y=\sin^{-1}x$

역코사인함수도 역사인함수를 유도하는 방법과 유사하게 얻을 수 있다. 정의역을 $[0, \pi]$ 로 제한하여 일대일함수를 만들면 다음과 같이 정의할 수 있다.

$$y=\cos^{-1}x \Leftrightarrow \cos y=x,\ 0\le y\le \pi$$

여기서

$$\cos(\cos^{-1}x)=x,\ \ x\in[-1, 1]$$

이고

$$\cos^{-1}(\cos x)=x,\ \ x\in[0, \pi]$$

이다.

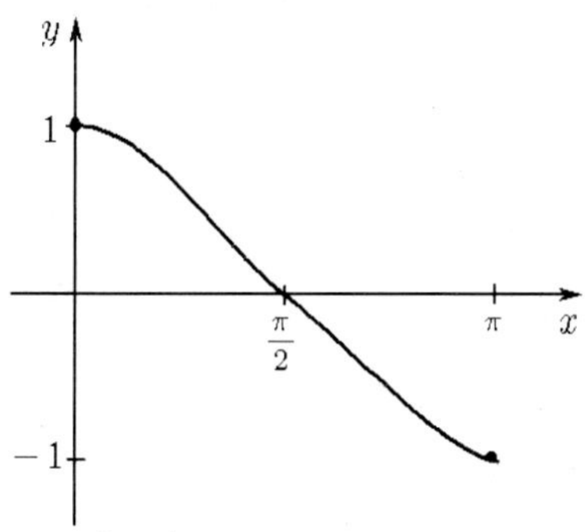

$[0, \pi]$에서 $y=\cos x$

【예제 3】 $\cos^{-1}(0)$를 계산하여라.

《풀이》 $\cos\theta=0$를 만족하는 θ를 $[0, \pi]$에서 찾으면 된다.

$\cos\frac{\pi}{2}=0$ 이므로

$\cos^{-1}(0)=\frac{\pi}{2}$ 이다. ◀

【예제 4】 $\cos^{-1}\left(-\dfrac{\sqrt{2}}{2}\right)$를 계산하여라.

《풀이》 $\cos\theta = -\dfrac{\sqrt{2}}{2}$를 만족하는 θ를 $[0, \pi]$에서 찾으면 된다.

$\cos\left(\dfrac{3\pi}{4}\right) = -\dfrac{\sqrt{2}}{2}$ 이고 $\dfrac{3\pi}{4} \in [0, \pi]$ 이므로

$\cos^{-1}\left(-\dfrac{\sqrt{2}}{2}\right) = \dfrac{3\pi}{4}$ ◀

역코사인함수의 그래프는 $y = \cos x$의 그래프를 $y = x$에 대칭이 되도록 그리면 되므로 다음 그림과 같다.

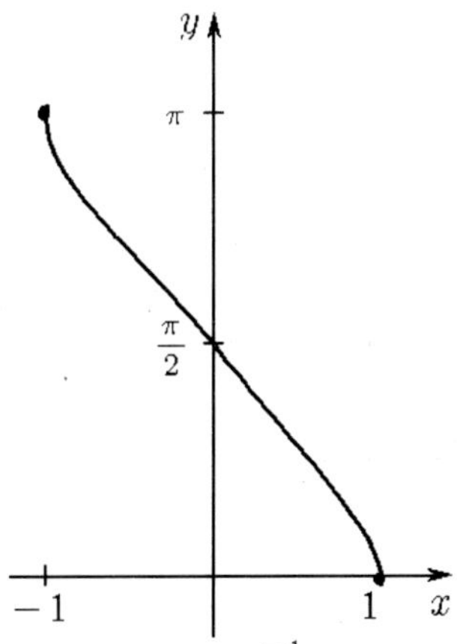

$y = \cos^{-1}x$

유사한 방법으로 다른 삼각함수의 역함수를 정의할 수 있다.

$y = \tan x$의 정의역을 $\left(-\dfrac{\pi}{2}, \dfrac{\pi}{2}\right)$로 제한하며 역탄젠트함수를

$$y = \tan^{-1}x \iff y = x,\ -\frac{\pi}{2} < y < \frac{\pi}{2}$$

로 정의할 수 있다. $y = \tan^{-1}x$의 그래프는 다음과 같다.

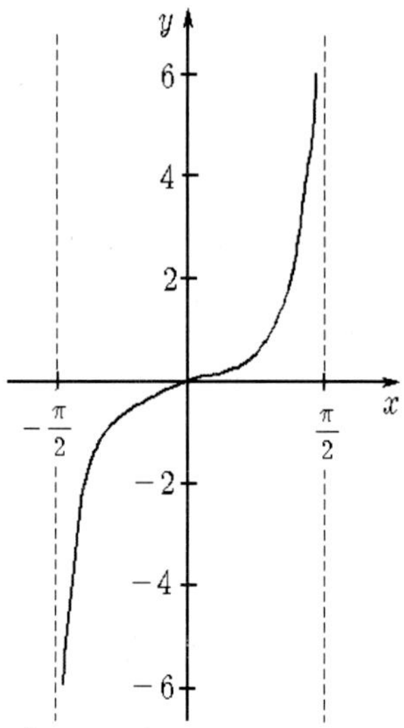

$\left(-\frac{\pi}{2}, \frac{\pi}{2}\right)$에서 $y=\tan x$

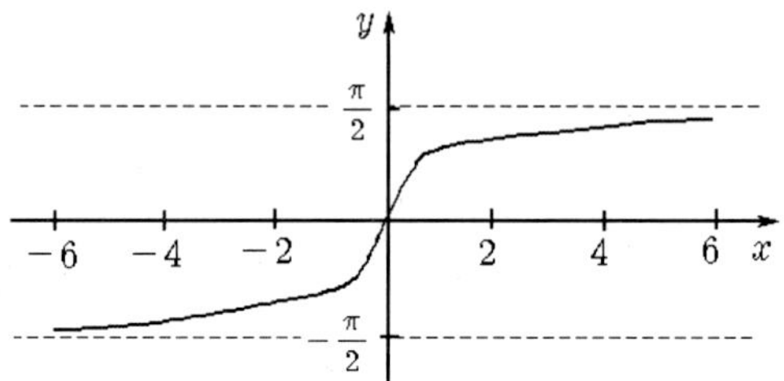

$y=\tan^{-1}x$

【예제 5】 $\tan^{-1}(1)$를 계산하여라.

《풀이》 $\tan\theta=1$인 θ값을 $\left(-\frac{\pi}{2}, \frac{\pi}{2}\right)$에서 찾으면 된다.

$\tan\frac{\pi}{4}=1$이고 $\frac{\pi}{4}\in\left(-\frac{\pi}{2}, \frac{\pi}{2}\right)$이므로 $\tan^{-1}(1)=\frac{\pi}{4}$이다. ◀

$y=\sec x$의 정의역을 $\left[0, \frac{\pi}{2}\right)\cup\left(\frac{\pi}{2}, \pi\right]$로 제한하면 역시컨트함수는

$$y=\sec^{-1}x \iff \sec y=x,\ y\in\left[0, \frac{\pi}{2}\right)\cup\left(\frac{\pi}{2}, \pi\right]$$

로 정의할 수 있다. $y=\sec^{-1}x$의 그래프는 오른쪽과 같다.

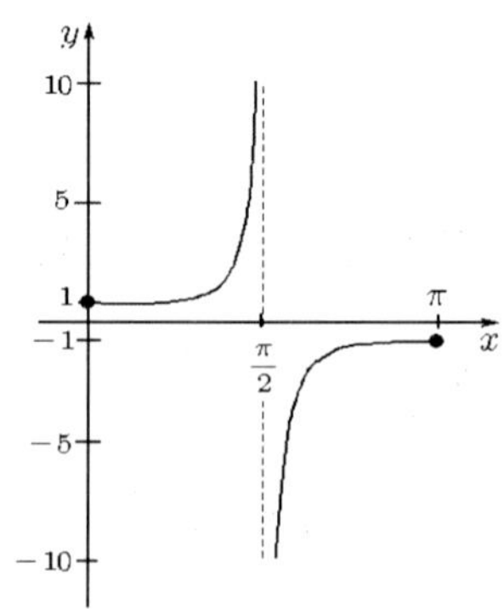

$[0, \pi]$에서 $y=\sec x$

【예제 6】 $\sec^{-1}(-\sqrt{2})$를 계산하여라.

《풀이》 $\sec\theta = -\sqrt{2}$ 를 만족하는 θ를

$\left[0, \frac{\pi}{2}\right) \cup \left(\frac{\pi}{2}, \pi\right]$ 에서 찾으면 된다.

$\sec\theta = -\sqrt{2}$ 이면

$\cos\theta = -\frac{1}{\sqrt{2}} = -\frac{\sqrt{2}}{2}$ 를 만족한다.

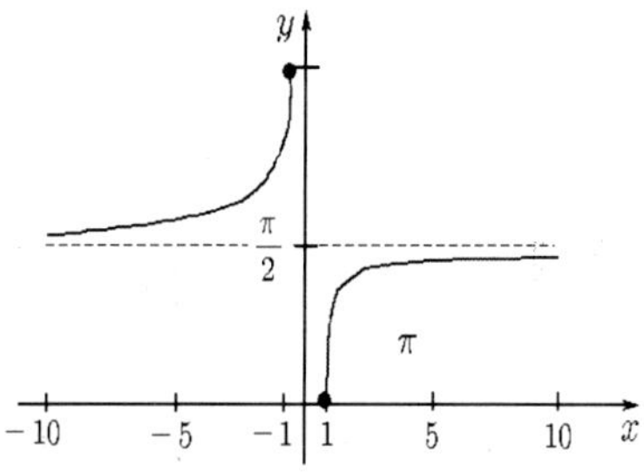

$y = \sec^{-1}x$

앞의 예제와 같이 $\cos\left(\frac{3\pi}{4}\right) = -\frac{\sqrt{2}}{2}$ 이고 $\frac{3\pi}{4}$ 는 구간 $\left(\frac{\pi}{2}, \pi\right]$ 에 있으므로, $\sec^{-1}(-\sqrt{2}) = \frac{3\pi}{4}$ ◀

적분은 삼각함수 및 역삼각함수와 많은 관련을 가지고 있다. 여기에서 필요한 몇 가지 사실을 유도해 보자. 이러한 문제에 접하면 역삼각함수의 정의와 다음의 예제에 있는 그림을 기억하여라.

【예제 7】 $\sin(\cos^{-1}x)$와 $\tan(\cos^{-1}x)$를 간단히 하여라.

《풀이》 $\theta = \cos^{-1}x$ 라 하면 $\cos\theta = x$ 이다.

그림과 같이 대각선의 길이가 1이고 인접각이 θ인 직각삼각형을 그리자.

사인과 코사인함수의 정의로부터 삼각형의 밑변의 길이는 $\cos\theta = x$ 이고 높이가 $\sin\theta$ 이다.

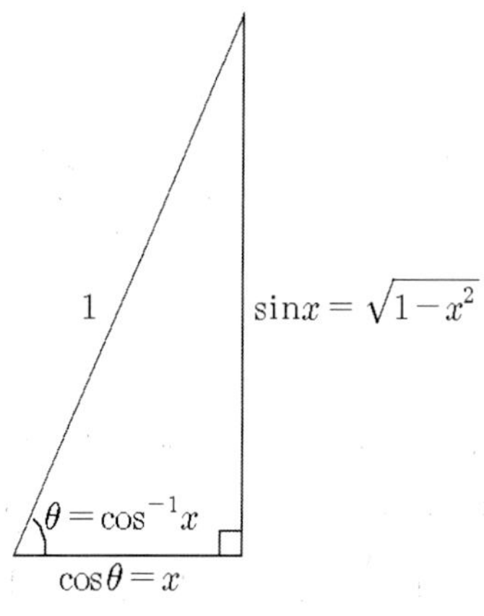

$\theta = \cos^{-1}x$

피타고라스 정리로부터

$$\sin(\cos^{-1}x) = \sin\theta = \sqrt{1-x^2}$$

$$\tan(\cos^{-1}x) = \tan\theta = \frac{\sin\theta}{\cos\theta} = \frac{\sqrt{1-x^2}}{x}$$

이다. ◀

【예제 8】 $\sin\left(\tan^{-1}\frac{4}{3}\right)$를 간단히 하여라.

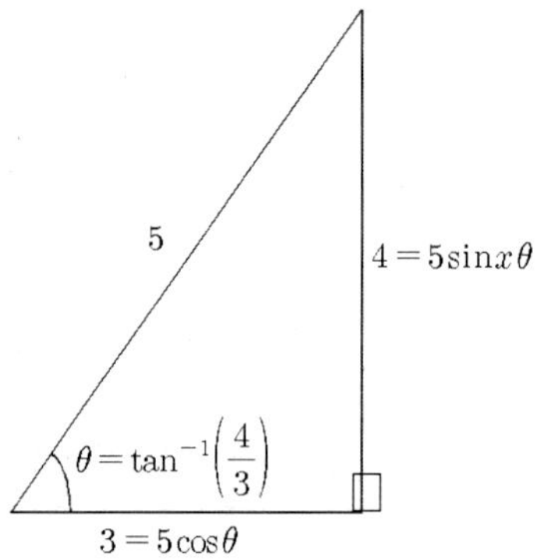

$\theta=\tan^{-1}\left(\frac{4}{3}\right)$

《풀이》 $\tan^{-1}\frac{4}{3}=\theta$라 하면 $\tan\theta=\frac{4}{3}$ 이고, 그림과 같이 각 θ를 갖는 직각삼각형을 그릴 수 있다. 피타고라스 정리로부터 대각선의 길이는 5이다. 따라서

$\sin\theta=\sin\left(\tan^{-1}\frac{4}{3}\right)=\frac{4}{5}$ 이다. ◀

【예제 9】 구배가 25%인 도로면상에서 경사면의 거리 l이 $20m$일 때 수평거리 D는 얼마인가?

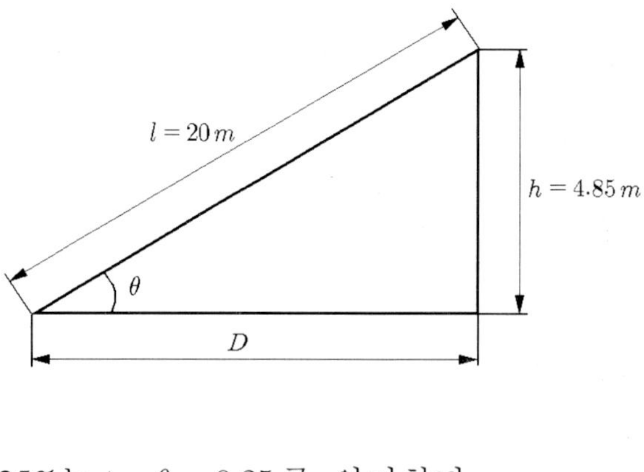

《풀이》 구배 25%는 $\tan\theta=0.25$를 의미한다.
따라서 θ는 역함수를 이용하여 구할 수 있다.
$\theta=\tan^{-1}0.25=14°2'14''$가 된다.
즉, $D=l\cos\theta=20\times\cos14°2'14''=19.40m$이다. ◀

2.6 삼각함수의 응용

(1) 코사인 법칙, 사인 법칙

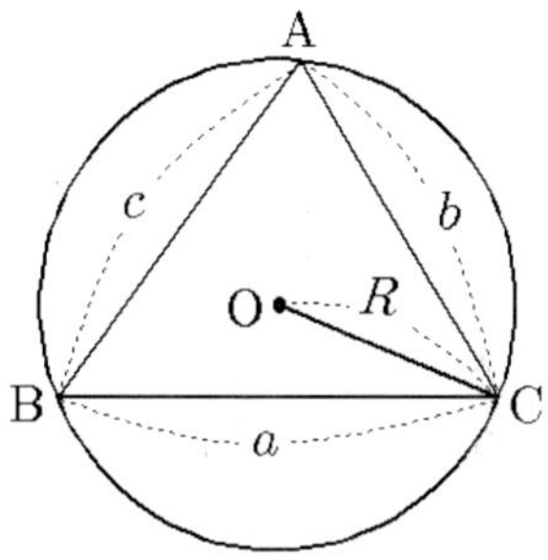

오른쪽 그림과 같이 △ABC 에서 각의 크기를 각각 ∠A, ∠B, ∠C 또는 A, B, C 로 나타내고, 이들의 대변의 길이를 각각 a, b, c로 나타내기로 한다.

△ABC 의 외접원의 중심을 O, 반지름의 길이를 R라 할 때,

$$\frac{a}{\sin A}=2R$$

[사인법칙]

임의의 △ABC 의 외접원의 반지름의 길이를 R라고 하면

$$\frac{a}{\sin A}=\frac{b}{\sin B}=\frac{c}{\sin C}=2R$$

【예제 1】 △ABC 에서 $b=4\text{cm}$, $\angle A=75°$, $\angle B=45°$ 일 때, c 의 길이를 구하여라.

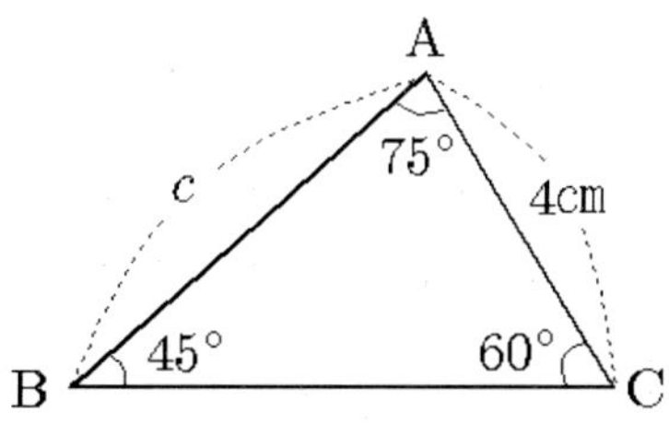

《풀이》 △ABC 에서

$\angle C=180°-(75°+45°)=60°$

사인법칙에 의하여

$$\frac{4}{\sin 45°}=\frac{c}{\sin 60°}$$

$$\therefore c=\sin 60°\times\frac{4}{\sin 45°}=2\sqrt{6}\ (\text{cm})$$ ◀

【예제 2】 △ABC 에 대하여 $a\sin A = b\sin B = c\sin C$ 이면, 이 삼각형은 정삼각형임을 증명하여라.

증명 △ABC 의 외접원의 반지름의 길이를 R 라 하면, 사인법칙에 의하여

$$\sin A = \frac{a}{2R},\ \sin B = \frac{b}{2R},\ \sin C = \frac{c}{2R}$$

이 식을 $a\sin A = b\sin B = c\sin C$ 에 대입하면

$$\frac{a^2}{2R} = \frac{b^2}{2R} = \frac{c^2}{2R}$$

$a^2 = b^2 = c^2$ 그런데 a, b, c 는 변의 길이로서 양수이므로

$a = b = c$ 따라서, △ABC 는 정삼각형이다. ■

【예제 3】 그림과 같이 무게 20kg인 물체를 두 개의 끈으로 매달았을 때 끈 AC 및 BC 에 작용하는 인장력 S_1, S_2 를 구하여라.

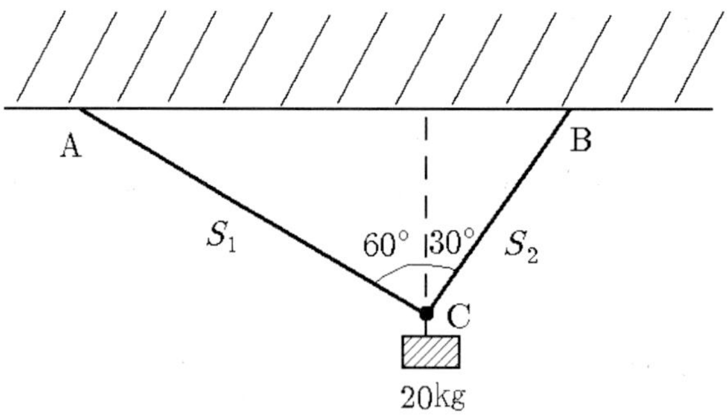

《풀이》 sine법칙을 이용하자.

C 점에서의 평형을 생각할 때 S_1, S_2 는 인장을 받으므로 그림과 같이 C 점의 바깥방향으로 작용한다. 평행 이동하여 폐합삼각형을 그리고, sine법칙을 이용하면

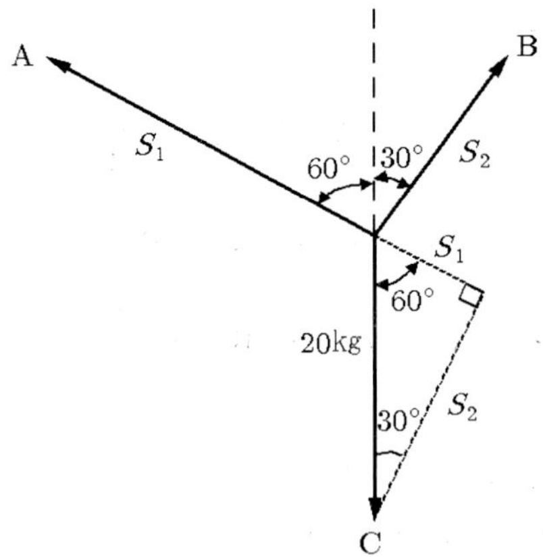

$$\frac{20}{\sin 90°} = \frac{S_1}{\sin 30°} = \frac{S_2}{\sin 60°}$$

$$\therefore\ S_1 = \frac{\sin 30°}{\sin 90°} \times 20 = \frac{1}{2} \times 20 = 10\,\text{kg}\ \text{(인장)}$$

$$S_2 = \frac{\sin 60°}{\sin 90°} \times 20 = 0.866 \times 20 = 17.32\,\text{kg}\ \text{(인장)}$$ ◀

[코사인 법칙]

임의의 △ABC 에 대하여

$$a^2 = b^2 + c^2 - 2bc\cos A$$

$$b^2 = a^2 + c^2 - 2ac\cos \mathrm{B}$$

$$c^2 = a^2 + b^2 - 2ab\cos \mathrm{C}$$

【예제 4】 오른쪽 그림의 △ABC 에서 $\angle \mathrm{A} = 45°$, $b = 6$, $c = 5\sqrt{2}$ 일 때, a의 값을 구하여라.

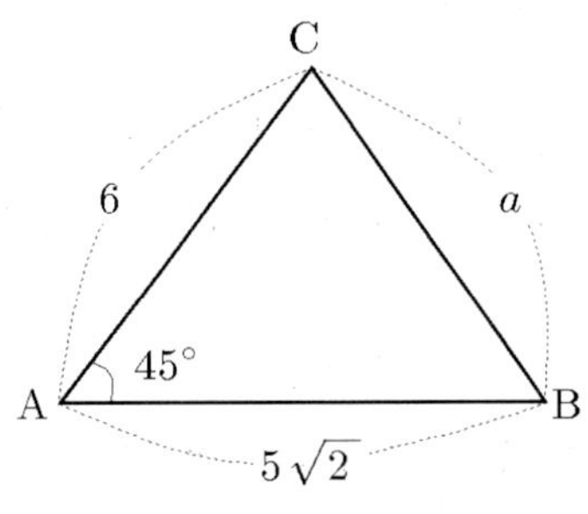

《풀이》 코사인 법칙에 의하여

$$a^2 = b^2 + c^2 - 2bc\cos A$$
$$= 6^2 + (5\sqrt{2})^2 - 2\times 6\times 5\sqrt{2}\times\frac{\sqrt{2}}{2}$$
$$= 36 + 50 - 60\sqrt{2}\times\frac{\sqrt{2}}{2} = 86 - 60 = 26$$

그런데 $a > 0$ 이므로 $a = \sqrt{26}$ ◀

【예제 5】 오른쪽 그림의 $\triangle$ABC 에서 세 변의 길이가 $a = 4,\ b = 5,\ c = 6$ 일 때, $\angle$B 의 크기를 구하여라.

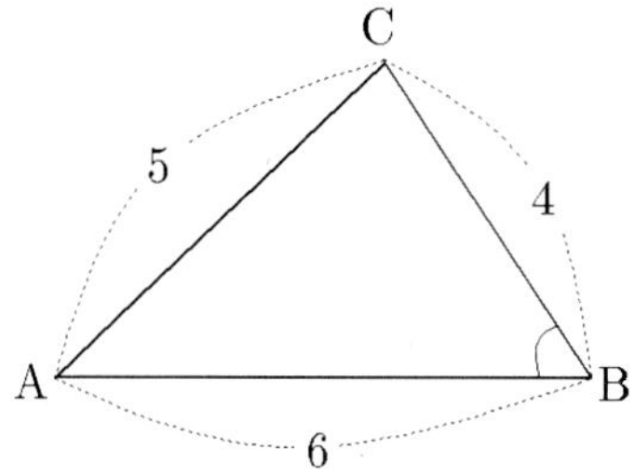

《풀이》 코사인 법칙 $b^2 = a^2 + c^2 - 2ac\cos B$에서

$$\cos B = \frac{a^2 + c^2 - b^2}{2ac} = \frac{4^2 + 6^2 - 5^2}{2\times 4\times 6} = \frac{27}{48} = 0.5625$$

따라서, $\angle B \fallingdotseq 56°$ ◀

【예제 6】 장애물이 있어 직접 거리를 측량하기 곤란한 위치에서 있는 두 나무 사이의 거리를 구하기 위하여 측량한 결과 $\overline{AB} = 110m$, $\overline{BC} = 125m$, $\angle ABC = 45°$를 얻었다. 두 나무 AC 사이의 거리를 구하여라.

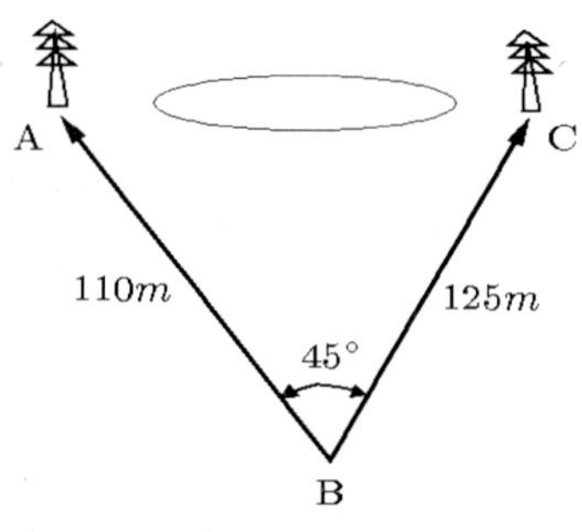

《풀이》 코사인 법칙으로부터

$$\overline{AC}^2 = \overline{AB}^2 + \overline{BC}^2 - 2\overline{AB}\,\overline{BC}\cos 45°$$
$$= (110)^2 + (125)^2 - 2(110)(125)\cos 45°$$
$$= 8{,}280$$

$\therefore\ \overline{AC} = 91(m)$ ◀

(2) 삼각형의 넓이

$\triangle$ABC에서 세 각 A, B, C의 대변의 길이를 차례로 a, b, c라 하고, 이 삼각형의 넓이를 S라 하면

$$S=\frac{1}{2}bc\sin\mathrm{A}=\frac{1}{2}ca\sin\mathrm{B}=\frac{1}{2}ab\sin\mathrm{C}$$

【예제 7】 $\triangle$ABC에서 $b=10,\ c=8,\ \angle\mathrm{A}=150^\circ$일 때, 이 삼각형의 넓이를 구하여라.

《풀이》 $S=\frac{1}{2}\times 10\times 8\times\sin 150^\circ\ =\frac{1}{2}\times 10\times 8\times\frac{1}{2}=20$ ◂

【예제 8】 $\triangle$ABC에서 $a=10,\ b=8,\ c=12$일 때, 이 삼각형의 넓이를 구하여라.

《풀이》 코사인법칙에 의하여

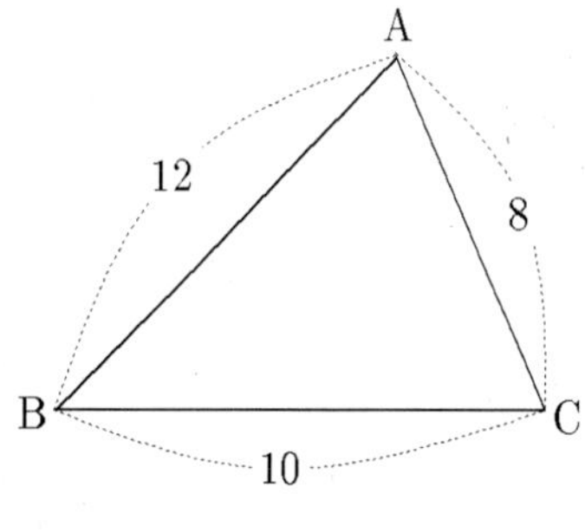

$$\cos\mathrm{A}=\frac{b^2+c^2-a^2}{2bc}$$

$$\cos\mathrm{A}=\frac{8^2+12^2-10^2}{2\times 8\times 12}=0.5625$$

$$\therefore \mathrm{A}\fallingdotseq 56^\circ$$

따라서, $\triangle$ABC의 넓이 S는

$$S=\frac{1}{2}\times 8\times 12\times\sin 56^\circ\fallingdotseq 39.8$$ ◂

$\triangle$ABC의 세변의 길이를 a, b, c라 하고, 면적을 S라 하면 다음과 같은 공식이 성립된다.

[세 변이 알려진 경우(Heron의 공식)]

$\triangle$ABC의 면적을 S, $a+b+c=2s$라 하면

$$S=\sqrt{s(s-a)(s-b)(s-c)},\ \text{단, } s=\frac{1}{2}(a+b+c)$$

【예제 9】 삼각형의 세 변의 길이가 $a=26cm$, $b=12cm$, $c=16cm$라면 이 삼각형의 면적은 얼마인가?

(풀이) 세 변의 길이가 주어진 경우이므로 헤론의 공식을 적용하자.

$$s=\frac{a+b+c}{2}=\frac{26+12+16}{2}=27$$

$$S=\sqrt{s(s-a)(s-b)(s-c)}$$

$$=\sqrt{27(27-26)(27-12)(27-16)}=66.7(cm^2)$$ ◀

【예제 10】 $\triangle$ABC의 외접원의 반경을 R, 내접원의 반경을 r이라 하면 $S=\dfrac{abc}{4R}=rs$임을 증명하여라. 단, $s=\dfrac{1}{2}(a+b+c)$

증명 정현정리로부터

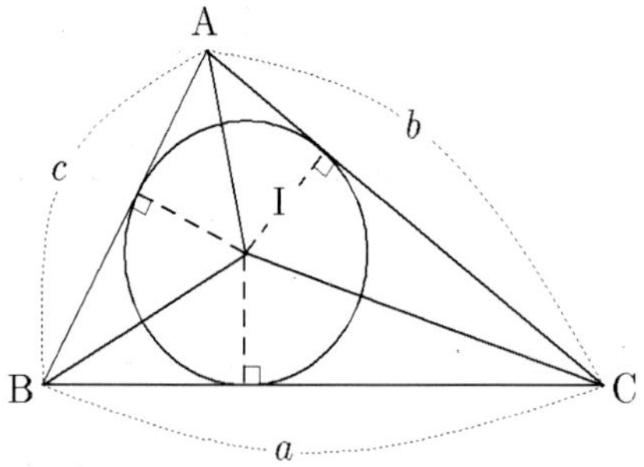

$$\sin A=\frac{a}{2R}$$

따라서, $\triangle$ABC의 면적 S는

$$S=\frac{1}{2}bc\sin A=\frac{1}{2}bc\cdot\frac{a}{2R}=\frac{abc}{4R}$$

다음 그림으로부터 내심을 I라 하면

$$\triangle IAB=\frac{1}{2}cr,\ \triangle IBC=\frac{1}{2}ar,\ \triangle ICA=\frac{1}{2}br$$

이기 때문에

$$S=\triangle IAB+\triangle IBC+\triangle ICA=\frac{1}{2}(a+b+c)r=rs$$ ■

【예제 11】 그림과 같이 높이가 H인 중력식 옹벽으로 배면토압을 지지하고 있다. 이 때 벽체가 활동을 하면, 배면의 흙은 Coulomb이론에 의하여 삼각형ABC를 따라 파괴된다고 가정할 수 있다. 이 때 옹벽의 배후 경사를 α, 지반의 경사를 β, 흙의 파괴면의 각을 ρ라고 하면 파괴되는 흙쐐기 삼각형ABC의 면적을 구하여라.

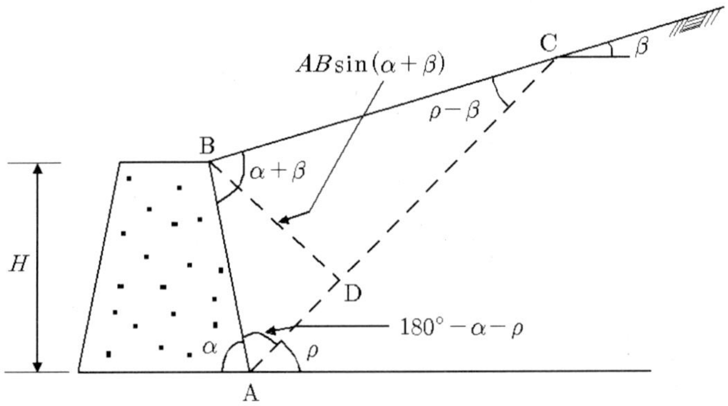

《풀이》 삼각형ABC의 면적 $=\frac{1}{2}\overline{\mathrm{BD}}\cdot\overline{\mathrm{AC}}$

먼저 삼각형의 사인법칙에서 $\frac{AC}{\sin(\alpha+\beta)}=\frac{AB}{\sin(\rho-\beta)}$ 이므로

$$\mathrm{AC}=\mathrm{AB}\frac{\sin(\alpha+\beta)}{\sin(\rho-\beta)}$$

한편 $\mathrm{BD}=\mathrm{AB}\sin(\alpha+\rho)$, $AB=\frac{H}{\sin\alpha}$ 이므로

$$\text{삼각형ABC의 면적}=\frac{1}{2}\overline{\mathrm{BD}}\cdot\overline{\mathrm{AC}}$$

$$=\frac{1}{2}AB\sin(\alpha+\rho)AB\frac{\sin(\alpha+\beta)}{\sin(\rho-\beta)}$$

$$=\frac{1}{2}\left(\frac{H}{\sin\alpha}\right)^2\sin(\alpha+\rho)\frac{\sin(\alpha+\beta)}{\sin(\rho-\beta)}$$

$$=\frac{H^2}{2\sin^2\alpha}\sin(\alpha+\rho)\frac{\sin(\alpha+\beta)}{\sin(\rho-\beta)}$$ 가 된다. ◀

(3) 삼각함수의 합성

두 삼각함수의 합이나 차를 하나의 삼각함수로 나타낼 수 있으면 주어진 함수의 최대값, 최소값, 주기 등을 쉽게 구할 수 있다.

이제 a, b가 0이 아닌 실수일 때, $a\sin\theta+b\cos\theta$를 $r\sin(\theta+\alpha)$꼴로 나타내어 보자.

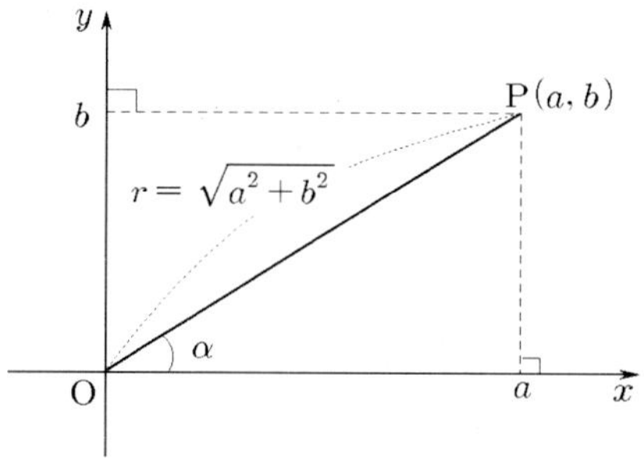

[삼각함수의 합성]

$$a\ \sin\theta+b\ \cos\theta=r\ \sin(\theta+\alpha)$$

$$\left(\text{단, } r=\sqrt{a^2+b^2}\ ,\ \cos\alpha=\frac{a}{\sqrt{a^2+b^2}},\ \sin\alpha=\frac{b}{\sqrt{a^2+b^2}}\right)$$

【예제 12】 $\sin x+\cos x$에 대하여

$$\sqrt{1^2+1^2}=\sqrt{2}$$

이므로

$$\cos\alpha=\frac{1}{\sqrt{2}},\ \sin\alpha=\frac{1}{\sqrt{2}}$$

로 놓으면 $\alpha=\frac{\pi}{4}$

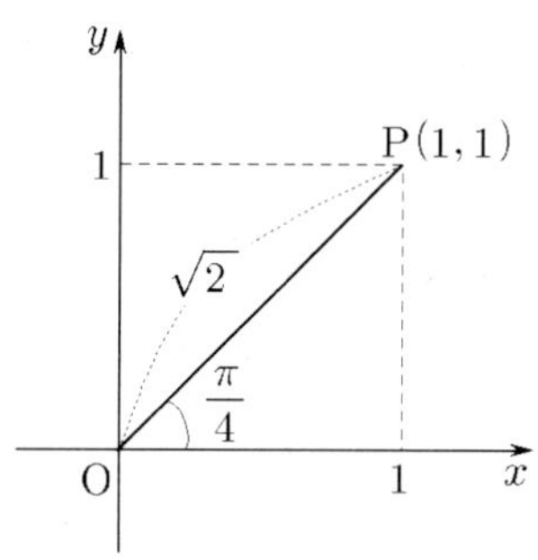

$$\therefore \sin x+\cos x=\sqrt{2}\left(\frac{1}{\sqrt{2}}\sin x+\frac{1}{\sqrt{2}}\cos x\right)$$

$$=\sqrt{2}\left(\cos\frac{\pi}{4}\sin x+\sin\frac{\pi}{4}\cos x\right)$$

$$=\sqrt{2}\ \sin\left(x+\frac{\pi}{4}\right)\ ◀$$

이제 삼각함수의 합성을 이용하여 두 삼각함수의 합이나 차로 이루어진 삼각함수의 최대값, 최소값, 주기 등을 구하여 보자.

【예제 13】 함수 $y=\sin x+\sqrt{3}\cos x$의 그래프를 그리고 최대값, 최소값, 주기를 구하여라.

《풀이-1》 $\sqrt{1^2+\sqrt{3}^2}=2$이므로

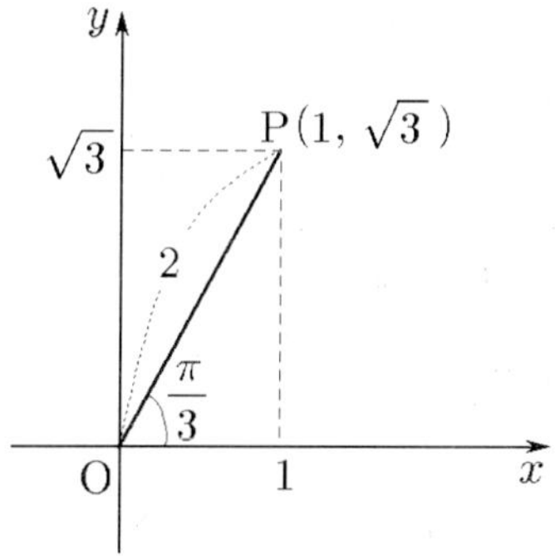

$$\cos\alpha=\frac{1}{2},\ \sin\alpha=\frac{\sqrt{3}}{2}$$

으로 놓으면 $\alpha=\frac{\pi}{3}$

$$\begin{aligned}\therefore y&=\sin x+\sqrt{3}\cos x\\&=2\left(\frac{1}{2}\sin x+\frac{\sqrt{3}}{2}\cos x\right)\\&=2\left(\cos\frac{\pi}{3}\sin x+\sin\frac{\pi}{3}\cos x\right)\\&=2\sin\left(x+\frac{\pi}{3}\right)\end{aligned}$$

이것의 그래프를 그리면 다음과 같다.

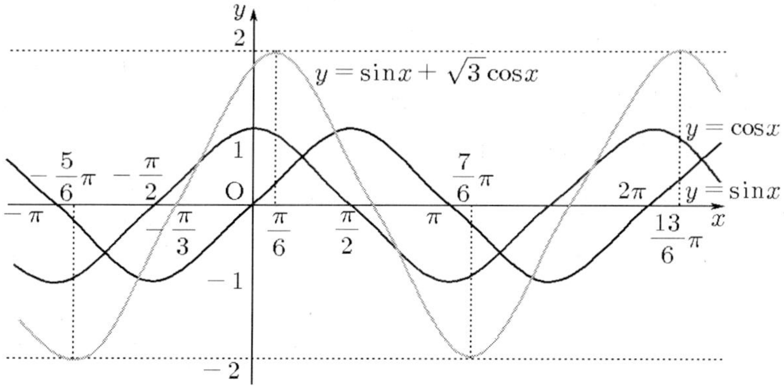

따라서, 이 함수의 최대값은 2, 최소값 −2, 주기는 2π이다.

《풀이-2》 $\sqrt{1^2+\sqrt{3^2}}=2$ 이므로

$\sin\alpha=\dfrac{1}{2}$, $\cos\alpha=\dfrac{\sqrt{3}}{2}$ 으로 놓으면

$$\alpha=\frac{\pi}{6}$$

$$y=2\left(\sin\frac{\pi}{6}\sin x+\cos\frac{\pi}{6}\cos x\right)=2\cos\left(x-\frac{\pi}{6}\right)$$

따라서, 이 함수의 최대값은 2, 최소값은 -2, 주기는 2π 이다. ◀

【예제 14】 $3\cos x+4\sin x=5\sin(x+\beta)$ 를 이용하여 상수값 β 를 결정하여라. 이 함수의 그래프를 그려라.

《풀이》 식을 이용하여, 다음 식을 얻는다.

$$\begin{aligned}3\cos x+4\sin x&=5\sin(x+\beta)\\&=5\sin x\cos\beta+5\sin\beta\cos x\end{aligned}$$

위 식을 양변을 비교하면

$$5\cos\beta=4,\ 5\sin\beta=3$$

이다. 따라서

$$\cos\beta=\frac{4}{5},\ \sin\beta=\frac{3}{5}$$

계산기를 이용하여 β 값을 구하면 $\beta\approx 0.6435$ 라디안(약 $36.9°$)이다.

$y=3\cos x+4\sin x$ 의 그래프는 오른쪽과 같다. ◀

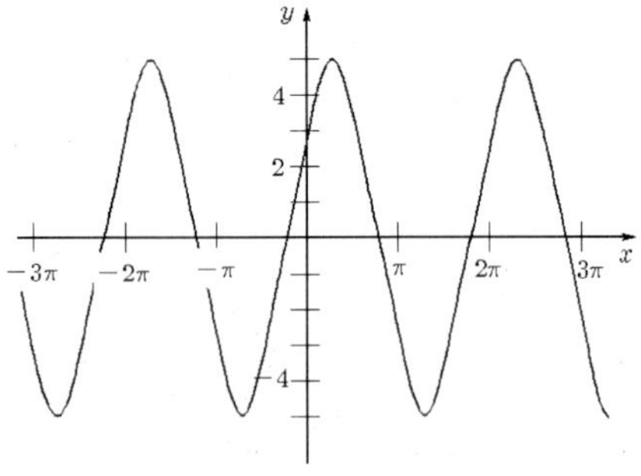

연습문제

1. 도표시와 호도표시의 변환 계산을 구하여라.

(1) $120°$　(2) $225°$　(3) $\frac{5}{12}\pi$　(4) $\frac{3}{2}\pi$

2. 다음은 삼각함수비를 표시하려는 것이다. 공백을 채워라.

α	$30°$	$45°$	$60°$	$150°$	$180°$
$\sin\alpha$	$\frac{1}{2}$	(1)	(2)	(3)	(4)
$\cos\alpha$	(5)	(6)	(7)	(8)	(9)
$\tan\alpha$	(10)	(11)	$\sqrt{3}$	(12)	(13)

3. 다음 삼각함수의 값을 구하여라.

(1) $\sin 15°$　(2) $\cos(-690°)$　(3) $\tan 870°$

4. α가 예각이고 $\cos\alpha = 0.6$일 때 다음 값을 구하여라.

(1) $\sin 3\alpha$　(2) $\cos 2\alpha$　(3) $\tan 2\alpha$

5. θ가 예각이고 $\tan\theta = t$가 일 때 다음 값을 t를 이용하여 나타내어라.

(1) $\sin\theta$　(2) $\cos 2\theta$　(3) $\tan 2\theta$　(4) $\tan\frac{\theta}{2}$

6. 반각의 공식을 이용하여 다음 값을 구하여라.

(1) $\sin 75°$　(2) $\cos(-22.5°)$　(3) $\tan 75°$

7. 다음 식을 간단히 하여라.

(1) $\cos\left(\frac{\pi}{2}-\theta\right)\sin(\pi-\theta)-\sin\left(\frac{\pi}{2}-\theta\right)\cos(\pi-\theta)$　(2) $\frac{1-\cos 2\theta}{\sin 2\theta}$

8. $\tan\frac{\theta}{2} = t$일 때 다음 값을 t를 이용하여 나타내어라.

(1) $\sin\theta$　(2) $\cos\theta$　(3) $\tan\theta$　(4) $\cot\theta$

9. 다음을 구하여라.

(1) $\triangle ABC$에서 $\angle A = 60°, b = 3, c = 2$일 때 a의 값과 $\cos B$의 값을 구하여라.

(2) $\triangle$ABC 에서 $a=3, b=5, c=7$ 일 때 C를 구하여라.

(3) $\triangle$ABC 에서 $\angle A=135°, a=2\sqrt{2}$ 일 때 외접원의 반지름 R을 구하여라. 이때 $b=2$이면 $\angle B$의 값은 몇 도인가?

10. 다음의 역삼각함수(주치)를 구하여라.

(1) $\sin^{-1}\dfrac{\sqrt{3}}{2}$ (2) $\cos^{-1}\left(-\dfrac{1}{2}\right)$ (3) $\tan^{-1}\left(-\dfrac{1}{\sqrt{3}}\right)$

11. 다음 방정식을 만족하는 각을 일반각으로 나타내어라.

(1) $\sin x+\sqrt{3}\cos x=\sqrt{3}$ (2) $2\sin x\cos x-\tan x=0$

12. $\triangle$ABC 에서 $a=4, b=5, c=6$ 일 때, 다음 비를 구하여라.

(1) $\sin A:\sin B:\sin C$ (2) $\cos A:\cos B:\cos C$

13. $\triangle$ABC 에서 다음 등식이 성립할 때, 이 삼각형은 어떤 삼각형인가?

(1) $\sin A=2\cos B\sin C$ (2) $\cos A:\cos B=b:a$

14. $\triangle$ABC 에서 $\overline{\mathrm{AB}}=4, \overline{\mathrm{BC}}=3, \angle \mathrm{B}=60°$ 이고, $\overline{\mathrm{AC}}$ 의 중점을 M이라 할 때, $\overline{\mathrm{AM}}, \overline{\mathrm{BM}}$ 의 길이를 구하여라.

15. $\sin\theta-\cos\theta=\dfrac{1}{2}$ 일 때, 다음 식의 값을 구하여라.

(1) $\sin\theta+\cos\theta$ (2) $\sin^3\theta+\cos^3\theta$

16. 다음 삼각방정식과 삼각부등식을 풀어라. (단, $0\le x<2\pi$)

(1) $2\sin^2 x+\cos x=1$ (2) $\dfrac{1}{2}\le \sin x\le\dfrac{\sqrt{3}}{2}$

17. $\triangle$ABC 에서 $a=3, b=5, c=7$ 일 때, 다음을 구하여라.

(1) $\cos A$의 값 (2) $\triangle$ABC 의 넓이 (3) 외접원의 반지름의 길이

18. 함수 $y=\sin^2 x-4\cos x+2$ 의 최대값과 최소값을 구하여라. (단, $0\le x\le\pi$)

19. $\triangle$ABC 에서 다음 등식이 성립할 때, 이 삼각형은 어떤 삼각형인가?

(1) $a\sin\left(\dfrac{\pi}{2}-C\right)=c\sin\left(\dfrac{\pi}{2}-A\right)$ (2) $a\sin A+b\sin B=c\sin(A+B)$

3. 좌표계

3.1 극좌표와 그래프

3.2 직교좌표계

3.3 원주좌표계

3.4 구면좌표계

3.1 극좌표와 그래프

평면 위에 있는 점의 위치를 좌표를 이용해서 나타내는 방법은 여러 가지가 있는데, 지금까지 사용해 온 바 있는 직교좌표계와는 달리 새로운 좌표 표시방법을 소개하고자 한다.

정의 1 원점 O로부터 기선(또는 시초선) l을 잡는다. 평면 위의 임의의 점을 P라 할 때, O에서 P까지의 방향을 준 거리를 r, 기선에서 $\overrightarrow{OP}$까지의 방향을 준 각을 θ라 하면, 점 P의 위치를 좌표 $P(r,\theta)$와 같이 나타낸 것을 **극좌표**라고 부른다.

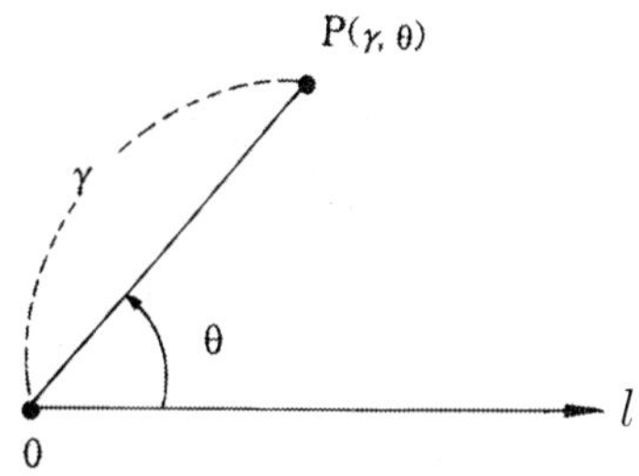

이 때 점 O를 **극**(pole), 직선 l을 **극축**(polar axis)이라고 한다.

• 방향을 준 각이라는 것은 기선으로부터 시계 반대방향의 각을 양, 시계방향의 각을 음으로 표시한다는 뜻이다.

예를 들면, $P(2,\pi/6)$와 $Q(2,-\pi/6)$는 다음 그림과 같이 나타낸다.

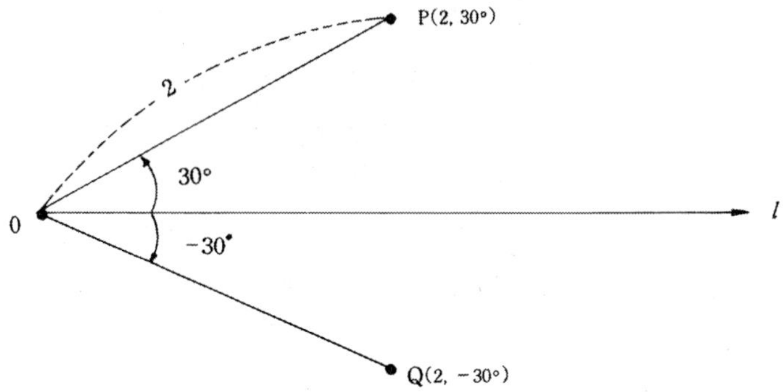

• O에서 P까지의 방향을 준 거리 r이란 뜻은

$r \geq 0$일 때 : 기선 l을 양의 방향으로 30° 회전시킨 직선 l' 위에 극 O에서 양의 방향으로 r만큼 떨어진 곳을 점 $P(r,\theta)$로 나타내고,

$r<0$일 때 : 위의 직선 l' 위에 극 O에서 음의 방향으로 $|r|$만큼 떨어진 곳을 점 $Q(r, \theta)$로 나타낸다.

예를 들면, $P(2,\pi/6)$와 $Q(-2,\pi/6)$는 다음과 같이 나타낸다.

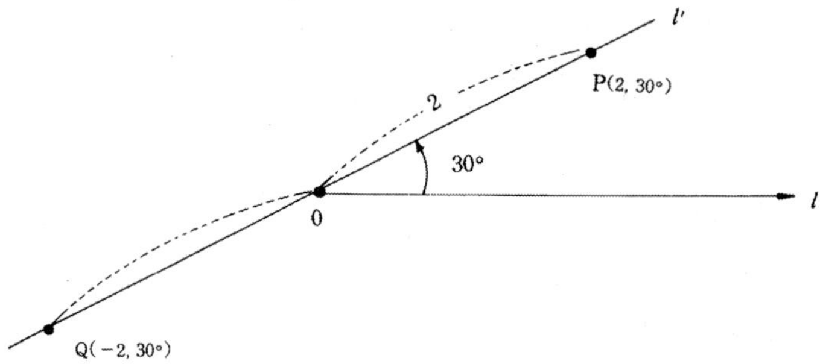

【예제 1】 극좌표로 표시된 다음 점을 평면 위에 나타내어라.

$$\left(3, \frac{\pi}{3}\right), \left(-2, \frac{2\pi}{3}\right), \left(-2, \frac{\pi}{4}\right), \left(2, \frac{3\pi}{4}\right)$$

《풀이》

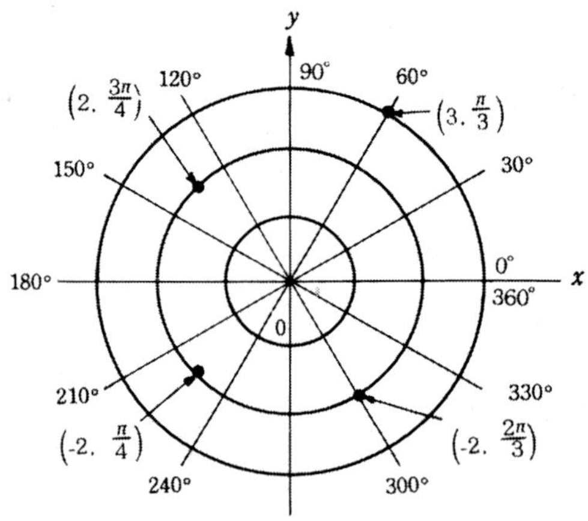

극좌표계에서는 앞의 그림과 같이 동심원과 극을 지나는 직선이 그려져 있는 방안지를 사용하면 편리하다.

또한 극좌표계에서는 직교좌표계와 달리한 점의 극좌표가 유일하게 표시되진 않는다. 예를 들어 오른쪽 점 P의 극좌표는

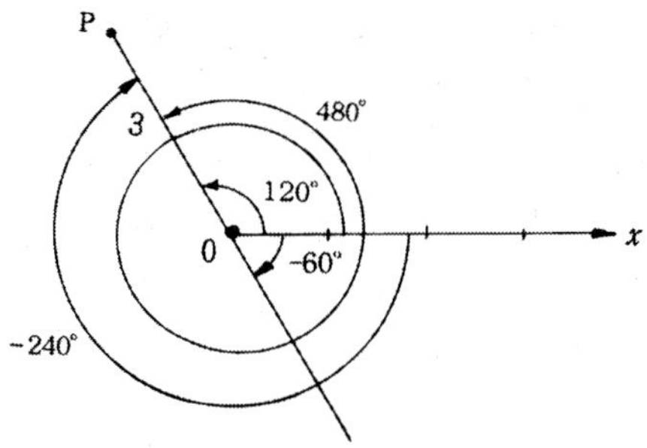

$\left(3, \dfrac{2\pi}{3}\right), \left(3, \dfrac{8\pi}{3}\right), \left(3, -\dfrac{4\pi}{3}\right),$
$\left(-3, -\dfrac{\pi}{3}\right), \left(-3, \dfrac{5\pi}{3}\right), \cdots$
등으로 표시할 수 있다.

일반적으로 P가 극좌표 (r, θ)를 갖는다면, 모든 정수 n에 대하여 P는 $(r, \theta \pm 2n\pi)$, $(-r, \theta \pm (2n-1)\pi)$를 역시 극좌표로 갖는다.

그러므로 점 $P(r, \theta)$와 x축, y축, 원점에 관하여 각각 대칭인 점 Q, R, S는 다음 그림과 같이 극좌표로 나타낸다.

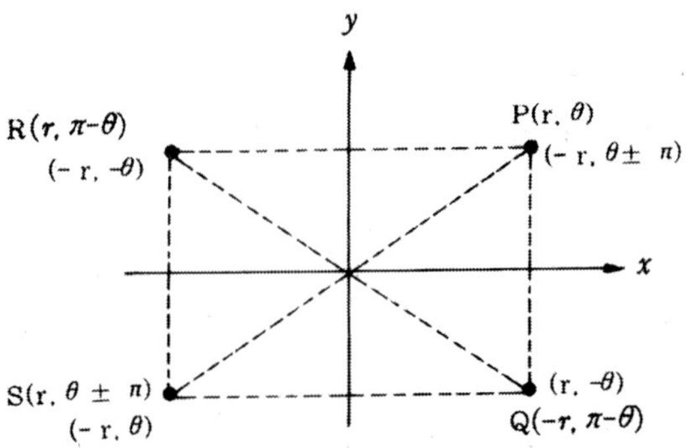

【예제 2】 다음의 극좌표에 대하여 아래 물음에 답하여라.

$$P_1\left(3, \frac{\pi}{3}\right), P_2\left(3, -\frac{\pi}{3}\right), P_3\left(-3, \frac{\pi}{3}\right),\ P_4\left(-3, -\frac{\pi}{3}\right),$$

$$P_5\left(3, -\frac{5\pi}{3}\right),\ P_6\left(3, \frac{5\pi}{3}\right), P_7\left(3, \frac{4\pi}{3}\right), P_8\left(3, \frac{2\pi}{3}\right)$$

(1) 같은 점을 나타내는 것끼리 묶어라.

(2) 점 P_1과 x축, y축, 원점에 각각 대칭인 점을 말하여라.

《풀이》 (1) $P_1 = P_5$, $P_2 = P_6$, $P_3 = P_7$, $P_4 = P_8$

(2) x축 대칭 : P_2, P_6 , y축 대칭 : P_4, P_8 , 원점 대칭 : P_3, P_7 ◀

직교좌표계와 극좌표계 사이의 관계를 알아보자.

오른쪽 그림에서 점 P는 직교좌표 $P(x, y)$ 또는 극좌표 $P(r, \theta)$로 나타낸다. 따라서 이들 직교좌표와 극좌표 사이에는 다음 관계가 있음을 알 수 있다.

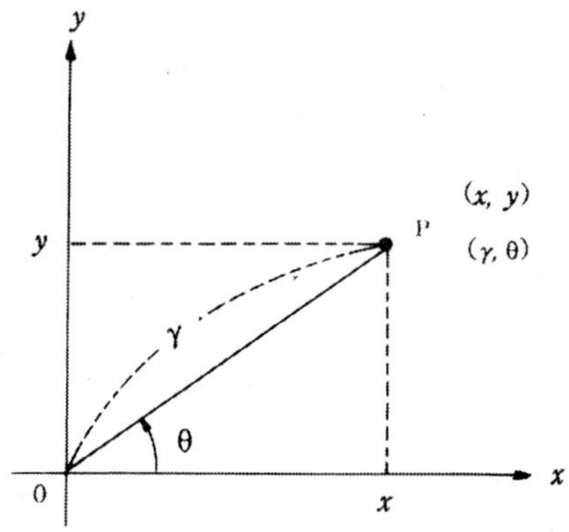

$$\begin{cases} x = r\cos\theta \\ y = r\sin\theta \end{cases} \qquad \begin{cases} x^2 + y^2 = r^2 \\ \tan\theta = \dfrac{y}{x} \end{cases}$$

이 관계식을 **극좌표변환**이라고 한다.

【**예제 3**】 다음 중 점 A, B는 극좌표로 바꾸고, 점 C, D는 직교좌표로 바꾸어라.

(1) $A(1, \sqrt{3})$ (2) $B(-1, 1)$ (3) $C\left(4, \dfrac{\pi}{6}\right)$ (4) $D\left(-2, -\dfrac{\pi}{3}\right)$

《**풀이**》 (1) $r = \sqrt{1^2 + (\sqrt{3})^2} = 2,\ \tan\theta = \sqrt{3} \qquad \therefore \theta = \dfrac{\pi}{3}$

즉 $A\left(2, \dfrac{\pi}{3}\right)$

(2) $r = \sqrt{(-1)^2 + 1^2} = \sqrt{2},\ \tan\theta = \dfrac{1}{-1} = -1 \qquad \therefore \theta = \dfrac{3\pi}{4}$

즉 $B\left(\sqrt{2}, \dfrac{3\pi}{4}\right)$

(3) $x = 4\cos\dfrac{\pi}{6} = 2\sqrt{3},\ y = 4\sin\dfrac{\pi}{6} = 2$ 이므로 $C(2\sqrt{3}, 2)$

(4) $x = (-2)\cos\left(-\dfrac{\pi}{3}\right) = -1,\ y = (-2)\sin\left(-\dfrac{\pi}{3}\right) = \sqrt{3}$ 이므로

$D(-1, \sqrt{3})$ ◀

극좌표를 사용하여 나타낸 곡선의 방정식을 극방정식이라고 한다. 어떤 곡선을 직교좌표(x, y)로 나타낸 직교좌표방정식과 극좌표(r, θ)로 나타낸 극방정식 사이의 관계는 다음과 같다.

$$\begin{cases} x = r\cos\theta \\ y = r\sin\theta \end{cases}$$

$$\boxed{f(x, y) = 0} \quad \longrightarrow \quad \boxed{f(r\cos\theta,\ r\sin\theta) = 0}$$

$$\longleftarrow$$

$$\begin{cases} r^2 = x^2 + y^2 \\ \tan\theta = \dfrac{y}{x} \end{cases}$$

【예제 4】 직교좌표방정식 $x^3 + y^3 - 3xy = 0$ 을 극방정식으로 고쳐라.

《**풀이**》 $x = r\cos\theta,\ y = r\sin\theta$ 를 준식에 대입하면,

$$(r\cos\theta)^3 + (r\sin\theta)^3 - 3r\cos\theta\, r\sin\theta = 0$$

$$r^3\cos^3\theta + r^3\sin^3\theta - 3r\cos\theta\, r\sin\theta = 0$$

$$r^2\big(r(\cos^3\theta + \sin^3\theta) - 3\cos\theta\sin\theta\big) = 0$$

여기서 $r = 0$ 은 극을 나타내고, 이것은 $r = \dfrac{3\cos\theta\sin\theta}{\cos^3\theta + \sin^3\theta}$ 에 포함된다.

$(\because\ \theta = \dfrac{\pi}{2}$ 일 때 $r = 0$ 이다.$)$

따라서 구하는 극방정식은 $r = \dfrac{3\cos\theta\sin\theta}{\cos^3\theta + \sin^3\theta}$ 이다. ◂

【예제 5】 극방정식 $r\cos(\theta - \frac{\pi}{3}) = 3$ 을 직교좌표방정식으로 고쳐라.

《**풀이**》 $3 = r\cos\left(\theta - \dfrac{\pi}{3}\right) = r\left(\cos\theta \times \cos\dfrac{\pi}{3} + \sin\theta \times \sin\dfrac{\pi}{3}\right)$

$$= \frac{1}{2} \times r\cos\theta + \frac{\sqrt{3}}{2} \times r\sin\theta = \frac{1}{2}x + \frac{\sqrt{3}}{2}y$$

따라서 구하는 직교좌표방정식은 $x + \sqrt{3}\,y = 6$ 이다. ◂

이제 극방정식으로 표시된 곡선의 개형을 평면 위에 그리는 방법에 대하여 알아보자.

【예제 6】 다음 극방정식의 그래프를 그려라.

(1) $r=\theta$ (2) $r=1+\sin\theta$

(3) $r=\cos 2\theta$ (4) $r=1-2\cos\theta$

《풀이》 (1)

θ	0	$\frac{\pi}{2}$	π	$\frac{3\pi}{2}$	2π	$\cdots$	θ	$\cdots$
r	0	$\frac{\pi}{2}$	π	$\frac{3\pi}{2}$	2π	$\cdots$	θ	$\cdots$

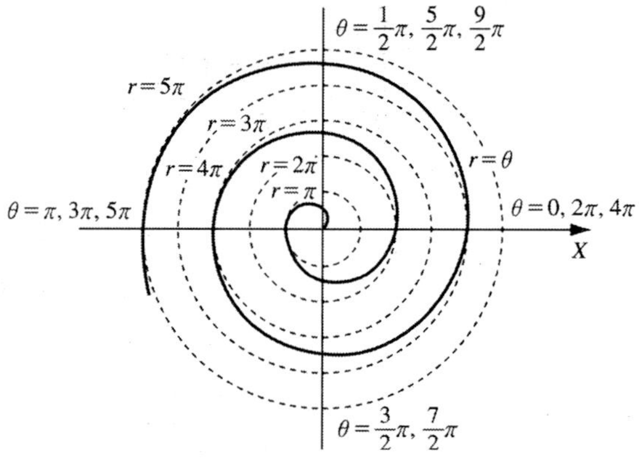

(2) $0\leq\theta\leq 2\pi$ 에서만 그리면 된다.

θ 가 0에서 $\frac{\pi}{2}$ 로 증가하면 r 은 1에서 2로 증가하고,

θ 가 $\frac{\pi}{2}$ 에서 π 로 증가하면 r 은 2에서 1로 감소하고,

θ 가 π 에서 $\frac{3}{2}\pi$ 로 증가하면 r 은 1에서 0으로 감소하고,

θ 가 $\frac{3}{2}\pi$ 에서 2π 로 증가하면 r 은 0에서 1로 증가한다.

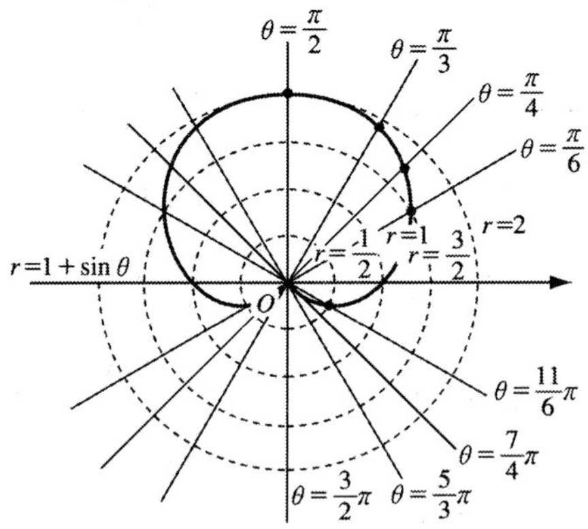

(3) $y=\cos 2\theta$ 에서 y 값이 0이거나 극값을 갖는 θ 의 값은 $\theta=\dfrac{1}{4}n\pi$, $n=0,\ 1,\ \cdots,\ 8$ 이다. 이 θ 에 의하여 $[0, 2\pi]$ 를 8개 구간으로 나누어 각 구간에서의 그래프의 모양을 연결하면 아래그림과 같다.

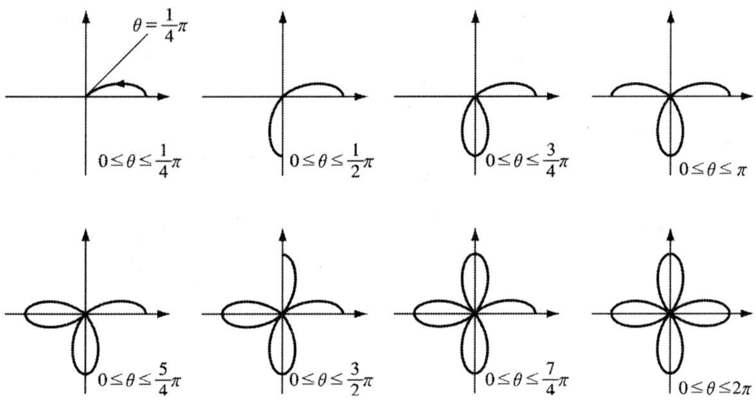

(4) $0\le\theta\le 2\pi$ 에서만 고려하면 된다. 이 구간에서 $r=0$ 인 θ 를 구하면 $\theta=\dfrac{1}{3}\pi,\ \dfrac{5}{3}\pi$ 이다. 직교좌표에서의 코사인 함수의 그래프를 참고하여 $|r|$ 이 극대가 되는 θ 를 구하면 $\theta=0,\ \pi,\ 2\pi$ 이다. 이 θ 값에 의해

구간 $[0, 2\pi]$를 네 개의 구간 $\left(\left[0, \frac{\pi}{3}\right], \left[\frac{\pi}{3}, \pi\right], \left[\pi, \frac{5}{3}\pi\right], \left[\frac{5}{3}\pi, 2\pi\right]\right)$로 나눈다. θ가 0에서 $\frac{\pi}{3}$까지 증가하면 $\cos\theta$는 1에서 $\frac{1}{2}$로 감소하고, $r=1-2\cos\theta$는 -1에서 0으로 감소한다.
θ가 $\frac{\pi}{3}$에서 π까지 증가하면 $\cos\theta$는 $\frac{1}{2}$에서 -1로 감소하고, r은 0에서 3까지 증가한다. θ가 π에서 $\frac{5}{3}\pi$까지 증가하면 $\cos\theta$는 -1에서 $\frac{1}{2}$까지 증가하고, r은 3에서 0으로 감소한다. θ가 $\frac{5}{3}\pi$에서 2π까지 증가하면 $\cos\theta$는 $\frac{1}{2}$에서 1까지 증가하고, r은 0에서 -1로 감소한다.

$0 \le \theta \le \frac{1}{3}\pi$

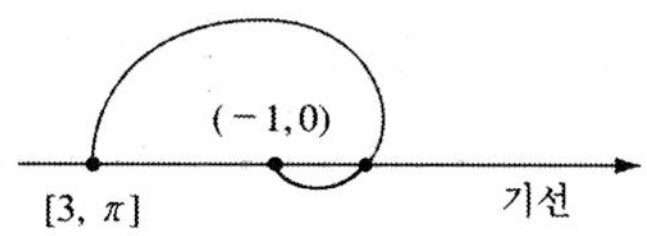

$0 \le \theta \le \pi$

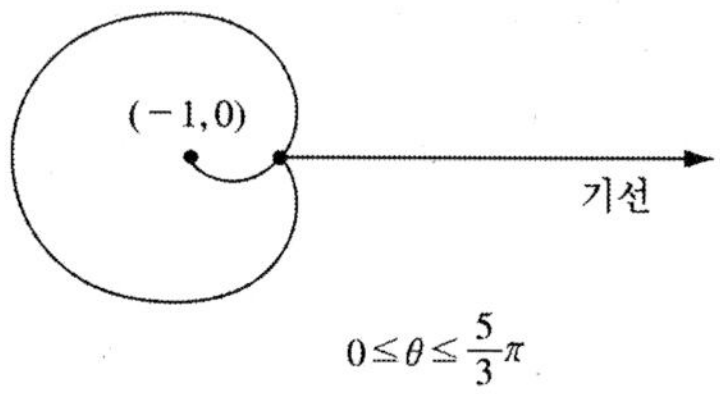

$0 \le \theta \le \frac{5}{3}\pi$

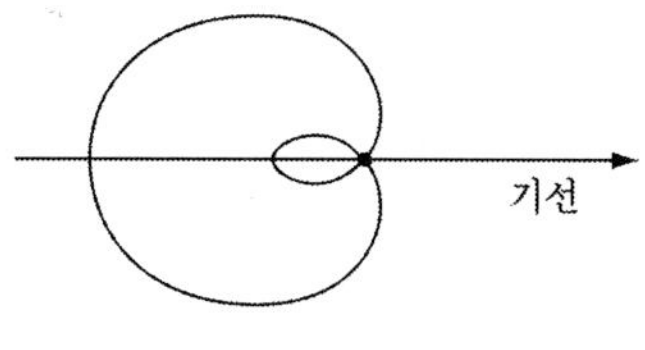

$0 \le \theta \le 2\pi$

연습문제

1. 한 극좌표가 $\left(3, \frac{\pi}{4}\right)$인 점 P의 모든 극좌표를 구하여라.

2. 다음과 같은 점을 좌표평면 위에 나타내어라.

(1) $P\left(2, \frac{\pi}{2}\right)$ (2) $Q(-2, 0)$ (3) $R\left(-2, \frac{\pi}{2}\right)$

(4) $S\left(3, \frac{\pi}{4}\right)$ (5) $T\left(3, -\frac{\pi}{4}\right)$ (6) $U\left(-3, -\frac{\pi}{4}\right)$

3. 다음 직교좌표방정식을 극방정식으로 고쳐라.

(1) $xy = 2$ (2) $x - y = 3$

(3) $x^2 + y^2 - 2x = 0$ (4) $x^2 - y^2 = {}^{25}\sqrt{x^2 + y^2}$

4. 다음 극방정식을 직교좌표방정식으로 고쳐라.

(1) $r\cos\theta = 2$ (2) $\sin\theta = \cos\theta$

(3) $r^2(1 + 2\cos\theta\sin\theta) = 1$ (4) $r = 4\tan\theta\sec\theta$

5. 다음 극방정식의 그래프를 그려라.

(1) $r = 2(1 + \cos\theta)$ (2) $r^2 = \sin\theta$

(3) $r = \sin2\theta$ (4) $r = 3\cos\theta$

3.2 직교좌표계

17세기 중반에 프랑스 수학자 Descartes는 평면상의 점을 수의 쌍과 연관시키는 방법을 제안하였다. 자연과학에 대한 수학의 적용이란 추상적인 수의 집합과 그것들과 관련된 수학에서 물리계와 관계를 맺어주는 것이다. 부피와 온도, 거리와 시간 등을 직교좌표로서 나타낼 수 있다. 그러나 많은 물리적 상태는 직교좌표로 편리하게 표시할 수 없는 경우가 있다. 이와 같은 이유로 직교좌표계에서 수학적으로 취급하는 것은 불가능하지는 않지만 극히 어려운 물리적 상태를 기술하기 위하여 다음 몇 가지 좌표계를 살펴보기로 하자.

공간의 점의 위치를 표시하는데는 **직교좌표계**, **원주좌표계**, **구면좌표계**라고 하는 세 가지 좌표계를 많이 쓴다.

평면 위의 한 점 O(원점)를 지나는 두 개의 직교하는 수직선(좌표축) X-축과 Y-축을 정해 놓으면, 이 평면(XY-평면) 위의 한 점 Q는 좌표라고 불리우는 두 개의 실수의 순서짝$(x,\ y)$에 의하여 1대 1로 나타난다. 그래서 $Q=(x,\ y)$ 또는 $Q(x,\ y)$로 적는다.

이제, 공간의 한 점 P에 대해서 생각해 본다. XY-평면의 원점 O에서 이 평면에 수직인 직선을 Z-축이라 부르면, X, Y 및 Z축은 서로 직교한다. Z-축은 보통 우수계의 축을 잡는다. 즉 X-축의 양방향으로부터 Y-축의 양방향으로 나사를 돌릴 때, 나사의 진행하는 방향을 Z-축의 양방향으로 잡는다.

공간의 임의의 한 점 P가 있으면 P에 XY-평면에 내린 수선의 발 Q는 정해진다. 따라서 QP의 길이가 정해진다. $QP=z$(양 또는 음)라고 하면, 이는 P에서 Z-축에 내린 수선의 발이 나타내는 Z-축 상의수이다. Q의 XY-평면상의 좌표를 $(x,\ y)$라 할 때, P에 대해서 하나의 순서짝$(x,\ y,\ z)$가 정해진다. 역으로 하나의 순서$(x,\ y,\ z)$가 있으면, XY-평면상에 $Q(x,\ y)$인 점이 정해지고, Q에 수직으로 z인 방향과 거리에 있는 점 P가 확정된다. (x, y, z)를 P의 **직교좌표**(orthogonal coordinate) 또는 그냥 **좌표**라고 부른다.

이와 같이 공간 내의 임의의 점 P는 좌표라고 불리우는 세 개의 실수의 짝(x_1, y_1, z_1)에 의하여 1대 1로 대응된다. 이 대응계통을 직교좌표계라고 한다. 이 때 x_1, y_1, z_1을 각각 점P의 x-성분, y-성분, z-성분이라고 부르고, 이들을 통틀어서 **성분**(component)이라 한다.

R를 실수전체의 집합이라 할 때, 세 개의 성분을 갖는 순서짝 전체의 집합, 즉

$$E^3(\text{또는 } R^3) \equiv \{(x, y, z) \mid x, y, z \in R\}$$

는 공간의 모든 점을 나타내고 있다. 이런 뜻에서, 보통 우리가 살고 있는 공간을 **3차원 Euclid공간**(3-dimensional Euclid space)이라고도 부른다.

주의 평면은 $R^2 = \{(x, y) \mid x, y \in R\}$로 표현되고, 직선은 R로 표현되어 각각 2차원, 1차원인 Euclid공간이다.

유클리드[Euclid 300 B. C]

유클레이디스나로도 부른다. 그리이스의 수학자. 전기에 대해서는 잘 알려져 있지 않으나. 13권으로 된「기하학 원본」을 저술하여 그리스 수학을 집대성하고 정연한 논리적 체계로 다듬었다. 이 가운데에는 기하학뿐만 아니라, 대수적인 내용도 많이 포함되어 있으나, 전체적으로 기하학적인 색채가 강하고, 특히 기하학 부분은 오늘날의 유클리드 기하학의 기초가 되고 있다.

유클릿 기하학

기하학 [Euclidean geometry] 보통 도형적 직관을 기초로 하여 만들어진 기하학으로, 유클릿이 그 기하학 원본에서 당시로서는 놀라운 엄밀성을 가지고 공리에 입각하여 그 체계를 만들어 낸 데에서, 그 이름이 생긴 것이다. 지금은 유클릿의 공리계의 불비한 점을 보완하여 완전한 공리계가 완성되어 있지마는, 힐베르트가 만든, 기하학 기초론의 공리계가 가장 대표적인 것이 되어 있다.

3.3 원주좌표계

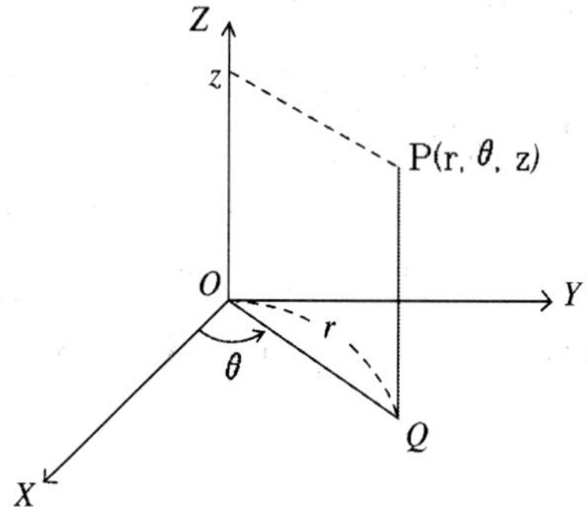

공간의 한 점 P의 직교좌표를 (x, y, z)라 하자. P의 XY-평면에 내린 수선의 발 Q의 평면극좌표(O: 극, OX: 원선)를 (r, θ)라 할 때 P는 순서짝 (r, θ, z)으로써 일의적으로 표현된다. (r, θ, z)를 점 P의 **원주좌표**(cylindrical coordinate)라 부르고, 이 좌표계를 **원주좌표계**라고 한다.

P의 직교좌표 (x, y, z)와 원주좌표 (r, θ, z)와의 관계는

$$x = r\cos\theta,\ y = r\sin\theta\ (r \geq 0,\ 0 \leq \theta < 2\pi)$$

$$z = z\ (-\infty < z < \infty)$$

또는 $r = \sqrt{x^2 + y^2}$, $\tan\theta = y/x,\ z = z$

r를 동경, O를 극, θ를 **방위각**(longitude)이라고 부른다.

연습문제

1. 원주좌표가 각각 $(r_1, \theta_1, z_1), (r_2, \theta_2, z_2)$인 두 점 사이의 거리는

$$\sqrt{r_1^2 + r_2^2 - 2r_1 r_2\cos(\theta_1 - \theta_2) + (z_1 - z_2)^2}$$

임을 증명하여라.

3.4 구면좌표계

직교좌표계의 원점을 O라 하자. 임의의 한 점P가 주어질 때, P의 XY-평면에 내린 수선의 발을 Q라 하면

$$OP = \rho,\ \angle XOQ = \theta,\ \angle ZOP = \varphi$$

$$\rho \geq 0, 0 \leq \theta < 2\pi,\ 0 \leq \varphi \leq \pi$$

인 $\rho,\ \theta,\ \varphi$가 일의적으로 정해진다. $(\rho,\ \theta,\ \varphi)$를 P의 **공간극좌표**(space polar coordinate) 또는 **구면좌표**(spherical coordi-nate)라 부르고, 이 좌표계를 **공간극좌표계**라고 한다. ρ를 **동경**, θ를 **방위각**, φ를 **천정각**(zenithal angle)이라 한다.

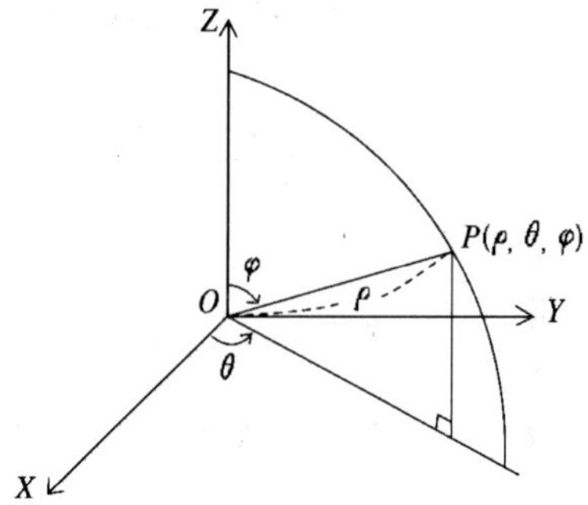

직교좌표 $(x,\ y,\ z)$와 공간극좌표 $(\rho,\ \theta,\ \varphi)$와의 관계는 $OQ = \rho\sin\varphi = \sqrt{x^2+y^2}$이므로

$$x = \rho\sin\phi\cos\theta,\ y = \rho\sin\phi\sin\theta,\ z = \rho\cos\varphi$$

$$\text{또는 } \rho^2 = x^2+y^2+z^2,\ \tan\theta = y/x,\ \tan\varphi = \sqrt{x^2+y^2}\,/z$$

원주좌표$(r,\ \theta,\ z)$와 공간극좌표$(\rho,\ \theta,\ \varphi)$와의 관계는

$$r = \rho\sin\varphi,\ \theta = \theta,\ z = \rho\cos\varphi$$

$$\rho^2 = r^2 + z^2,\ \theta = \theta,\ \tan\varphi = r/z$$

【예제 1】 (1) 평면극좌표 $\left(12,\ \frac{5}{6}\pi\right)$는 $x = 12\cos\frac{5}{6}\pi = 12 \cdot (-\sqrt{3}/2) = -6\sqrt{3}$, $y = 12\sin\frac{5}{6}\pi = 6$에 의하여, 직교좌표 $(-6\sqrt{3},\ 6)$으로 나타난다.

직교좌표 $(5\sqrt{3}, -5)$는 $r=\sqrt{(5\sqrt{3})^2+(-5)^2}=10$, $\tan\theta=-5/5\sqrt{3}$ 인데 점은 4상한에 있으므로 $\theta=\dfrac{11}{6}\pi$, 따라서, 평면극좌표는 $(10, 11\pi/6)$.

(2) 공간극좌표 $P(2, \pi/6, \pi/3)$는, 직교좌표로 고치면

$$x=2\sin\frac{\pi}{3}\cos\frac{\pi}{6}=\frac{3}{2},\ y=2\sin\frac{\pi}{3}\sin\frac{\pi}{6}=\frac{\sqrt{3}}{2},\ z=2\cos\frac{\pi}{3}=1.$$

$\therefore P(3/2, \sqrt{3}/2, 1)$.

또 원주좌표로 고치면,

$$r=2\sin\frac{\pi}{3}=\sqrt{3},\ \theta=\pi/6,\ z=2\cos\frac{\pi}{3}=1.$$

$\therefore P(\sqrt{3}, \pi/6, 1)$ ◀

연습문제

1. 다음의 직교좌표를 구면좌표와 원주좌표로 바꾸어라.
   (1) $(-3, 4, 12)$ (2) $(4, 2, -4)$ (3) $(1, -\sqrt{3}, 4)$

2. 다음의 원주좌표를 직교좌표와 구면좌표로 바꾸어라.
   (1) $(6, 2\pi/3, -2)$ (2) $(12, 3\pi/2, 5)$ (3) $(8, 4\pi/3, -4)$

4. 미분법

4.1 함수의 극한과 연속

4.2 미분

4.3 삼각함수의 미분

4.4 지수함수와 로그함수의 미분

4.5 쌍곡선함수의 미분

4.1 함수의 극한과 연속

(1) 함수의 극한

극한의 미분적분학에서 없어서는 안 될 중요한 개념이다. 즉 미적분학의 모든 개념은 극한과 관계되어 있다. 함수 $y=f(x)$ 에서 독립변수 x가 한없이 c에 가까워질 때, 함수값 y가 일정한 값 A에 가까워지면 A를 $y=f(x)$의 극한값이라 하고

$$\lim_{x \to c} f(x) = A$$

로 표기한다. 이는 $|x-c|$를 충분히 작게 함으로써 $|f(x)-A|$를 얼마든지 작게 할 수 있다는 뜻이다. 이를 수학적으로 표현(ε-δ식 정의)하면 임의의 실수 $\varepsilon>0$에 대하여 실수 $\delta>0$가 존재하여

$$0<|x-c|<\delta$$

인 모든 x에 대하여

$$|f(x)-A|<\varepsilon$$

가 성립함을 의미한다.

또한 $y=f(x)$에서 x가 한없이 커질 때 함수 $f(x)$의 값이 상수 A에 한없이 가까워지면 $f(x)$는 A에 수렴한다고 하며

$$\lim_{x \to \infty} f(x) = A$$

로 나타낸다. 이를 ε-δ식으로 나타내면, 임의의 양수 ε에 대하여 충분히 큰 양수 N이 존재해서 $x>N$인 모든 x에 대하여 $|f(x)-A|<\varepsilon$이다.

x가 c에 가까이 갈 때 $f(x)$가 한없이 커지면, x가 c에 접근할 때 $f(x)$는 무한대로 발산한다고 하고

$$\lim_{x \to c} f(x) = \infty$$

로 나타낸다.
ε-δ 식으로 표현하면, 임의의 큰 양수 N에 대하여 적당한 양수 δ가 존재해서 $0<|x-c|<\delta$인 모든 x에 대하여 $f(x)>N$이다. 이 이외에도 다음 극한값을 생각할 수 있다.

$$\lim_{x\to-\infty} f(x)=A,\ \lim_{x\to c} f(x)=-\infty$$
$$\lim_{x\to\infty} f(x)=+\infty,\ \lim_{x\to+\infty} f(x)=-\infty$$
$$\lim_{x\to-\infty} f(x)=+\infty,\ \lim_{x\to-\infty} f(x)=-\infty$$

즉 $\lim_{x\to c} f(x)=A$는 $\lim_{x\to c^+} f(x)=A$이고 $\lim_{x\to c^-} f(x)=A$임을 뜻한다.

정리 1 $\lim_{x\to a} f(x)=A$이고 $\lim_{x\to a} g(x)=B$이면 다음이 성립한다.

(1) $\lim_{x\to a} cf(x)=cA$ (단 c는 임의의 상수)

(2) $\lim_{x\to a} [f(x)\pm g(x)]=A\pm B$

(3) $\lim_{x\to a} [f(x)\cdot g(x)]=AB$

(4) $\lim_{x\to a} \dfrac{f(x)}{g(x)}=\dfrac{A}{B}$ (단 $B\neq 0$, $g(x)\neq 0$)

【예제 1】 다음 극한값을 구하여라.

(1) $\lim_{x\to 1} \dfrac{x^2-9}{x-3}=\lim_{x\to 1} \dfrac{(x-3)(x+3)}{x-3}=\lim_{x\to 1}(x+3)=4$

(2) $\lim_{x\to 0} \dfrac{\sqrt{25+x}-5}{x}=\lim_{x\to 0} \dfrac{(\sqrt{25+x}-5)(\sqrt{25+x}+5)}{x(\sqrt{25+x}+5)}$

$$=\lim_{x\to 0} \frac{25+x-25}{x(\sqrt{25+x}+5)}=\lim_{x\to 0} \frac{1}{(\sqrt{25+x}+5)}=\frac{1}{10}$$

(3) $\lim_{x\to\infty}\frac{6x^2+2x}{3x^2-1}=\lim_{x\to\infty}\frac{6+\frac{2}{x}}{3-\frac{1}{x^2}}=\frac{6}{3}=2$

(4) $\lim_{x\to\infty}\frac{2x^2}{x^3+3x^2-1}=\lim_{x\to\infty}\frac{\frac{2}{x}}{1+\frac{3}{x}-\frac{1}{x^3}}=0$

(5) $\lim_{x\to\infty}\frac{2x^2-3x}{2x+1}=\lim_{x\to\infty}\frac{2x-3}{2+\frac{1}{x}}=\infty$

(6) $\lim_{x\to\infty}\frac{2x}{\sqrt{1+x^2}+3}=\lim_{x\to\infty}\frac{2}{\sqrt{\frac{1}{x^2}+1}+\frac{3}{x}}=2$ ◀

(2) 함수의 연속

연속이란 시간의 흐름처럼 끊어지지 않고 계속된다는 뜻임을 잘 알고 있다. 수학에서의 연속의 의미도 같은 뜻으로 이해하면 되겠다. 실수의 어떤 구간에서 정의된 함수의 연속은 그 구간에서 함수의 그래프가 끊어지지 않는다는 뜻으로 해석할 수 있다.

정의 2 함수 $f(x)$ 가 $x=a$ 를 품는 구간에서 정의되었을 때

(1) $x=a$ 에서의 함수값 $f(a)$ 가 존재하고

(2) $\lim_{x\to a}f(x)$ 가 존재하고

(3) $\lim_{x\to a}f(x)=f(a)$

를 만족하면 함수 $f(x)$ 는 $x=a$ 에서 연속이라고 한다.

모든 다항식 $P(x)$ 에 대하여 $\lim_{x\to c}P(x)=P(c)$ 이다. 따라서 모든 다항식은 모든 실수에서 연속이다. 같은 이유로 모든 유리함수는 분모를 0으로 하지 않는 점에서 연속이다.

【예제 2】 $f(x)=\dfrac{x^2-4}{x-2}$ 는 $x=2$ 에서 불연속이다.

《풀이》 $x=2$ 에서 $f(x)$ 의 함수값은 $f(2)=\dfrac{0}{0}$ 이므로 함수값이 존재하지 않는다. 따라서 $f(x)$ 는 $x=2$ 에서 불연속이다. ◀

【예제 3】 $f(x)=\begin{cases} \dfrac{x^2-4}{x-2} & \text{if} \quad x \neq 2 \\ 4 & \text{if} \quad x=2 \end{cases}$ 은 $x=2$에서 연속이다. ◀

연속의 정리와 극한의 정리에 의하여 다음 정리가 성립한다.

정리 3 $f(x)$, $g(x)$ 가 $x=c$ 에서 연속이면

(1) $f(x) \pm g(x)$ 는 $x=c$ 에서 연속이다.

(2) 임의의 실수 k 에 대하여 $kf(x)$ 도 c 에서 연속이다.

(3) $f(x)g(x)$ 도 c 에서 연속이다.

(4) $g(c) \neq 0$ 이면 $\dfrac{f(x)}{g(x)}$ 도 c 에서 연속이다.

【예제 4】 $f(x)=x^3 \sin x - 1$ 은 $(-\infty,\ \infty)$ 상에서 연속임을 증명하여라.

《풀이》 함수 x^3, $\sin x$, 1 은 $(-\infty,\ \infty)$ 상의 각 점에서 연속이다.
정리 3에 의하여 $f(x)$는 각 점에서 연속이다. ◀

정리 4 $g(x)$ 가 $x=c$ 에서 연속이고, $f(x)$ 가 $g(c)$ 에서 연속이면 합성함수 $f(g(x))$ 는 c 에서 연속이다.

【예제 5】 함수 $h(x)=\sqrt{x^3+2}$ 은 모든 점에서 연속이다.

《풀이》 $f(x)=x^3+2$, $g(x)=\sqrt{x}$ 라 두면 f, g는 연속이고
$h(x)=(g \circ f)(x)$ 이므로 정리 4에 의하여 $h(x)$ 는 연속이다. ◀

정리 5 [최대값과 최소값 정리]

함수 $f(x)$가 구간 $[a,b]$에서 연속이면, $f(x)$는 $[a,b]$에서 최대값과, 최소값을 갖는다.

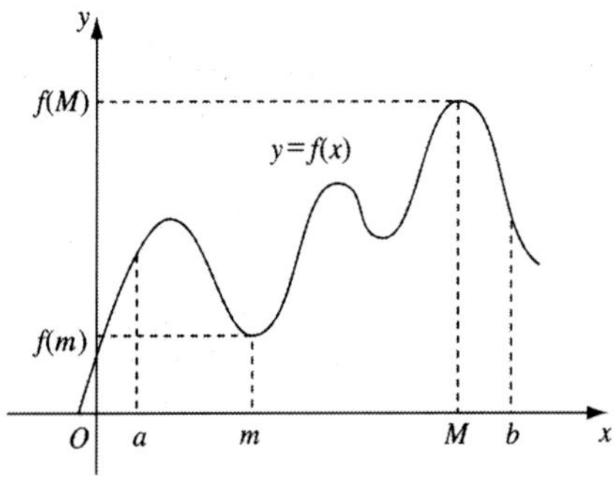

정리 6 [중간값 정리]

함수 $f(x)$가 폐구간 $[a,b]$에서 연속이면 $f(a)$와 $f(b)$ 사이에 있는 임의의 실수 k에 대하여 $f(c)=k$를 만족하는 c가 a와 b 사이에 적어도 하나 존재한다.

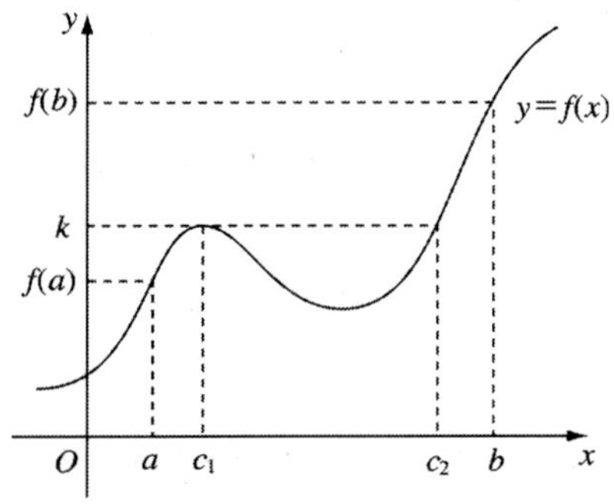

【예제 6】 방정식 $x^5+4x^2-x=3$은 $(0,1)$에서 한 근을 가짐을 보여라.

《**풀이**》 $f(x)=x^5+4x^2-x-3$이라 두면 f는 $[0,1]$ 상에서 연속이고 $f(0)=-3,\ f(1)=1$이다.

중간값의 정리에서 $-3<0<1$이므로 $f(c)=0$이 되는 c가 $(0,1)$내에 존재한다. 즉, c는 $x^5+4x^2-x=3$의 한 근이다. ◀

연습문제

1. 다음 극한값을 구하여라.

(1) $\lim_{x\to 2}(x^2-3x+2)$

(2) $\lim_{x\to 1}\frac{x^2-6x+5}{x^2-1}$

(3) $\lim_{x\to 4}\frac{x-2}{\sqrt{x}-2}$

(4) $\lim_{x\to\infty}\frac{x^2+4x+3}{x^3+2x^2-100}$

(5) $\lim_{x\to\infty}\frac{x^2+2x-1}{x+3}$

(6) $\lim_{x\to\infty}\frac{2x^2-4x+1}{3x^2+8x-2}$

(7) $\lim_{x\to\infty}\frac{x}{\sqrt{1+x^2}-1}$

(8) $\lim_{x\to\infty}(\sqrt{x+1}-\sqrt{x-1})$

(9) $\lim_{x\to 0^+}\ln x$

(10) $\lim_{x\to -\infty} 2^x$

2. 다음 함수의 연속구간을 구하여라.

(1) $f(x)=\sqrt{x^2+1}$

(2) $f(x)=3x^2-5x+1$

(3) $f(x)=\frac{x^2+4}{2x+1}$

(4) $f(x)=\tan x$

(5) $f(x)=[x]$

(6) $f(x)=\frac{3}{x+5}$

3. 아래의 함수가 연속이 되도록 k 의 값을 구하여라.

(1) $f(x)=\begin{cases}\dfrac{x^2-9}{x-3} & : x\neq 3\\ k & : x=3\end{cases}$

(2) $f(x)=\begin{cases}x^2+1 & : x<1\\ k & : x=1\\ x+1 & : x>1\end{cases}$

4.2 미분

미분은 변화하는 것의 순간변화율을 측정하여 어떻게 변화하는가를 알아보는 것이다. 그런데 우리는 미분을 함수를 가지고 한다. 이는 변화에는 원인과 결과가 있고 이들 두 집단 사이의 대응관계를 함수로 나타내기 때문이다. 다시 말하면 변화가 있으면 그것을 함수($y=f(x)$)로 나타내고, 함수를 미분함으로써 원인의 크기(x)가 변화할 때 결과(y)가 증가하는가 감소하는가 x가 얼마일 때 y는 최대인가 최소인가 따위의 변화의 성질을 파악하는 것이다. 미분이 여러 번 가능할수록 $y=f(x)$에 관한 더 많은 정보를 얻을 수 있다. 여기서는 미분의 개념을 알아보고 되도록 간단하게 미분법을 익히고자 하였다.

도함수

평균속도를 어떻게 구하는지 모두 잘 안다. 예를 들어 집에서 학교까지 걸어서 등교했을 경우 평균속도를 구하는 것은 쉽다. 그렇다면 집에서 학교 사이의 특정 지점을 통과할 때의 순간속도는 어떻게 구할 것인가? 이 문제를 생각하며 다음 미분계수의 정의를 음미해 보자. 함수 $y=f(x)$가 주어지고, $x=x_0$ 근방에서 정의되어 있다 하자. x가 x_0에서 x_0+h까지 변할 때 x에 대한 y의 평균변화율은

$$\frac{y\text{의 변화량}}{x\text{의 변화량}}=\frac{\Delta y}{\Delta x}=\frac{f(x_0+h)-f(x_0)}{(x_0+h)-x_0}=\frac{f(x_0+h)-f(x_0)}{h}$$

이다.

$x=x_0$에서 x에 대한 y의 순간변화율을 구하기 위해 h를 0에 가까이 보냈을 때, 평균변화율의 극한값 $\lim_{h\to 0}\frac{f(x_0+h)-f(x_0)}{h}$가 존재하면, f는 x_0에서 미분가능하다고 하고, 이 극한값을 x_0에서의 함수 f의 미분계수 또는 순간변화율이라 한다. 기호로는

$$f'(x_0),\quad \left.\frac{dy}{dx}\right|_{x=x_0},\quad \left.y'\right|_{x=x_0}$$

등으로 표현한다.

f 가 정의역의 모든 점에서 미분가능일 때 x 에 미분계수를 대응시키는 함수를 도함수라 하고 $f'(x)$, y', $\dfrac{dy}{dx}$ 로 표시한다. 즉

$$f'(x)=\lim_{h\to 0}\frac{f(x+h)-f(x)}{h}$$

이다.

【예제 1】 $f(x)=x^2$ 의 도함수를 구하여라.

《풀이》 $f(x+h)=(x+h)^2=x^2+2xh+h^2$ 이므로

$$\frac{f(x+h)-f(x)}{h}=\frac{2xh+h^2}{h}=2x+h$$

따라서 도함수의 정의에 의하면

$$f'(x)=\lim_{h\to 0}\frac{f(x+h)-f(x)}{h}=2x \text{ 이다.}$$ ◀

이제 미분계수가 갖는 기하학적 의미를 생각해보자. $y=f(x)$ 에서 x 가 x_0 에서 x_0+h 까지 변할 때 평균변화율 $\dfrac{f(x_0+h)-f(x_0)}{h}$ 는 그래프 위의 두 점 P 와 Q 를 잇는 선분의 기울기이다.

h 가 0으로 가까이 가면 점 Q 는 곡선을 따라 점 P 로 이동한다. 따라서 P 와 Q 를 잇는 선분의 기울기는 점 P 에서의 접선의 기울기로 가까이 간다. 즉 $y=f(x)$ 의 각 점 x 에서의 순간변화율은 곡선 위의 점 $(x, f(x))$ 에서의 접선의 기울기로 주어진다.

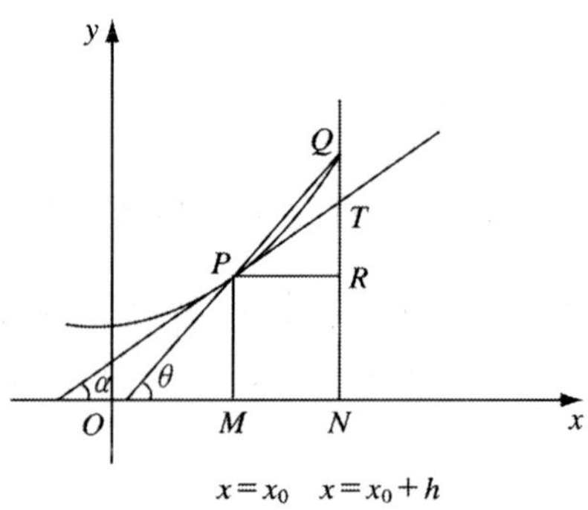

정리 1 (1) $f(x)=c$ (c 는 상수)이면 $f'(x)=0$ 이다.
(2) $f(x)=x^n$ (n 는 실수)이면 $f'(x)=nx^{n-1}$ 이다.

정 리 함수 $f(x)$ 와 $g(x)$ 가 어떤 구간에서 미분가능이면 그 구간에서 다음이 성립한다.

(1) $(cf(x))'=cf'(x)$

(2) $[f(x)\pm g(x)]'=f'(x)\pm g'(x)$

(3) $[f(x)g(x)]'=f'(x)g(x)+f(x)g'(x)$

(4) $\left[\dfrac{f(x)}{g(x)}\right]'=\dfrac{f'(x)g(x)-f(x)g'(x)}{\{g(x)\}^2}$ (단, $g'(x)\neq 0$)

【예제 2】 $f(x)=(x^2-3x)(2x+1)$ 의 도함수를 구하여라.

《풀이》 $f'(x)=(2x-3)(2x+1)+(x^2-3x)(2)=6x^2-10x-3$ ◀

【예제 3】 $f(x)=\dfrac{5x^3+x^2}{x^2+2}$ 의 도함수를 구하여라.

《풀이》
$$f'(x)=\frac{(x^2+2)\dfrac{d}{dx}(5x^3+x^2)-(5x^3+x^2)\dfrac{d}{dx}(x^2+2)}{(x^2+2)^2}$$
$$=\frac{(x^2+2)(15x^2+2x)-(5x^3+x^2)(2x)}{(x^2+2)^2}$$
$$=\frac{x(5x^3+30x+4)}{(x^2+2)^2}$$ ◀

정 리 [연쇄법칙(chain rule)]

함수 $y=f(u)$ 와 $u=g(x)$ 가 모두 미분가능이면 $y=f(g(x))$ 의 도함수는

$$y'=f'(u)g'(x)=\frac{dy}{du}\frac{du}{dx}$$

이다.

같은 의미로 $y=f(u)$, $u=g(v)$, $\cdots$, $w=h(x)$ 가 미분가능 이면

$$\frac{dy}{dx}=\frac{dy}{du}\frac{du}{dv}\cdots\frac{dw}{dx}$$

이다.

【예제 4】 $y=(x^5-3x+6)^6$ 일 때 $\dfrac{dy}{dx}$ 를 구하여라.

《풀이》 $u=x^5-3x+6$ 이라 놓으면 $y=u^6$ 이므로

$$\frac{dy}{dx}=\frac{dy}{du}\frac{du}{dx}=6u^5\cdot(5x^4-3)$$
$$=6(x^5-3x+6)^5(5x^4-3) \blacktriangleleft$$

【예제 5】 $y=\sqrt{3x^2+1}$ 의 도함수 $\dfrac{dy}{dx}$ 를 구하여라.

《풀이》 $u=3x^2+1$ 로 놓으면 $y=\sqrt{u}=u^{\frac{1}{2}}$ 이다.

$\dfrac{dy}{du}=\dfrac{1}{2\sqrt{u}}$ 이므로

$$\frac{dy}{dx}=\frac{dy}{du}\frac{du}{dx}=\frac{1}{2\sqrt{u}}\cdot(6x)=\frac{3x}{\sqrt{3x^2+1}} \blacktriangleleft$$

정 리 ≫ $x=f(y)$ 가 미분가능이고 역함수를 가질 때 $\dfrac{dx}{dy}\neq 0$ 이면 역함수 $y=f^{-1}(x)$ 도 미분가능하고 $\dfrac{dy}{dx}=\dfrac{1}{\dfrac{dx}{dy}}=\dfrac{1}{f'(y)}$ 이다.

【예제 6】 다음 함수로부터 $\dfrac{dy}{dx}$ 를 구하여라.

(1) $x=3y^2+2y+7$ (2) $x=\dfrac{1-y}{1+y}$

《풀이》 (1) $\dfrac{dx}{dy}=6y+2$ 이므로 $\dfrac{dy}{dx}=\dfrac{1}{6y+2}$ 이다.

(2) $\dfrac{dx}{dy}=\dfrac{(-1)(1+y)-(1-y)}{(1+y)^2}=\dfrac{-2}{(1+y)^2}$ 이므로

$\dfrac{dy}{dx}=\dfrac{-(1+y)^2}{2}$ 이다. ◀

정리 5 ≫ $x=f(t),\ y=g(t)$ 에서 $t=f^{-1}(x)$ 가 존재하고 미분가능하면

$$\frac{dy}{dx}=\frac{\frac{dy}{dt}}{\frac{dx}{dt}}=\frac{g'(t)}{f'(t)}\quad\left(\frac{dx}{dt}\neq 0\right)$$

【예제 7】 $x=2\sqrt{t}+1,\ y=3t^2-t+5$ 일 때 $\dfrac{dy}{dx}$ 를 구하여라.

《풀이》 $\dfrac{dx}{dt}=\dfrac{2}{2\sqrt{t}}=\dfrac{1}{\sqrt{t}},\ \dfrac{dy}{dt}=6t-1$ 이므로

$\dfrac{dy}{dx}=(6t-1)\sqrt{t}$ 이다. ◀

【예제 8】 $x=a(t-\sin t),\ y=a(1-\cos t)\ (a>0)$ 의 도함수를 구하여라.

《풀이》 $\dfrac{dx}{dt}=a(1-\cos t),\ \dfrac{dy}{dt}=a\sin t$ 이므로

$\dfrac{dy}{dx}=\dfrac{a\sin t}{a(1-\cos t)}=\dfrac{\sin t}{1-\cos t}$ 이다. ◀

음함수의 미분법

독립변수 x 와 종속변수 y 의 관계식을 $y=f(x)$ 와 $f(x, y)=0$ 의 두 가지 형태로 구분할 수 있는데 전자를 표준형 또는 양함수, 후자를 일반형 또는 음함수라 한다.

음함수 $f(x, y)=0$ 가 주어졌을 때 도함수 $\dfrac{dy}{dx}$ 를 구하는 방법을 생각해 보자. 주어진 음함수를 양함수 $y=f(x)$ 형태로 바꾸어 미분하는 방법이 있고, 다른 하나는 y 를 x 의 함수로 생각하여 주어진 식을 x 에 대하여 미분한 다음 $\dfrac{dy}{dx}$ 를 구하는 것이다. 후자의 경우를 **음함수의 미분**이라 한다.

【예제 9】 다음 함수의 도함수 $\dfrac{dy}{dx}$ 를 구하여라.

(1) $x^2+y^2=1$

(2) $2x^2y+y^3-2x=0$

《풀이》 (1) 양변을 x 에 관하여 미분하면

$$2x+2yy'=0$$

따라서 $y'=-\dfrac{x}{y}$ 이다.

(2) 양변을 x 에 관하여 미분하면

$$4xy+2x^2\frac{dy}{dx}+3y^2\frac{dy}{dx}-2=0$$

$$(2x^2+3y^2)\frac{dy}{dx}=-4xy+2$$

$$\frac{dy}{dx}=\frac{-4xy+2}{2x^2+3y^2}$$ 이다. ◂

고차도함수

함수 $y=f(x)$: $I\to R$가 미분가능하면 정의역의 각 점에 그 점에서의 $y=f(x)$의 미분계수를 대응시켜 만든 함수를 1차 도함수라 하고 $y'=f'(x)$: $I\to R$로 나타내기로 약속했다. 만약 주어진 구간에서 $f'(x)$가 다시 미분가능한 함수라면 $f'(x)$의 도함수를 f의 2차 도함수라 하고 $f''(x)$: $I\to R$로 표현한다. 마찬가지로 $f''(x)$가 미분가능하면 $f''(x)$의 도함수를 f의 3차도함수라 하고 $f^{(3)}(x)$로 표시한다. 일반적으로 f의 n차 도함수를

$$f^{(n)}(x),\ y^{(n)},\ \frac{d^n y}{dx^n},\ \frac{d^n f(x)}{dx^n}$$

등으로 나타낸다. 예를 들어 $y=3x^3-4x^2+25x-2008$의 1차 도함수는 $y'=9x^2-8x+25$, 2차 도함수는 $y''=18x-8$, 3차 도함수는 $y^{(3)}=18$, 4차 도함수는 $y^{(4)}=0$이다.

【예제 10】 $y=\sin x$의 n차 도함수를 구하여라.

《풀이》 $y'=\cos x=\sin\left(x+\frac{\pi}{2}\right)$

$$y''=\cos\left(x+\frac{\pi}{2}\right)=\sin\left(x+2\frac{\pi}{2}\right)$$

$$y'''=\cos\left(x+2\frac{\pi}{2}\right)=\sin\left(x+3\frac{\pi}{2}\right)$$

$$\cdots\cdots\cdots\cdots$$

$$y^{(n)}=\cos\left(x+(n-1)\frac{\pi}{2}\right)=\sin\left(x+n\frac{\pi}{2}\right)$$ ◀

정 리 [Leibniz] $f(x)$, $g(x)$ 가 n 차 도함수를 가지면

$$(fg)^{(n)} = f^{(n)}g + {}_nC_1 f^{(n-1)}g^{(1)} + \cdots + {}_nC_r f^{(n-r)}g^{(r)} + \cdots + fg^{(n)}$$
$$= f^{(n)}g + \sum_{r=1}^{n-1} {}_nC_r f^{(n-r)}g^{(r)} + fg^{(n)}$$

【예제 11】 $y = x^3 e^x$ 에서 $y^{(n)}$ 을 구하여라.

《풀이》 $u = e^x$, $v = x^3$ 이라고 두면

$$u^{(n)} = e^x$$

$v' = 3x^2$, $v'' = 6x$, $v''' = 6$, $v^{(4)} = 0$ 이므로

$$y^{(n)} = e^x x^3 + {}_nC_1 e^x 3x^2 + {}_nC_2 e^x 6x + {}_nC_3 e^x 6$$
$$= e^x\left(x^3 + {}_nC_1 3x^2 + {}_nC_2 6x + {}_nC_3 6\right)$$
$$= e^x\left(x^3 + 3nx^2 + 3n(n-1)x + n(n-1)(n-2)\right) \blacktriangleleft$$

【예제 12】 $y = e^x \sin x$ 에서 $y^{(n)}$ 을 구하여라.

《풀이》 $y' = e^x(\sin x + \cos x) = \sqrt{2}\, e^x \sin\left(x + \frac{\pi}{4}\right)$

$$y'' = \sqrt{2}\, e^x \left\{\sin\left(x + \frac{\pi}{4}\right) + \cos\left(x + \frac{\pi}{4}\right)\right\} = (\sqrt{2})^2 e^x \sin\left(x + 2\frac{\pi}{4}\right)$$

수학적 귀납법을 적용하면

$$y^{(n)} = (\sqrt{2})^n e^x \sin\left(x + n\frac{\pi}{4}\right) \blacktriangleleft$$

연습문제

1. 다음 함수들의 도함수를 구하여라.

(1) $y=(1+3x)^4$　　(2) $y=\dfrac{x+2}{x+1}$　　(3) $y=x^2\sqrt{1-x}$

2. 곡선 $y=ax^2+bx+c$ 가 점$(1,2)$를 지나고 원점에서 $y=x$ 에 접할 때 상수 a, b, c 를 구하여라.

3. 다음에서 음함수의 미분법을 이용하여 $\dfrac{dy}{dx}$를 구하여라.

(1) $x^2+x^2y^2-y^2=2$　　(2) $x^{2/3}+y^{2/3}=a^{2/3}$

4. 다음 곡선 위의 주어진 점에서의 접선과 법선의 방정식을 구하여라.

(1) $x^3+y^3=9$　$(1,2)$　　(2) $y+\sqrt{x+y}=x$　$(3,1)$

5. 다음에서 $\dfrac{dx}{dy}$를 구하여라.

(1) $y=x^3-2$　　(2) $y=\left(\dfrac{2x-1}{2x+1}\right)^5$

6. 다음에서 $\dfrac{dy}{dx}$를 구하여라.

(1) $x=1-t,\ y=1+t$　　(2) $x=\dfrac{t}{1-t^2},\ y=\dfrac{t}{1-t}$

7. 다음에서 n차 도함수를 구하여라.

(1) $y=\dfrac{1}{1+x}$　　(2) $y=\dfrac{\sqrt{x}}{1-x}$

4.3 삼각함수의 미분

(Ⅰ) $y=\sin x \Rightarrow y'=\cos x$

증명 $$y'=\lim_{h\to 0}\frac{\sin(x+h)-\sin x}{h}=\lim_{h\to 0}\frac{2\cos\left(x+\frac{h}{2}\right)\sin\frac{h}{2}}{h}$$

$$=\lim_{h\to 0}\cos\left(x+\frac{h}{2}\right)\lim_{h\to 0}\frac{\sin\frac{h}{2}}{\frac{h}{2}}=\cos x\cdot 1=\cos x \quad ■$$

(Ⅱ) $y=\cos x \Rightarrow y'=-\sin x$

(Ⅲ) $y=\tan x \Rightarrow y'=\sec^2 x$

증명 $\tan x=\dfrac{\sin x}{\cos x}$이므로

$$y'=\frac{\cos x\cos x-\sin x(-\sin x)}{\cos^2 x}=\frac{1}{\cos^2 x}=\sec^2 x \quad ■$$

(Ⅳ) $y=\cot x \Rightarrow y'=-\mathrm{cosec}^2 x$

(Ⅴ) $y=\sec x \Rightarrow y'=\sec x\tan x$

(Ⅵ) $y=\mathrm{cosec}\,x \Rightarrow y'=-\mathrm{cosec}\,x\cot x$

증명 $\mathrm{cosec}\,x=\dfrac{1}{\sin x}$이므로

$$y'=\frac{0\cdot\sin x-(\cos x)\cdot 1}{\sin^2 x}=-\frac{1}{\sin x}\cdot\frac{\cos x}{\sin x}$$

$$=-\mathrm{cosec}\,x\cot x \quad ■$$

【예제 1】 $y=\cos^3 x$ 에서 y' 를 구하여라.

《풀이》 $\cos x = u$ 라고 두면 $y=u^3$ 이므로

$$y' = \frac{dy}{du}\frac{du}{dx} = (3u^2)(-\sin x) = 3\cos^2 x(-\sin x) = -3\sin x \cos^2 x$$ ◀

【예제 2】 $\sin x + \sin y = 2xy$ 에서 y' 를 구하여라.

《풀이》 $\frac{d}{dx}(\sin x + \sin y) = \frac{d}{dx}(2xy)$

$$\cos x + \cos y \frac{dy}{dx} = 2y + 2x\frac{dy}{dx}$$

$$\therefore \frac{dy}{dx} = \frac{\cos x - 2y}{2x - \cos y}$$ ◀

【예제 3】 거리 S와 고도각 α를 알면 고저차 $H=S\tan\alpha$를 구할 수 있다. 이때 만일 거리 S를 측정한 결과에는 오차가 없고, 단지 고도각 α를 측정하는데 $\pm 5''$의 오차가 생겼다면, 이 각오차로 인한 고저차 H의 오차량은 얼마가 되겠는가?

(단, 거리 $S=1{,}000\,m$, $\alpha=30°$이다.)

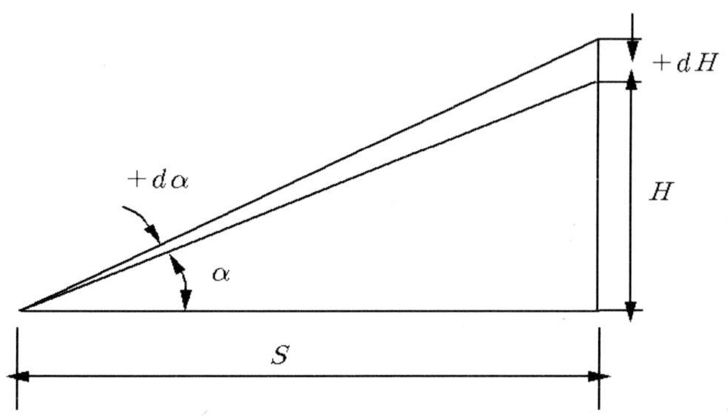

《**풀이**》 $H = S\tan\alpha$ 를 α 에 대하여 미분하면, 즉 $\frac{dH}{d\alpha}$ 를 구하면 각오차에 따른 고저차의 오차를 구할 수 있다.

$$\frac{dH}{d\alpha} = S\sec^2\alpha$$

$$dH = S\sec^2\alpha \cdot d\alpha$$

이 때 α 는 라디안값으로 변환하여야 하므로

$$\alpha\frac{2\pi}{360°}rad = \alpha\frac{2\pi}{1'' \times 360 \times 60 \times 60}rad = \frac{\alpha}{206,265''}rad$$

으로 단위를 변환할 수 있다.

따라서 실제 최대 각오차 $d\alpha = \pm 4'' = \frac{\pm 4''}{206,265}rad$ 이 된다.

여기에 실제 거리 $S = 1,000m$ 와 측정각 $\alpha = 30°$ 를 대입하면

$$dH = (1,000)\sec^2 30° \times \frac{\pm 4''}{206,265''} = \pm 0.0256m$$

$$= \pm 2.56cm$$

를 얻는다. ◀

다음과 같은 역삼각함수의 미분공식을 얻을 수 있다. 몇 가지 증명을 하면 다음과 같다.

(1) $\frac{d}{dx}(\sin^{-1}x) = \frac{1}{\sqrt{1-x^2}}$

(2) $\frac{d}{dx}(\cos^{-1}x) = -\frac{1}{\sqrt{1-x^2}}$

(3) $\frac{d}{dx}(\tan^{-1}x) = \frac{1}{1+x^2}$

증명 (1) $y=\sin^{-1}x$ 라 두면 $x=\sin y\left(-\frac{\pi}{2}\leq y\leq\frac{\pi}{2}\right)$이다. 이것을 x로 미분하면

$$1=\cos y\cdot\frac{dy}{dx}$$

그런데 $-\frac{\pi}{2}< y<\frac{\pi}{2}$ 에서 $\cos y=\sqrt{1-\sin^2 y}=\sqrt{1-x^2}$ 이므로

$$\frac{dy}{dx}=\frac{1}{\cos y}=\frac{1}{\sqrt{1-x^2}}$$

(3) $y=\tan^{-1}x$라 두면 $x=\tan y\left(-\frac{\pi}{2}< y<\frac{\pi}{2}\right)$이다. 양변을 x로 미분하면

$$1=\sec^2 y\,\frac{dy}{dx}$$

한편 $\sec^2 y=1+\tan^2 y=1+x^2$ 이므로

$$\frac{dy}{dx}=\frac{1}{\sec^2 y}=\frac{1}{1+x^2}\qquad\blacksquare$$

【예제 4】 $y=\sin^{-1}(x^2)$ 에서 y'를 구하여라.

《풀이》 $x^2=u$라고 두면 $y=\sin^{-1}u$ 이므로

$$y'=\frac{dy}{dx}=\frac{dy}{du}\frac{du}{dx}=\frac{1}{\sqrt{1-u^2}}2x=\frac{2x}{\sqrt{1-x^4}}\quad◀$$

【예제 5】 $y=\cos^{-1}\frac{x}{\sqrt{1+x^2}}$ 에서 y'를 구하여라.

《풀이》 $\frac{x}{\sqrt{1+x^2}}=u$라고 두면 $y=\cos^{-1}u$ 이므로

$$y' = \frac{dy}{dx} = \frac{dy}{du}\frac{du}{dx} = -\frac{1}{\sqrt{1-u^2}} \cdot \frac{\sqrt{1+x^2} - x\frac{1}{2\sqrt{1+x^2}}2x}{1+x^2}$$

$$= -\sqrt{1+x^2} \cdot \frac{1}{\sqrt{1+x^2}\,(1+x^2)}$$

$$= -\frac{1}{1+x^2}$$ ◀

연습문제

1. 다음 함수의 도함수를 구하여라.

   (1) $y = x\sin x$
   (2) $y = \cos^2 x$
   (3) $y = \tan(1-x^2)$
   (4) $y = \sin^{-1}(2x)$

2. 다음을 증명하여라.

$$\frac{d}{dx}(\cos^{-1}x) = \frac{-1}{\sqrt{1-x^2}}$$

3. $\cos x + \cos y = xy$ 에서 y' 를 구하여라.

4.4 지수함수와 로그함수의 미분

실수 $a\,(>0,\ \neq 1)$ 에 대해서 **지수함수**(exponential function) $y=a^x$, **대수함수**(logarithmic function) $y=\log_a x\ (x>0)$ 등은 이미 접하여 온 함수들이다. e 를 바탕으로 하는 대수를 **자연대수**(natural logarithm)라고 부르고 다음과 같이 나타낸다.

$$\log x,\ \ln x\ (\equiv \log_e x)$$

(Ⅰ) $y=e^x \Rightarrow y'=e^x$

증명 $\lim\limits_{h\to\infty}\log(1+h)^{\frac{1}{h}}=1$을 이용하면, $\lim\limits_{h\to 0}\dfrac{e^h-1}{h}=1$ 이므로

$$y'=\lim_{h\to 0}\frac{e^{x+h}-e^x}{h}=e^x\lim_{h\to 0}\frac{e^h-1}{h}=e^x \quad \blacksquare$$

(Ⅱ) $y=\log|x| \Rightarrow y'=\dfrac{1}{x}$

증명 $x>0$ 일 때, $y=\log x$ 이므로

$$y'=\lim_{h\to 0}\frac{\log(x+h)-\log x}{h}=\lim_{h\to 0}\frac{\log\left(1+\frac{h}{x}\right)}{h}$$

$$=\lim_{h\to 0}\frac{1}{x}\frac{\log\left(1+\frac{h}{x}\right)}{\left(\frac{h}{x}\right)}=\frac{1}{x} \quad \blacksquare$$

$x<0$ 일 때, $z=-x$ 라고 두면 $z>0$ 이므로

$$y'=\frac{dy}{dx}=\frac{dy}{dz}\frac{dz}{dx}=\frac{1}{z}(-1)=\frac{1}{-z}=\frac{1}{x} \quad \blacksquare$$

【예제 1】 $y=\log_a x$ 에서 y' 를 구하여라.

《풀이》 $\log_a x=\dfrac{\ln x}{\ln a}$ 이므로

$$y'=\frac{1}{\ln a}\frac{d}{dx}\ln x=\frac{1}{x\ln a} \blacktriangleleft$$

【예제 2】 $y=a^x$ 에서 y' 를 구하여라. $(a>0)$

《풀이》 $y=a^x$ 의 양변에 자연대수를 취하면 ($y>0$ 이므로)

$$\ln y=x\ln a$$

이다. 양변을 x 에 관해서 미분하면, 연쇄법칙에 의해서

$$\frac{1}{y}\frac{dy}{dx}=\ln a$$

$$\therefore \frac{dy}{dx}=a^x\ln a \blacktriangleleft$$

【예제 3】 $y=x^x$ 의 도함수를 구하여라.

《풀이》 $y=x^x$ 의 양변에 자연대수를 취하면 $\ln y=x\ln x$ 이므로 양변을 x 에 관해서 미분하면

$$\frac{1}{y}y'=\ln x+1$$

$$\therefore y'=x^x(\ln x+1) \blacktriangleleft$$

【예제 4】 $y=\dfrac{(\sqrt{x-1})^3\sqrt{x-2}}{(x-3)^2}$ 에서 y' 를 구하여라.

《풀이》 양변의 절대값에 자연대수를 취하면

$$\ln|y| = \frac{3}{2}\ln|x-1| + \frac{1}{2}\ln|x-2| - 2\ln|x-3|$$

이다. 양변을 x에 관해서 미분하면

$$\frac{1}{y}\frac{dy}{dx} = \frac{3}{2(x-1)} + \frac{1}{2(x-2)} - \frac{2}{x-3}$$

$$\therefore \frac{dy}{dx} = \frac{(\sqrt{x-1})^3\sqrt{x-2}}{(x-3)^2}\left(\frac{3}{2(x-1)} + \frac{1}{2(x-2)} - \frac{2}{x-3}\right)$$ ◀

【예제 5】 $\dfrac{d}{dx}\left(a^{\ln x^3}\right)$ 를 구하여라. (단, $a>0$)

《풀이》 $u=\ln x^3$ 이라 하면 $\dfrac{du}{dx} = \dfrac{3x^2}{x^3} = \dfrac{3}{x}$ 이다. 따라서

$$\frac{d}{dx}(a^{\ln x^3}) = \frac{d}{dx}(a^u) = \frac{d}{du}(a^u)\frac{du}{dx} = a^u \cdot \ln a \cdot \frac{3}{x} = a^{\ln x^3} \cdot \ln a \cdot \frac{3}{x}$$ ◀

연습문제

1. 다음 함수의 도함수를 구하여라.

(1) $y = x^2e^x$ (2) $y = e^{2x+1}$ (3) $y = e^x + e^{-x}$

(4) $y = x^2e^{-x^2}$ (5) $y = \ln(ax+b)$

2. 다음 중 각 함수에서 $\dfrac{dy}{dx}$ 를 구하여라.

(1) $y = \ln\sin x$ (2) $y = 2^x\sin x$ (3) $y = \ln\left(x^3 \cdot \sqrt{\dfrac{x-1}{x+1}}\right)$

(4) $y = \dfrac{x\sqrt{2x+1}}{\sqrt[3]{3x+1}}$ (5) $y = \dfrac{(x-1)^{\frac{3}{2}}(x-3)^{\frac{1}{3}}}{(x-2)^2}$

4.5 쌍곡선함수의 미분

$$\sinh x = \frac{e^{x}-e^{-x}}{2}, \qquad \cosh x = \frac{e^{x}+e^{-x}}{2}$$

에 의해서 함수 sinh, cosh를 정의하고 이들을 각각 hyperbolic sine함수, hyperbolic cosine함수라고 부르고, 이러한 함수를 **쌍곡선함수** (hyperbolic function)라고 한다. 위의 두 함수를 이용하여 다음과 같이 다른 쌍곡선함수들을 정의한다.

$$\tanh x = \frac{\sinh x}{\cosh x} = \frac{e^{x}-e^{-x}}{e^{x}+e^{-x}} \qquad \coth x = \frac{\cosh x}{\sinh x} = \frac{e^{x}+e^{-x}}{e^{x}-e^{-x}}.$$

$$\operatorname{sech} x = \frac{1}{\cosh x} = \frac{2}{e^{x}+e^{-x}} \qquad \operatorname{cosech} x = \frac{1}{\sinh x} = \frac{2}{e^{x}-e^{-x}}$$

이들의 그래프를 살펴보면 다음과 같다.

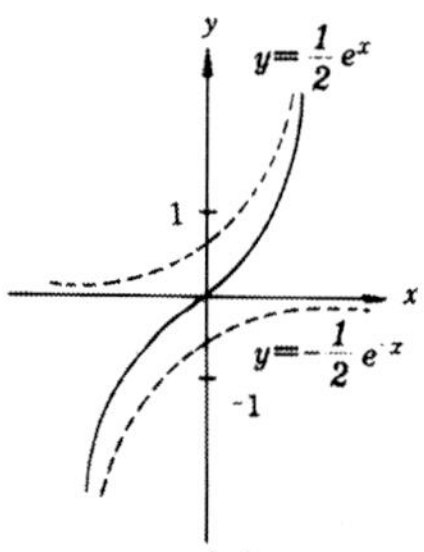

$y = \sinh x$

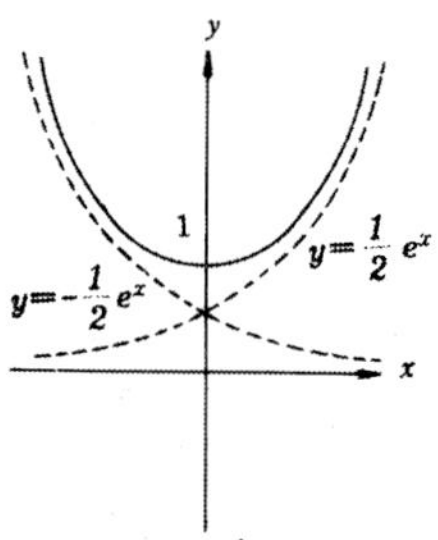

$y = \cosh x$

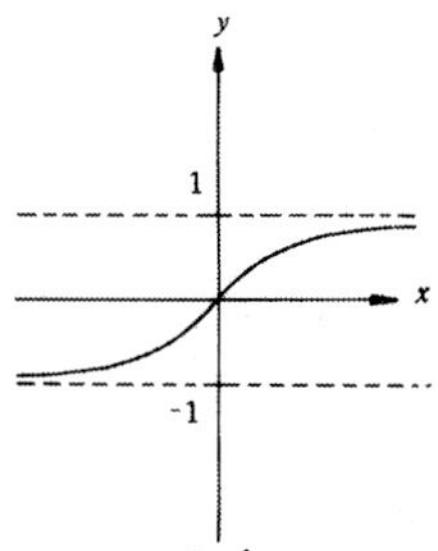

$y = \tanh x$

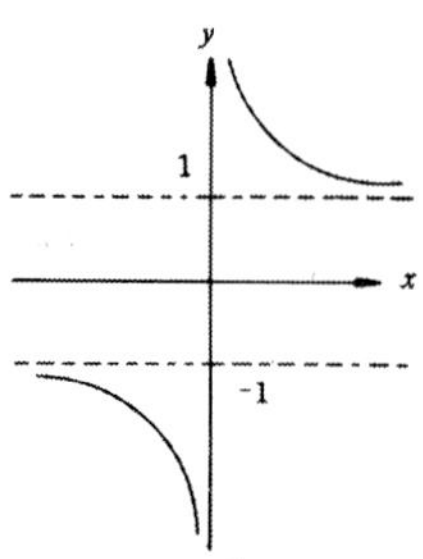

$y = \coth x$

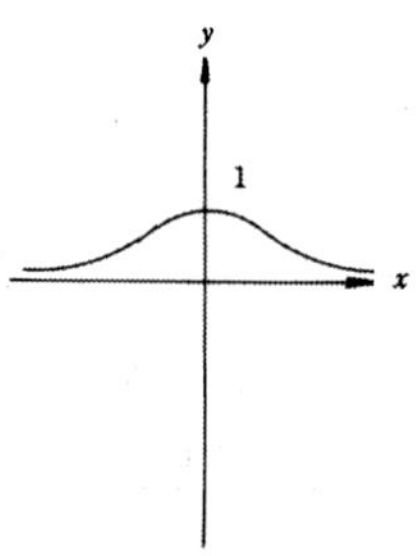

$y = \operatorname{sech} x$

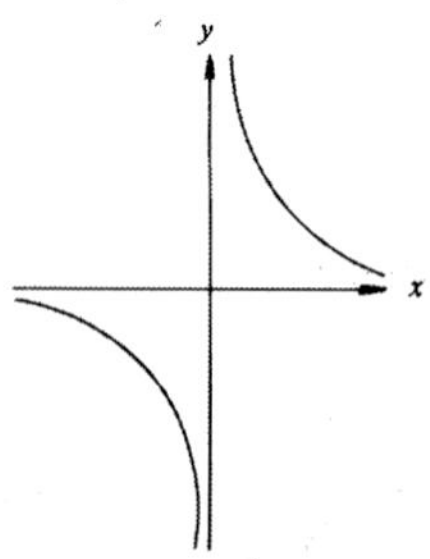

$y = \operatorname{cosech} x$

정리 1 다음과 같은 등식을 얻을 수 있다.

(1) $\cosh^2 x - \sinh^2 x = 1,\ 1 - \tanh^2 x = \mathrm{sech}^2 x,\ \coth^2 x - 1 = \mathrm{cosech}^2 x$

(2) $\sinh(x \pm y) = \sinh x \cosh y \pm \cosh x \sinh y$ (복부호동순)

(3) $\cosh(x \pm y) = \cosh x \cosh y \pm \sinh x \sinh y$ (복부호동순)

(4) $\sinh 2x = 2\sinh x \cosh x$

(5) $\cosh 2x = \cosh^2 x + \sinh^2 x = 2\cosh^2 x - 1 = 2\sinh^2 x + 1$

(Ⅰ) $y = \sinh x \Rightarrow y' = \cosh x$

(Ⅱ) $y = \cosh x \Rightarrow y' = \sinh x$

증명 $y' = \dfrac{dy}{dx} = \dfrac{d}{dx}\left\{\dfrac{e^x + e^{-x}}{2}\right\} = \dfrac{e^x - e^{-x}}{2} = \sinh x$ ■

(Ⅲ) $y = \tanh x \Rightarrow y' = \mathrm{sech}^2 x$

증명 $y' = \dfrac{dy}{dx} = \dfrac{d}{dx}\left\{\dfrac{\sinh x}{\cosh x}\right\}$

$$= \frac{\cosh x \cosh x - \sinh x \sinh x}{\cosh^2 x} = \frac{1}{\cosh^2 x} = \mathrm{sech}^2 x$$ ■

(Ⅳ) $y = \coth x \Rightarrow y' = -\mathrm{cosech}^2 x$

(Ⅴ) $y = \mathrm{sech}\, x \Rightarrow y' = -\mathrm{sech}\, x \tanh x$

증명 $y' = \dfrac{dy}{dx} = \dfrac{d}{dx}\left\{\dfrac{1}{\cosh x}\right\} = \dfrac{-\sinh x}{\cosh^2 x}$

$$= -\frac{1}{\cosh x} \cdot \frac{\sinh x}{\cosh x} = -\mathrm{sech}\, x \tanh x$$ ■

(Ⅵ) $y = \mathrm{cosech}\, x \Rightarrow y' = -\mathrm{cosech}\, x \coth x$

【예제 1】 $y=x^3e^{\cosh x}$ 에서 y'를 구하여라.

《풀이》 $y'=3x^2e^{\cosh x}+x^3e^{\cosh x}\cdot\sinh x=x^2e^{\cosh x}(3+x\sinh x)$ ◂

(역쌍곡선함수)

쌍곡선함수의 역함수에 대하여 생각해 보면, $\sinh x$와 $\tanh x$는 $\mathbb{R}$에서 연속이고 단조증가이므로, 그 역함수도 또한 연속이고 단조증가이다. 그러나 $\cosh x$는 그 정의역을 $[0, \infty)$로 축소하여야 단조증가가 되어 역함수가 존재한다. 이 역함수들을 역쌍곡선함수라 하고, 각각 $\sinh^{-1}x$, $\tanh^{-1}x$, $\cosh^{-1}x$로 표시하며 읽을 때는 각각 inverse hyperbolic sine x, inverse hyperbolic tangent x, inverse hyperbolic cosine x라고 한다.

정리 2 다음을 증명하여라.

(1) $\sinh^{-1}x=\ln\left(x+\sqrt{x^2+1}\right)$ $\quad(-\infty<x<\infty)$

(2) $\cosh^{-1}x=\ln\left(x+\sqrt{x^2-1}\right)$ $\quad(x\geq 1)$

(3) $\tanh^{-1}x=\dfrac{1}{2}\ln\left(\dfrac{1+x}{1-x}\right)$ $\quad(-1<x<1)$

증명 (1) $y=\sinh^{-1}x \quad (-\infty<x<\infty)$라고 두면

$$x=\sinh y=\frac{e^y-e^{-y}}{2} \text{ 이므로 } (e^y)^2-2xe^y-1=0$$

$$\therefore e^y=x\pm\sqrt{x^2+1}$$

그런데 $e^y>0$ 이므로 $e^y=x+\sqrt{x^2+1}$

$$\therefore y=\ln(x+\sqrt{x^2+1})$$

(3) $y = \tanh^{-1} x \ (|x| < 1)$ 라고 두면

$x = \tanh y = \dfrac{e^y - e^{-y}}{e^y + e^{-y}}$ 이므로 $(1-x)(e^y)^2 = 1 + x \quad \therefore e^y = \pm \sqrt{\dfrac{1+x}{1-x}}$

그런데 $e^y > 0$ 이므로 $e^y = \sqrt{\dfrac{1+x}{1-x}} \qquad \therefore y = \dfrac{1}{2} \ln\left(\dfrac{1+x}{1-x}\right)$ ■

정리 3 다음을 증명하여라.

(1) $\dfrac{d}{dx}(\sinh^{-1} x) = \dfrac{1}{\sqrt{1+x^2}}$

(2) $\dfrac{d}{dx}(\cosh^{-1} x) = \dfrac{1}{\sqrt{x^2-1}}$

(3) $\dfrac{d}{dx}(\tanh^{-1} x) = \dfrac{1}{1-x^2} \qquad (|x| < 1)$

증명 (1) $\dfrac{d}{dx}(\sinh^{-1} x) = \dfrac{d}{dx}\left(\ln(x + \sqrt{x^2+1})\right)$

$$= \frac{1}{x + \sqrt{x^2+1}} \left(1 + \frac{x}{\sqrt{x^2+1}}\right)$$

$$= \frac{1}{\sqrt{x^2+1}} \quad ■$$

(2)와 (3)의 증명은 (1)과 같은 방법으로 하면 된다.

【예제 2】 $y = \tanh^{-1}(\sin x)$ 에서 y' 를 구하여라.

《풀이》 $y' = \dfrac{1}{1-\sin^2 x} \dfrac{d}{dx}(\sin x) = \dfrac{\cos x}{\cos^2 x} = \sec x$ ◀

연습문제

1. 다음 함수들의 도함수를 구하여라.

(1) $y=\sqrt{1+\sin x}$　　(2) $y=\tan^2(x^2+1)$

(3) $y=\sec(2x+1)^{\frac{5}{2}}$　　(4) $y=(\sin(\tan x))^{\frac{1}{4}}$

2. 다음 함수들의 도함수를 구하여라.

(1) $y=x\sin^{-1}x^2$　　(2) $y=\cot^{-1}\sqrt{1-x^2}$

3. 다음 함수들의 도함수를 구하여라.

(1) $y=\sin(\ln x)$　　(2) $y=e^x\cos x$

(3) $y=\ln(e^x-e^{-x})$　　(4) $y=a^x\ln(1+a^x)$

4. 다음 함수들의 도함수를 구하여라.

(1) $y=e^x\sinh x$　　(2) $y=\cosh(\tan^{-1}e^{2x})$　　(3) $y=\tanh^{-1}\left(\dfrac{1-x}{1+x}\right)$

5. 다음 식들의 값을 구하여라.

(1) $\cos\left(\sin^{-1}\left(-\dfrac{3}{5}\right)\right)$　　(2) $\sin^{-1}\left(\sin\dfrac{5\pi}{4}\right)$　　(3) $\cos\left(\cos^{-1}\dfrac{4}{5}+\sin^{-1}\dfrac{5}{13}\right)$

6. 다음 각 함수를 x 에 관하여 미분하여라.

(1) $y=\sinh^{-1}(\tan x)$　　(2) $y=\sinh(\ln x^2)$

(3) $y=\cosh^{-1}(\sec x)$　　(4) $y=x^{\sin^{-1}x}$

5. 도함수의 응용

5.1 평균값의 정리

5.2 함수의 증감과 극값

5.3 Taylor 정리

5.4 미분과 근의 근사값

5.1 평균값의 정리

평균값의 정리는 Largrange(1736~1813)가 최초로 발표하였는데, 이 정리는 미적분의 여러 가지 정리를 증명하는 데 널리 사용되고 있다. 평균값의 정리는 Rolle의 정리의 일반화라 할 수 있다.

정리 1 ▷ [Rolle의 정리] 함수 $f(x)$가 $[a, b]$에서 연속, (a, b)에서 미분가능하고 $f(a)=f(b)=0$이면 $f'(\xi)=0$을 만족하는 ξ가 (a, b) 안에 적어도 하나 존재한다.

기하학적으로 Rolle의 정리를 간단하게 설명하면, 그 구간에서 미분가능한 함수 $f(x)$가 X축과 두 점에서 만나면 두 점 사이에 적어도 한 점에서 함수의 접선의 기울기가 X축과 나란하게 된다는 것이다.

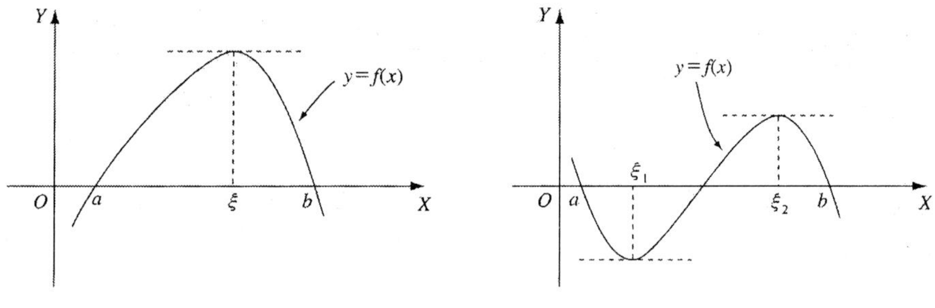

【예제 1】 $[0, 2\pi]$에서 정의된 $f(x)=\sin x$에 대해서 $f'(c)=0$이 되는 점 c를 $(0, 2\pi)$에서 찾아라.

《풀이》 $f(x)$는 모든 x에 대해서 미분가능하고 연속이다.

$f(0)=0=f(2\pi)$이므로 $f'(c)=\cos c=0$인 c가 $(0, 2\pi)$내에 존재한다.

따라서 $c=\dfrac{\pi}{2}, \dfrac{3}{2}\pi$이다. ◀

정리 2 [평균값의 정리] 함수 $f(x)$ 가 $[a, b]$ 에서 연속이고 (a, b) 에서 미분가능이면

$$\frac{f(b)-f(a)}{b-a}=f'(\xi)$$

가 되는 ξ 가 (a, b) 안에 적어도 하나 존재한다.

평균값의 정리는 Rolle의 정리를 좀 더 일반화한 것으로 기하학적으로 직관적인 설명을 붙인다면 어떤 개구간 (a, b) 에서 미분가능하며, $[a, b]$ 에서 연속인 함수가 있으면 (a, b) 사이에 ξ 점이 있어서 $(\xi, f(\xi))$ 를 지나는 접선의 기울기가 $(a, f(a))$, $(b, f(b))$ 점을 연결하는 할선의 기울기와 같게 할 수 있다는 것이다.

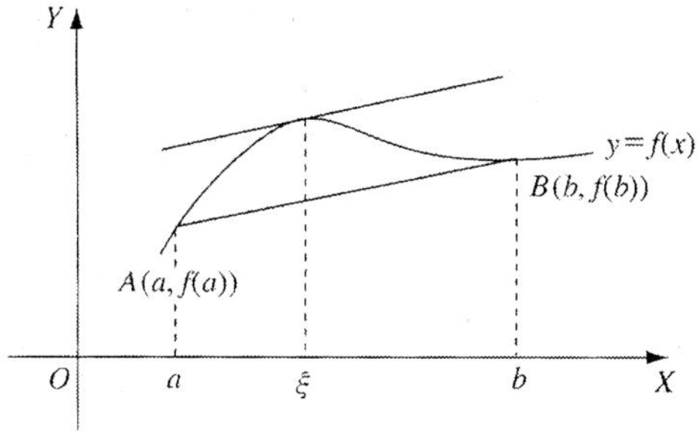

【예제 2】 $f(x)=x^3$ 의 $[-1, 2]$ 에서 평균값의 정리를 만족하는 ξ 를 구하여라.

《풀이》 f 는 모든 점에서 미분가능하고 연속이다.

$$f'(x)=3x^2 \Rightarrow f'(\xi)=3\xi^2$$

$$f(a)=f(-1)=-1,\ f(b)=f(2)=8$$

이므로

$$f'(\xi)=\frac{f(b)-f(a)}{b-a} \Rightarrow 3\xi^2=\frac{8-(-1)}{2-(-1)}=3$$

$$\xi^2=1 \qquad \Rightarrow \xi=\pm 1$$

따라서 $\xi=1$ 가 $(-1, 2)$ 사이에 존재한다. ◂

연습문제

1. 다음 문제에서 Rolle 의 정리의 가정이 만족됨을 보이고 그 정리를 만족하는 c 점을 찾아라.

   (1) $f(x) = x^2 - 6x + 8$ $[2,\ 4]$

   (2) $f(x) = \cos x$ $\left[\frac{\pi}{2}, \frac{3\pi}{2}\right]$

2. 다음 함수에 대해서 주어진 구간에서 평균값 정리가 성립하면 점 c를 찾고 성립하지 않으면 그 이유를 밝혀라.

   (1) $f(x) = x^3 + x - 4$ $[-1,\ 2]$

   (2) $f(x) = \dfrac{x+1}{x-1}$ $[0,\ 2]$

   (3) $f(x) = x^{2/3}$ $[-1,\ 8]$

   (4) $f(x) = \sqrt{x+1}$ $[0,\ 3]$

5.2 함수의 증감과 극값

정의 1 함수 f가 구간 I에서 정의되었을 때 구간 I 내의 임의의 점 x_1, x_2에 대하여 ① $x_1 < x_2$ 이면 $f(x_1) \le f(x_2)$ $(f(x_1) < f(x_2))$ 가 성립할 때 f는 이 구간에서 **증가**(순증가)한다고 한다. ② $x_1 < x_2$ 이면 $f(x_1) \ge f(x_2)$ $(f(x_1) > f(x_2))$ 가 성립할 때 f는 이 구간에서 **감소**(순감소)한다고 한다.

정리 2 함수 $f(x)$가 구간 $[a, b]$에서 연속이고 (a, b)의 내부에 있는 각 점 x에 대하여

(1) $f'(x) > 0$ 이면 f는 $[a, b]$에서 증가하고

(2) $f'(x) < 0$ 이면 f는 $[a, b]$에서 감소하고

(3) $f'(x) = 0$ 이면 f는 $[a, b]$에서 상수이다.

【예제 1】 $f(x) = x^3 - 2x + 1$ 의 증가하는 구간과 감소하는 구간을 조사하시오.

《풀이》 $f'(x) = 3x^2 - 2 = (\sqrt{3}x - \sqrt{2})(\sqrt{3}x + \sqrt{2})$ 이므로 구간 $-\sqrt{\frac{2}{3}} < x < \sqrt{\frac{2}{3}}$ 에서 $f'(x) < 0$ 이고, 구간 $x > \sqrt{\frac{2}{3}}$ 와 $x < -\sqrt{\frac{2}{3}}$ 에서 $f'(x) > 0$ 이다. 따라서 $x < -\sqrt{\frac{2}{3}}$ 와 $x > \sqrt{\frac{2}{3}}$ 범위에서 순증가하고, $-\sqrt{\frac{2}{3}} < x < \sqrt{\frac{2}{3}}$ 에서 순감소한다. ◀

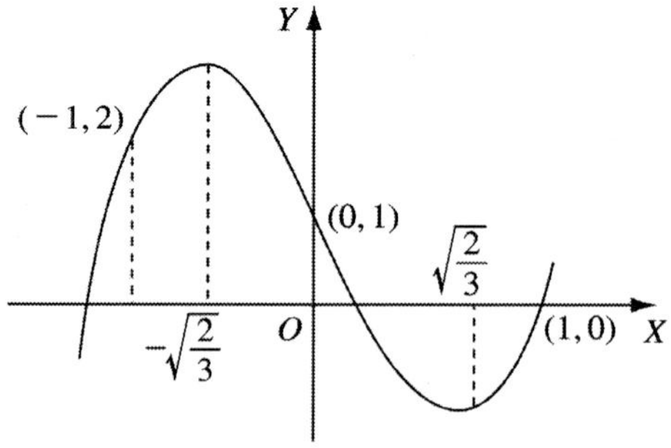

정의 3 함수 f가 c에서 **극대값**(local maximum)을 갖는다 함은 c에 충분히 가까운 임의의 점 x에 대하여 $f(c) \geq f(x)$일 때이다. 또한 c에 충분히 가까운 점 x에 대하여 $f(c) \leq f(x)$일 때 f는 c에서 **극소값**(local minimum)을 갖는다고 한다. 극대값이나 극소값을 합하여 **극값**이라 한다.

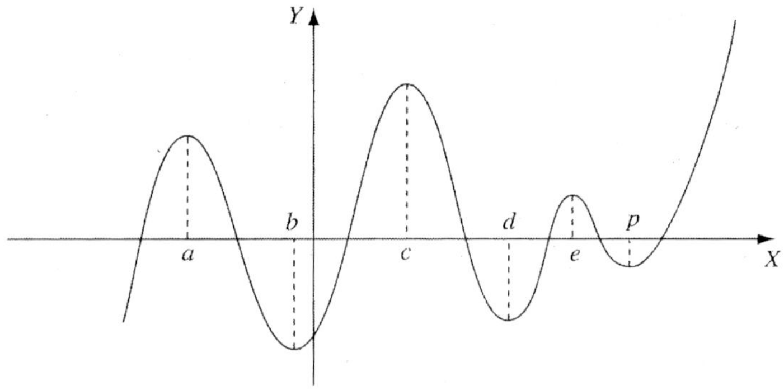

위 그림에서 극대점은 $x=a,\ c,\ e$

극대값은 $f(a),\ f(c),\ f(e)$이고

극소점은 $x=b,\ d,\ p$

극소값은 $f(b),\ f(d), f(p)$이다.

이처럼 극대값이나 극소값은 정의역 안에 여러 개 존재할 수 있다.

정리 4 미분가능인 함수 $f(x)$가 $x=c$에서 극값을 가지면 $f'(c)=0$이다.

정리 5 **[$f'(x)$에 의한 극값의 판정]**

$f'(a)=0$이고, $x=a$의 좌우에서 $f'(x)$의 부호가

양(+)에서 음(−)으로 변하면 $f(x)$는 $x=a$에서 극대이다.

음(−)에서 양(+)으로 변하면 $f(x)$는 $x=a$에서 극소이다.

【예제 2】 $f(x)=-2x^3-3x^2+12x+10$ 의 극값을 구하여라.

《풀이》 $f'(x)=-6x^2-6x+12$

$$=-6(x^2+x-2)$$

$$=-6(x+2)(x-1)$$

$x<-2$ 또는 $x>1$ 이면 $f'(x)<0$ 이고

$-2<x<1$ 이면 $f'(x)>0$ 이다.

따라서 $f(x)$ 는 $x=-2$ 에서 극소값 $f(-2)=-10$ 를 갖고,

$x=1$ 에서 극대값 $f(1)=17$ 를 갖는다. ◀

【예제 3】 $y=x^2e^{-x}$ 의 증감을 조사하고 그래프의 개형을 그리시오.

《풀이》 $\dfrac{dy}{dx}=2xe^{-x}+(-x^2e^{-x})$

$$=x(2-x)e^{-x}$$

e^{-x} 는 모든 x 의 값에 대해서 양이므로

$x<0$ 또는 $x>2$ 이면 $y'<0$ 이 되어 함수는 감소하고,

$0<x<2$ 이면 $y'>0$ 이 되어 함수는 증가한다.

따라서 $f(x)$ 는 $x=0$ 에서 극소값 $f(0)=0$,

$x=2$ 에서 극대값 $f(2)=4e^{-2}$ 을 갖는다.

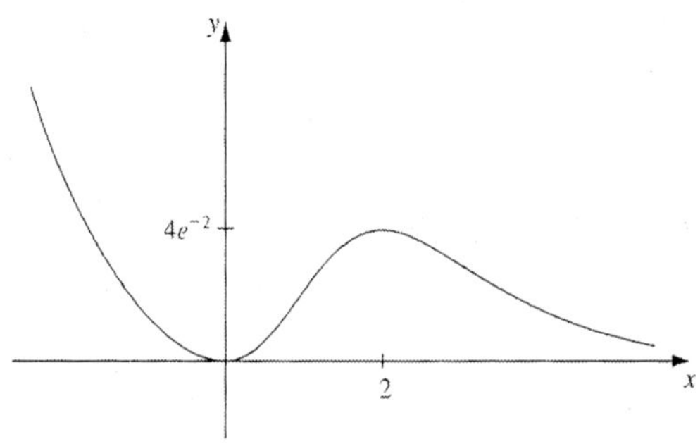

◀

【예제 4】 지름이 d인 원형 강봉을 직사각형으로 가공하여 휨에 대한 저항에 가장 유리한 단면을 얻고자 한다. 휨저항은 단면계수 z가 클수록 유리하다. 이 때,

$$z = \frac{bh^2}{6}$$

이며, b는 단면의 폭, h는 단면의 높이를 의미한다.

《풀이》

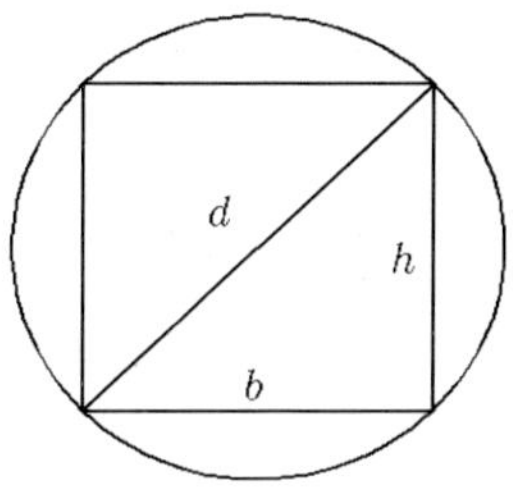

그림 5-3 원형 강봉의 절단

그림 5-3에서 $d^2 = b^2 + h^2$의 관계가 있다.
단면계수를 b만의 함수로 표현하기 위하여 $h^2 = d^2 - b^2$를 대입하면

$$z = \frac{bh^2}{6} = \frac{b(d^2 - b^2)}{6}$$

이것은 변수 b에 대한 2차식이 되며 b의 증가에 따라 z가 증가하다 감소하는 형태를 갖는다. 즉 극대치를 갖는다. 바로 이 극대치가 단면계수가 가장 큰 유리한 단면이 된다. 즉

$$\frac{dz}{db} = \frac{d^2 - 3b^2}{6}$$

이 때 $\frac{dz}{db} = 0$일 때 극대값을 가지므로

$$d^2 - 3b^2 = 0$$

가 된다. 따라서 $b = \frac{d}{\sqrt{3}}$가 된다.

또한 $h^2=d^2-b^2$ 이므로

$$\therefore h=\sqrt{d^2-\left(\frac{d}{\sqrt{3}}\right)^2}=\sqrt{\frac{2}{3}}\,d$$

가 되며, 이를 비율로 나타내면 $b:h:d=1:\sqrt{2}:\sqrt{3}$ 이 된다. ◀

연습문제

1. 다음 함수들의 극값을 구하여라.

(1) $f(x)=2x^2-3x+7$

(2) $f(x)=-2x^3+21x^2-60x-6$

(3) $f(x)=x^3-6x^2-15x$

(4) $f(x)=(x+1)^3$

(5) $f(x)=x+\dfrac{1}{x}$

(6) $f(x)=x^6-48x^2+7$

2. 다음 함수들의 증가, 감소하는 구간과 극값을 구하여라.

(1) $f(x)=x^3+1$

(2) $f(x)=3x^2+4$

(3) $f(x)=\dfrac{x^2}{x^2+1}$

(4) $f(x)=4x^2-5x+1$

5.3 Taylor 정리

다항식을 이용하여 함수의 근사값을 구하는 방법을 알아보자.

정의 1 함수 f 가 0에서 n 번 미분가능일 때 다항식

$$P_n(x) = f(0) + f'(0)x + \frac{f''(0)}{2!}x^2 + \frac{f'''(0)}{3!}x^3 + \cdots + \frac{f^{(n)}(0)}{n!}x^n$$

을 f 의 n 째 **Maclaurin 다항식**이라 부른다.

몇 가지 중요한 함수의 Maclaurin 다항식 P_n 을 구하면 다음과 같다.

$$e^x = \sum_{k=0}^{n} \frac{x^k}{k!} = 1 + x + \frac{x^2}{2!} + \frac{x^3}{3!} + \cdots + \frac{x^n}{n!}$$

$$\sin x = \sum_{k=0}^{n} (-1)^k \frac{x^{2k+1}}{(2k+1)!}$$

$$\cos x = \sum_{k=0}^{n} (-1)^k \frac{x^{2k}}{(2k)!}$$

$$\ln(1+x) = \sum_{k=0}^{n} (-1) \frac{x^{k+1}}{(k+1)}$$

$$\frac{1}{1-x} = \sum_{k=0}^{n} x^k$$

정의 2 함수 f 가 a 에서 n 번 미분가능일 때 다항식

$$P_n(x) = f(a) + f'(a)(x-a) + \frac{f''(a)}{2!}(x-a)^2 + \frac{f'''(a)}{3!}(x-a)^3 + \cdots + \frac{f^{(n)}(a)}{n!}(x-a)^n$$

을 $x = a$ 에서 f 의 n 번째 **Taylor 다항식**이라 한다. $a = 0$ 일 때 Taylor 다항식이 Maclaurin 다항식이 됨을 알 수 있다.

【예제 1】 함수 $\sin x$ 의 $x=\frac{\pi}{3}$ 에서 Taylor 다항식 $P_2(x)$를 구하여라.

《풀이》 $f(x)=\sin x$라 두면

$$f(x)=\sin x \qquad f\left(\frac{\pi}{3}\right)=\frac{\sqrt{3}}{2}$$

$$f'(x)=\cos x \qquad f'\left(\frac{\pi}{3}\right)=\cos\frac{\pi}{3}=\frac{1}{2}$$

$$f''(x)=-\sin x \qquad f''\left(\frac{\pi}{3}\right)=-\sin\frac{\pi}{3}=-\frac{\sqrt{3}}{2}$$

$$P_2(x)=f\left(\frac{\pi}{3}\right)+f'\left(\frac{\pi}{3}\right)\left(x-\frac{\pi}{3}\right)+\frac{f''(\pi/3)}{2!}\left(x-\frac{\pi}{3}\right)^2$$

$$=\frac{\sqrt{3}}{2}+\frac{1}{2}\left(x-\frac{\pi}{3}\right)-\frac{\sqrt{3}}{4}\left(x-\frac{\pi}{3}\right)^2 \quad ◀$$

정의 3 함수f 가 a 에서 무한번 미분가능일 때

$$\sum_{k=0}^{\infty}\frac{f^{(k)}(a)}{k!}(x-a)^k$$

을 $x=a$ 에서 f 의 **Taylor급수**라하고 만약 $a=0$일 때

$$\sum_{k=0}^{\infty}\frac{f^{(k)}(0)}{k!}x^k$$

을 f 의 **Maclaurin급수**라 부른다.

몇 개의 중요한 Maclaurin의 급수와 수렴구간을 증명없이 나열하면

$$\sin x=\sum_{n=0}^{\infty}(-1)^n\frac{x^{2n+1}}{(2n+1)!}=x-\frac{x^3}{3!}+\frac{x^5}{5!}-\frac{x^7}{7!}+\cdots \qquad -\infty<x<\infty$$

$$\ln(1+x)=\sum_{n=0}^{\infty}(-1)^n\frac{x^{n+1}}{n+1}=x-\frac{x^2}{2}+\frac{x^3}{3}-\frac{x^4}{4}+\cdots \qquad -1<x\le 1$$

$$\tan^{-1}x=\sum_{n=0}^{\infty}\frac{x^{2n+1}}{2n+1}=x-\frac{x^3}{3}+\frac{x^5}{5}-\frac{x^7}{7}+\cdots \qquad -1\le x\le 1$$

$$\sinh x = \sum_{n=0}^{\infty} \frac{x^{2n+1}}{(2n+1)!} = x + \frac{x^3}{3!} + \frac{x^5}{5!} + \frac{x^7}{7!} + \cdots \qquad -\infty < x < \infty$$

$$\cosh x = \sum_{n=0}^{\infty} \frac{x^{2n}}{(2n)!} = 1 + \frac{x^2}{2!} + \frac{x^4}{4!} + \cdots \qquad -\infty < x < \infty$$

【예제 2】 $f(x) = x^3 + 2x^2 + 3x - 4$ 을 $x-1$ 의 정식으로 나타내어라.

《**풀이**》 Taylor 정리를 써서

$$f'(x) = 3x^2 + 4x + 3, \qquad f'(1) = 10$$

$$f''(x) = 6x + 4, \qquad f''(1) = 10$$

$$f'''(x) = 6, \qquad f'''(1) = 6$$

$f^{(4)}(x) = f^{(5)}(x) = \cdots = 0$, 이므로

$$f(x) = f(1) + \frac{1}{1!}f'(1)(x-1) + \frac{1}{2!}f''(1)(x-1)^2 + \frac{1}{3!}f'''(1)(x-1)^3 + 0$$

$$= 2 + 10(x-1) + 5(x-1)^2 + (x-1)^3 \quad ◂$$

【예제 3】 함수 $f(x) = \dfrac{1}{x}$ 의 $x = 1$ 에서 Taylor 급수를 구하여라.

《**풀이**》 $f^{(k)}(x) = (-1)^k \dfrac{k!}{x^{k+1}}$, $f^{(k)}(1) = (-1)^k k!$ 이므로

$x = 1$ 에서 Taylor급수는

$$\sum_{k=0}^{\infty} \frac{(-1)^k k!}{k!}(x-1)^k = \sum_{k=0}^{\infty} (-1)^k (x-1)^k$$

$$= 1 - (x-1) + (x-1)^2 - (x-1)^3 + \cdots \quad ◂$$

【예제 4】 오차가 10^{-6} 보다 작은 e 의 근사값을 구하여라.

《풀이》 $e^{x} = 1 + x + \frac{x^{2}}{2!} + \cdots + \frac{x^{n}}{n!} + \frac{e^{c}}{(n+1)!}x^{n+1}$

$x = 1$ 을 대입하면

$$e = 1 + 1 + \frac{1}{2!} + \cdots + \frac{1}{n!} + \frac{e^{c}}{(n+1)!}$$

$0 < c < 1$ 이므로 $1 < e^{c} < e < 3$

$$|r_n| < \frac{3}{(n+1)!}$$

$$\frac{3}{10!} < 10^{-6} < \frac{3}{9!}$$

이므로 $n = 9$ 일 때 $\frac{3}{(n+1)!} < 10^{-6}$

$$e \approx 1 + 1 + \frac{1}{2!} + \cdots + \frac{1}{10!} = 2.71828$$ ◀

연습문제

1. 다음 함수의 Maclaurin 급수를 구하여라.

(1) xe^x　(2) $\tan x$　(3) $\sinh x$

(4) $\dfrac{1}{1+x}\,(-1<x<1)$　(5) $\sin^2 x$　(6) $\cos^2 x$

2. 다음 함수의 $x=a$ 에서 Taylor 급수를 구하여라.

(1) $y=\dfrac{1}{x+2}$, $a=2$　(2) $y=\sin\pi x$, $a=\dfrac{1}{2}$

(3) $y=\sinh x$, $a=\log 4$　(4) $y=\ln x$, $a=1$

3. $x^4+4x^3+2x^2-x+1$ 을 $x-2$ 의 다항식으로 고쳐라.

4. 다음 함수의 Maclaurin 다항식 P_4 를 구하여라.

(1) e^{-2x}　(2) $\sin 2x$　(3) $\tan x$

(4) xe^x　(5) $\sec x$　(6) $\ln(3+2x)$

(단, $P_n(x)=f(0)+f'(0)x+\dfrac{f''(0)}{2!}x^2+\cdots+\dfrac{f^{(n)}(0)}{n!}x^n$ 을 f 의 n 째 Maclaurin 다항식이라 부른다.)

5.4 미분과 근의 근사값

$y=f(x)$일 때 $f(x)$가 미분가능한 구간에서 x의 증분 Δx에 대한 y의 증분을 Δy라 하면 $\lim_{\Delta x \to 0} \frac{\Delta y}{\Delta x} = f'(x)$ 이므로 $\frac{\Delta y}{\Delta x} = f'(x) + \varepsilon$ 이라 놓으면

$$\Delta y = \Delta x f'(x) + \varepsilon \Delta x$$

여기서 $\Delta x \to 0$ 일 때 $\varepsilon \to 0$. 따라서 $\Delta x \to 0$ 일 때는 $\varepsilon \Delta x$는 $f'(x)\Delta x$보다 더 빨리 0에 수렴한다. 즉 $|\Delta x|$가 충분히 작을 때

$$\Delta y \fallingdotseq f'(x)\Delta x$$

라고 볼 수 있다.

정의 1 함수 $y=f(x)$가 미분가능일 때

$$f'(x)\Delta x$$

를 $y=f(x)$의 **미분**(differential)이라 하고, dy 또는 $df(x)$로 표시한다.
즉

$$dy = df(x) = f'(x)\Delta x$$

만약 $f(x)=x$ 일 때는 $f'(x)=1$ 이므로 $dx = \Delta x$ 이다. 즉 함수 x의 미분 dx는 독립변수 x의 증분 Δx와 같다. 그러므로

$$dy = df(x) = f'(x)\,dx$$

로 쓸 수 있다.

예를 들면 $y = \sin x$ 일 때 $dy = \cos x\,dx$, $d(\tan x) = \sec^2 x\,dx$.

【예제 1】 $y = 2x^4$ 의 미분을 구하여라.

《풀이》 $y' = 8x^3$ 이므로 $dy = 8x^3\,dx$ ◀

미분을 이용하여 함수의 근사값을 구할 수 있다.

미분가능인 함수 $y=f(x)$ 에 대해서 $|\Delta x|$ 가 작을 때는 Δy 와 dy 의 차는 매우 작으므로 함수의 증분 Δy 의 **근사값**(approximation)으로서 dy 를 써도 좋다. 즉

$$\Delta y \fallingdotseq dy$$

그러므로 함수 $f(x)$ 의 증분

$$\Delta f(x) = f(x+\Delta x) - f(x)$$

은 $|\Delta x|$ 가 작으면 근사적으로 $df(x)$ 와 같다. 즉

$$f(x+\Delta x) \fallingdotseq f(x) + f'(x)\Delta x$$

【예제 2】 $\sin 31^\circ$ 의 근사값을 구하여라.

《풀이》 $f(x)=\sin x$ 라 놓으면, $f'(x)=\cos x$. 그리고

$x=\dfrac{\pi}{6}$, $\Delta x=\dfrac{\pi}{180}$ $(=1^\circ)$ 라 놓으면

$$\begin{aligned}\sin(x+\Delta x) &\fallingdotseq \sin x + \cos x\, dx\\ &= \sin\frac{\pi}{6} + \frac{\pi}{180}\cdot\cos\frac{\pi}{6} = \frac{1}{2} + \frac{\sqrt{3}}{2}\cdot\frac{\pi}{180}\\ &\fallingdotseq 0.51511\cdots \left(\text{여기서 } \frac{\pi}{180} = 0.01745\cdots\right)\end{aligned}$$ ◀

【예제 3】 $\sqrt{99}$ 의 근사값을 구하여라.

《풀이》 $f(x)=\sqrt{x}$ 라 하면 $f'(x)=\dfrac{1}{2\sqrt{x}}$ 이고, $x=100$ 이라 하면

$$\Delta x = -1$$

또한, $\sqrt{100}=10$ 이므로,

$$\sqrt{99} = \sqrt{100+(-1)} \fallingdotseq \sqrt{100} + \frac{1}{2\sqrt{100}}(-1) = 9.95$$ ◀

【예제 4】 $x=0$ 근방에서 $f(x)=\sqrt{1+x}$ 의 일차근사식을 구하고 이식을 이용하여 $\sqrt{1.2}$, $\sqrt{1.005}$ 의 근사값을 구하여라.

《풀이》 $f(x)\approx f(0)+f'(0)x$ 이므로

$$\sqrt{1+x}\approx 1+\frac{x}{2}$$

$x=0.2,\ 0.005$ 를 대입하면

$$\sqrt{1.2}\approx 1+\frac{0.2}{2}=1.1$$

$$\sqrt{1.005}\approx 1+\frac{0.005}{2}=1.0025$$ ◀

(근의 근사값을 구하는 방법)

초보적인 과정에서는 방정식의 무리근의 근사값을 구할 때 그래프에 의한 방법과 보간법이 쓰인다.

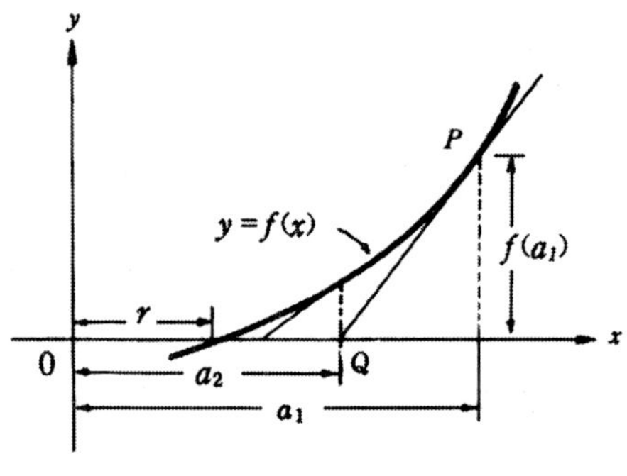

무리근의 근사값을 구하는 또 하나의 방법으로 **Newton의 방법**이 있다. 이 방법에 의하면, 무리근의 근사값을 소수점이하 몇 자리까지라도 원하는 대로 정확하게 구할 수 있다. 옆의 그림에서 곡선 $y=f(x)$를 생각하자. $x=a_1$ 을 방정식 $f(x)=0$ 의 근 r 의 제 1 근사값이라 하자. 점 P 에서 곡선의 접선의 방정식은

$$y-f(a_1)=f'(a_1)(x-a_1) \tag{1}$$

이다. a_1 이 r 에 가까운 값일 때, 이 접선은 보통 x 축과 점 Q 에서 만나는데 그 점의 가로좌표 a_2 는 a_1 보다 r 에 더 가까운 근사값이 된다. 따라서 (1)에 $x=a_2,\ y=0$ 을 대입하면, **Newton의 공식**(Newton's formula)

$$a_2=a_1-\frac{f(a_1)}{f'(a_1)} \tag{2}$$

을 얻는다. 이제 a_2를 제 2 근사값으로 생각하면 (2)를 써서 제 3 근사값

$$a_3 = a_2 - \frac{f(a_2)}{f'(a_2)}$$

를 얻는다.

이와 같이 공식 (2)를 반복하면

$$a_n = a_{n-1} - \frac{f(a_{n-1})}{f'(a_{n-1})}$$

을 얻을 수 있어서 무리근을 소수점 이하 얼마까지든지 정확하게 구할 수 있다.

주의 제 1 근사값 a_1을 r에 충분히 가깝게 택하지 못하면 Newton의 공식은 불합리한 결과를 초래할 수도 있다. 옆의 그림을 참고하여라.

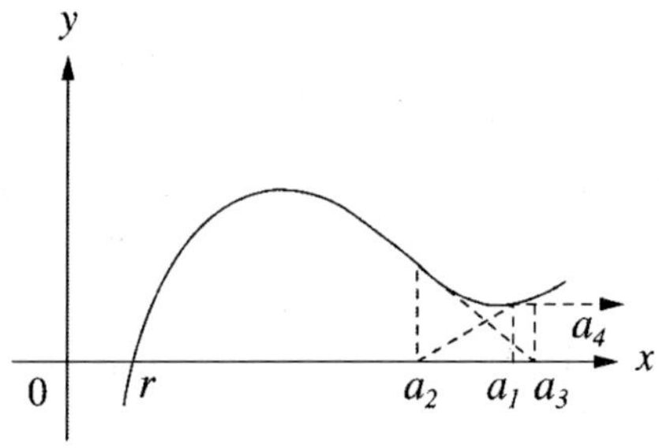

【예제 5】 방정식 $x^2-2=0$의 양의 근을 Newton의 방법을 사용하여 소수점 이하 네 자리까지 정확하게 구하여라.

《풀이》 $f(x)=x^2-2$라고 하면 $f'(x)=2x$이다. 방정식 $x^2-2=0$의 근을 양의 근일 경우 1과 2 사이에 있음을 알 수 있고 또 2보다는 1에 더 가까우므로 제 1 근사값을 $a_1=1$이라고 하면

$$a_2 = a_1 - \frac{f(a_1)}{f'(a_1)} = 1 - \frac{1-2}{2} = 1.5$$

$$a_3 = 1.5 - \frac{f(1.5)}{f'(1.5)} = 1.5 - \frac{(1.5)^2-2}{2\times 1.5} = 1.41667$$

$$a_4 = 1.41667 - \frac{f(1.41667)}{f'(1.41667)} = 1.41421$$

따라서 구하는 근은 1.4142이다. ◀

【예제 6】 $x^3-4x-8=0$ 의 근을 소수 제 5 위까지 정확히 구하여라.

《풀이》 $y=x^3-4x-8$ 의 그래프를 그려보면 $x^3-4x-8=0$ 은 2 와 3 사이에 단 1개의 근을 가짐을 알 수 있다.

제 1 근사값을 $a_1=2$ 이라고 하면

$$a_2=a_1-\frac{f(a_1)}{f'(a_1)}=2+1=3$$

$$a_3=3-\frac{f(3)}{f'(3)}=3-\frac{7}{23}=2.695622$$

$$a_4=2.695622-\frac{f(2.695622)}{f'(2.695622)}=2.650543$$

$$a_5=2.650543-\frac{f(2.650543)}{f'(2.650543)}=2.64937$$

따라서 구하는 근은 2.64943이다. ◀

연습문제

1. 미분을 이용하여 다음 근사값을 구하여라.
   (1) $(61)^{1/3}$　　(2) $\sqrt[4]{83.7}$

2. 다음의 방정식을 Newton의 방법에 의해 풀어라.
   (1) $x^5-2x-1=0$,　[1, 2] 에서
   (2) $\cos x-\sin x=0$,　[0, 1] 에서

3. 다음 방정식의 근의 근사값을 소수 세째 자리까지 구하여라.
   (1) $x^3+3x-6=0$　　(2) $2x^3-x^2+x+-3=0$

4. 방정식 $x^3-2x-5=0$의 제 1, 제 2 근사값을 구하여라.

6. 적분법

6.1 부정적분

6.2 부분적분

6.3 치환적분

6.4 삼각함수의 적분

6.5 유리함수의 적분

6.6 무리함수의 적분

6.1 부정적분

함수 $f(x)$ 를 도함수로 갖는 함수 $F(x)$, 즉

$$\frac{d}{dx}F(x)=f(x)$$

를 만족하는 $F(x)$ 를 $f(x)$ 의 원시함수 또는 부정적분이라 하고, 이를 $\int f(x)dx$ 로 표시한다. $F(x)$ 를 구하는 것을 $f(x)$ 를 적분한다고 하고 $\int$ 를 적분기호, $f(x)$ 를 피적분함수, x 를 적분변수라 한다.

$(x^2)'=2x$ 이므로 적분의 정의에 의해 $\int 2x\,dx=x^2$ 이다.

$(x^2-1)'=2x$ 이므로 적분의 정의에 의하면 $\int 2x\,dx=x^2-1$ 이다.

따라서 다음 사실을 알 수 있다.
$F(x)$ 가 $f(x)$ 의 한 부정적분이고 C 가 임의의 상수이면 $f(x)$ 의 모든 부정적분은 $F(x)+C$ 로 표시된다.

즉 $\int f(x)dx=F(x)+C$ (C 는 임의의 상수)

이 때 C 를 적분상수라 한다.

$f(x)$, $g(x)$ 의 원시함수를 $F(x)$, $G(x)$ 라 하면

$$(kF(x))'=kF'(x)=kf(x)\ (k : \text{상수})\text{이고},$$
$$(F(x)\pm G(x))'=F'(x)\pm G'(x)$$
$$=f(x)\pm g(x)$$

이므로 다음 법칙이 성립한다.

Ⅰ. $\int kf(x)dx=k\int f(x)dx$ (k : 상수)

Ⅱ. $\int f(x)\pm g(x)dx=\int f(x)dx\pm\int g(x)dx$

미 분 공 식	적 분 공 식
1. $\frac{d}{dx}x = 1$	$\int 1\,dx = x + C$
2. $\frac{d}{dx}\left(\frac{x^{r+1}}{r+1}\right) = x^r \ (r \neq -1)$	$\int x^r\,dx = \frac{x^{r+1}}{r+1} + C \ (r \neq -1)$
3. $\frac{d}{dx}\sin x = \cos x$	$\int \cos x\,dx = \sin x + C$
4. $\frac{d}{dx}(-\cos x) = \sin x$	$\int \sin x\,dx = -\cos x + C$
5. $\frac{d}{dx}\tan x = \sec^2 x$	$\int \sec^2 x\,dx = \tan x + C$
6. $\frac{d}{dx}(-\cot x) = \mathrm{cosec}^2 x$	$\int \mathrm{cosec}^2 x\,dx = -\cot x + C$
7. $\frac{d}{dx}\sec x = \sec x \tan x$	$\int \sec x \tan x\,dx = \sec x + C$
8. $\frac{d}{dx}(-\mathrm{cosec}\,x) = \mathrm{cosec}\,x \cot x$	$\int \mathrm{cosec}\,x \cot x\,dx = -\mathrm{cosec}\,x + C$
9. $\frac{d}{dx}e^x = e^x$	$\int e^x\,dx = e^x + C$
10. $\frac{d}{dx}\ln\lvert x\rvert = \frac{1}{x}$	$\int \frac{1}{x}dx = \ln\lvert x\rvert + C$
11. $\frac{d}{dx}\sin^{-1}x = \frac{1}{\sqrt{1-x^2}}$	$\int \frac{1}{\sqrt{1-x^2}}dx = \sin^{-1}x + C$
12. $\frac{d}{dx}\cos^{-1}x = -\frac{1}{\sqrt{1-x^2}}$	$\int -\frac{1}{\sqrt{1-x^2}}dx = \cos^{-1}x + C$
13. $\frac{d}{dx}\tan^{-1}x = \frac{1}{1+x^2}$	$\int \frac{1}{1+x^2}dx = \tan^{-1}x + C$

【예제 1】 다음 부정적분을 구하여라.

(1) $\int (4\cos x - \sin x)\,dx$ (2) $\int (2x^2 - 5x + 10)\,dx$

《풀이》 (1) $\int (4\cos x - \sin x)\,dx = 4\int \cos x\,dx - \int \sin x\,dx$

$$= 4\sin x + \cos x + C$$

(2) $\int (2x^2 - 5x + 10)\,dx = 2\int x^2\,dx - 5\int x\,dx + \int 10\,dx$

$$= \frac{2}{3}x^3 - \frac{5}{2}x^2 + 10x + C \quad ◀$$

【예제 2】 $\int \left(5x^4 - \frac{3}{x} - \frac{1}{\sqrt{1-x^2}}\right)dx$ 를 구하여라.

《풀이》 $\int \left(5x^4 - \frac{3}{x} - \frac{1}{\sqrt{1-x^2}}\right)dx$

$$= 5\int x^4\,dx - 3\int \frac{1}{x}\,dx - \int \frac{1}{\sqrt{1-x^2}}\,dx$$

$$= \left(5 \cdot \frac{1}{4+1}\right)x^{(4+1)} - 3\ln|x| + \cos^{-1}x + C$$

$$= x^5 - 3\ln|x| - \sin^{-1}x + C \quad ◀$$

연습문제

1. 다음 부정적분을 구하여라.

(1) $\int (8x^2 - 2x + 3)\,dx$ (2) $\int (-\sin x + 5\cos x)\,dx$

(3) $\int \left(3x^4 - \frac{1}{x} + \frac{5}{\sqrt{1-x^2}}\right)dx$ (4) $\int \left(\sqrt{x} + e^x - 4\cos^2\frac{x}{2}\right)dx$

6.2 부분적분(Integration by substitution)

두 함수 $f(x)$, $g(x)$ 가 미분가능일 때 두 함수의 곱의 미분은

$$[f(x)g(x)]' = f'(x)g(x) + f(x)g'(x)$$

이므로

$$f'(x)g(x) = [f(x)g(x)]' - f(x)g'(x)$$

이다. 양변을 x 에 관해 적분하면

$$\int f'(x)g(x)dx = f(x)g(x) - \int f(x)g'(x)dx$$

를 얻는다. 이 공식에 의한 적분법을 **부분적분법**이라 한다.

부분적분법

(1) $\int f'(x)g(x)dx = f(x)g(x) - \int f(x)g'(x)dx$

(2) $\int f(x)g'(x)dx = f(x)g(x) - \int f'(x)g(x)dx$

【예제 1】 $I = \int x \sin x \, dx$ 를 구하여라.

《풀이》 $f'(x) = \sin x$, $g(x) = x$ 라 놓으면

$f(x) = -\cos x$, $g'(x) = 1$ 이다.

따라서 $I = f(x)g(x) - \int f(x)g'(x)dx$

$= -x\cos x + \int \cos x \, dx$

$= -x\cos x + \sin x + C$ ◀

【예제 2】 $I = \int x^2 \ln x\, dx$ 를 구하여라.

《풀이》 $f'(x) = x^2$, $g(x) = \ln x$ 라 놓으면

$$f(x) = \int f'(x)dx = \frac{1}{3}x^3, \quad g'(x) = \frac{1}{x} \text{ 이다.}$$

따라서 $I = f(x)g(x) - \int f(x)g'(x)dx$

$$= \frac{1}{3}x^3 \ln x - \int \frac{1}{3}x^3 \frac{1}{x} dx$$

$$= \frac{1}{3}x^3 \ln x - \frac{1}{9}x^3 + C$$ ◂

【예제 3】 $I = \int e^x \sin x\, dx$ 를 구하여라.

《풀이》 $f'(x) = e^x$, $g(x) = \sin x$ 라 놓으면

$f(x) = e^x$, $g'(x) = \cos x$ 이므로

$$I = f(x)g(x) - \int f(x)g'(x)dx$$

$$= e^x \sin x - \int e^x \cos x\, dx$$

다시 $I_1 = \int e^x \cos x\, dx$ 를 구하기 위하여

$f'(x) = e^x$, $g(x) = \cos x$ 라 놓으면

$f(x) = e^x$, $g'(x) = -\sin x$ 이므로

$$I_1 = e^x \cos x - \int e^x(-\sin x)dx$$

$$= e^x \cos x + \int e^x \sin x\, dx$$

따라서 $I = e^x \sin x - (e^x \cos x + I)$

$$2I = e^x \sin x - e^x \cos x$$

$$I = \frac{1}{2}e^x(\sin x - \cos x) + C$$ ◂

【예제 4】 $I=\int x\tan^{-1}x\,dx$ 를 구하여라.

《풀이》 $f(x)=\tan^{-1}x,\ g'(x)=x$ 라 두면

$$f'(x)=\frac{1}{1+x^2},\ g(x)=\frac{1}{2}x^2$$

그러므로 $\int x\tan^{-1}x\,dx=\frac{1}{2}x^2\tan^{-1}x-\frac{1}{2}\int\frac{x^2}{1+x^2}dx$

한편, $\int\frac{x^2}{1+x^2}dx=\int\left(1-\frac{1}{1+x^2}\right)dx=x-\tan^{-1}x+C$

그러므로 $\int\tan^{-1}x\,dx=\frac{1}{2}x^2\tan^{-1}x-\frac{1}{2}(x-\tan^{-1}x)+C$ ◀

【예제 5】 $I=\int e^{ax}\cos bx\,dx$ 를 구하여라.

《풀이》 $I=\int e^{ax}\cos bx\,dx$ 라 두고 $f'(x)=e^{ax},\ g(x)=\cos bx$ 라 두면

$f(x)=\frac{1}{a}e^{ax},\ g'(x)=-b\sin bx$ 이므로

$$I=\int e^{ax}\cos bx\,dx$$
$$=\frac{1}{a}e^{ax}\cos bx+\frac{b}{a}\int e^{ax}\sin bx\,dx$$

한편, $\int e^{ax}\sin bx\,dx$ 에 다시 부분적분을 쓰기 위해 $f'(x)=e^{ax}$, $g(x)=\sin bx$ 라 두면, $f(x)=\frac{1}{a}e^{ax},\ g'(x)=b\cos bx$.

그러므로, $\int e^{ax}\sin bx\,dx=\frac{1}{a}e^{ax}\sin bx-\frac{b}{a}\int e^{ax}\cos bx\,dx$

$$\therefore\ I=\frac{1}{a}e^{ax}\cos bx+\frac{b}{a}\left(\frac{1}{a}e^{ax}\sin bx-\frac{b}{a}\int e^{ax}\cos bx\,dx\right)$$
$$=\frac{1}{a}e^{ax}\cos bx+\frac{b}{a^2}e^{ax}\sin bx-\frac{b^2}{a^2}I$$

위 식에서,

$$\left(\frac{a^2+b^2}{a^2}\right)I=\frac{1}{a}e^{ax}\cos bx+\frac{b}{a^2}e^{ax}\sin bx$$

$$\therefore \quad I=\frac{1}{a^2+b^2}(a\cos bx+b\sin bx)e^{ax}+C \quad ◀$$

【예제 6】 $I_n=\int \sin^n x\,dx$ ($n\geq 2$ 인 자연수)라 두면

$I_n=-\frac{1}{n}\sin^{n-1}x\cos x+\frac{n-1}{n}I_{n-2}$이 됨을 증명하여라.

《풀이》 $I_n=\int \sin^{n-1}x\sin x\,dx$에 부분적분법을 쓰기 위하여

$f(x)=\sin^{n-1}x,\quad g'(x)=\sin x$라 두면,

$f'(x)=(n-1)\sin^{n-2}x\cos x,\quad g(x)=-\cos x$

$$\begin{aligned}I_n &= \sin^{n-1}x(-\cos x)-\int (n-1)\sin^{n-2}x\cos x(-\cos x)\,dx\\ &=-\sin^{n-1}x\cos x+(n-1)\int \sin^{n-2}x(1-\sin^2 x)\,dx\\ &=-\sin^{n-1}x\cos x+(n-1)\int \sin^{n-2}x\,dx-(n-1)\int \sin^n x\,dx\\ &=-\sin^{n-1}x\cos x+(n-1)I_{n-2}-(n-1)I_n\end{aligned}$$

그러므로 $I_n=-\frac{1}{n}\sin^{n-1}x\cos x+\frac{n-1}{n}I_{n-2}$ ◀

주의 위 식에서 $I_0=x$, $I_1=-\cos x$로 두면 언제나 적분할 수 있다. 이러한 식을 **점화식**(reduction formula)이라고 한다.

위의 공식에서 $x=\frac{\pi}{2}-y$ 라고 두면 다음 공식을 얻을 수 있다.

$$\int \cos^n y\,dy=\frac{1}{n}\cos^{n-1}y\sin y+\frac{n-1}{n}\int \cos^{n-2}y\,dy$$

【예제 7】 점화식을 이용하여 $\int \sin^4 x\, dx$ 를 구하여라.

《풀이》 $\int \sin^4 x\, dx = -\frac{1}{4}\sin^3 x\cos x + \frac{3}{4}\int \sin^2 x\, dx$

$$= -\frac{1}{4}\sin^3 x\cos x + \frac{3}{4}\left\{-\frac{1}{2}\sin x\cos x + \frac{1}{2}x\right\} + C$$

$$= -\frac{1}{8}(2\sin^3 x\cos x + 3\sin x\cos x - 3x) + C$$ ◀

연습문제

1. 부분적분법을 이용하여 다음의 적분을 구하여라.

(1) $\int xe^x\, dx$　　(2) $\int x^2 \ln x\, dx$

(3) $\int x\cos x\, dx$　　(4) $\int x\sec^2 x\, dx$

(5) $\int \tan^{-1} x\, dx$　　(6) $\int x\sinh x\, dx$

(7) $\int e^x \cos x\, dx$　　(8) $\int \frac{\log(1+x^2)}{x^2}dx$

2. $\int x^n e^x\, dx = x^n e^x - n\int x^{n-1} e^x\, dx$ 을 증명하여라.

3. 점화식을 이용하여 다음 적분을 구하여라.

(1) $\int \sin^4 x\cos^2 x\, dx$　　(2) $\int \cos^4 x\, dx$

6.3 치환적분(Integration by substitution)

주어진 함수를 적분하는 것은 일반적으로 쉽지 않다. 함수에 따라서는 특별한 방법을 써서 적분하는 것이 편리할 때가 있다. 여기에 그 중에 한 방법을 소개한다.

$\int f(x)dx$ 를 구함에 있어서 $x=\varphi(t)$ 라고 두면, $dx=\varphi'(t)dt$ 이므로

$$\boxed{\int f(x)dx=\int f(\varphi(t))\varphi'(t)dt}$$

여기에서 $x=\varphi(t)$ 를 적당히 잘 선택하면 피적분함수를 적분하기 편리한 모양으로 바꿀 수 있다. 이와 같은 적분법을 **치환적분법**(integration by substitution) 이라고 한다.

【예제 1】 $\int (ax+b)^n\,dx \quad (a\neq 0)$를 구하여라.

《풀이》 $ax+b=t$ 라고두면, $\frac{dt}{dx}=\frac{d}{dx}(ax+b)=a$ 즉, $a\,dx=dt$.

그러므로 $\int (ax+b)^n dx=\int t^n\frac{1}{a}dt=\frac{1}{a}\int t^n\,dt$

$n\neq -1$ 이면

$$\int (ax+b)^n dx=\frac{1}{a}\cdot\frac{t^{n+1}}{n+1}+C$$
$$=\frac{(ax+b)^{n+1}}{a(n+1)}+C$$

$n=-1$ 이면

$$\int (ax+b)^{-1}dx=\frac{1}{a}\int t^{-1}dt=\frac{1}{a}\ln|t|+C$$
$$=\frac{1}{a}\ln|ax+b|+C \blacktriangleleft$$

【예제 2】 $\int 2x(x^2-1)^6\,dx$를 구하여라.

《풀이》 $t=x^2-1$로 두면, $\frac{dt}{dx}=2x$. 즉, $dt=2x\,dx$

따라서

$$\begin{aligned}\int 2x(x^2-1)^6\,dx &= \int t^6\,dt \\ &= \frac{1}{7}t^7+C \\ &= \frac{1}{7}(x^2-1)^7+C\end{aligned}$$ ◂

【예제 3】 $\int \sin^6 x\cos x\,dx$를 구하여라.

《풀이》 $t=\sin x$로 두면, $\frac{dt}{dx}=\cos x$. 즉, $dt=\cos x\,dx$

따라서

$$\begin{aligned}\int \sin^6 x\cos x\,dx &= \int t^6\,dt \\ &= \frac{1}{7}t^7+C \\ &= \frac{1}{7}\sin^7 x+C\end{aligned}$$ ◂

【예제 4】 $\int \frac{1}{2\sqrt{x}}\sin\sqrt{x}\,dx$를 구하여라.

《풀이》 $t=\sqrt{x}$ 로 두면, $\frac{dt}{dx}=\frac{1}{2\sqrt{x}}$. 즉, $dt=\frac{1}{2\sqrt{x}}dx$

따라서 $\int \frac{1}{2\sqrt{x}}\sin\sqrt{x}\,dx=\int \sin t\,dt=-\cos t+C=-\cos\sqrt{x}+C$ ◂

【예제 5】 $\int \sqrt{a^2 - x^2}\, dx \quad (a > 0)$를 구하여라.

《풀이》 $x = a\sin t \left(-\frac{\pi}{2} \le t \le \frac{\pi}{2}\right)$라고 두면 $dx = a\cos t\, dt$가 된다.
그러므로

$$\begin{aligned}\int \sqrt{a^2 - x^2}\, dx &= \int \sqrt{a^2 - a^2\sin^2 t} \cdot a\cos t\, dt \\ &= \int \sqrt{a^2(1 - \sin^2 t)} \cdot a\cos t\, dt \\ &= \int \sqrt{a^2\cos^2 t} \cdot a\cos t\, dt = \int a^2\cos^2 t\, dt \\ &= a^2 \int \left(\frac{\cos 2t + 1}{2}\right) dt = \frac{a^2}{2}\left(\frac{\sin 2t}{2} + t\right) + C \\ &= \frac{a^2}{2}(\sin t \cos t + t) + C\end{aligned}$$

위 치환에서, $\sin t = \frac{x}{a}$ 이므로 $t = \sin^{-1}\frac{x}{a}$ 이고 ,

$$\cos t = \frac{1}{a}\sqrt{a^2 - x^2}$$

그러므로 $\int \sqrt{a^2 - x^2}\, dx = \frac{1}{2}\left(x\sqrt{a^2 - x^2} + a^2\sin^{-1}\frac{x}{a}\right) + C$ ◀

【예제 6】 $\int \frac{x^2 - x}{(x-2)^2} dx$를 구하여라.

《풀이》 $x - 2 = t$ 라 두면, $x = t + 2,\ dx = dt,$

$$\begin{aligned}\int \frac{x^2 - x}{(x-2)^2} dx &= \int \frac{(t+2)^2 - (t+2)}{t^2} dt = \int \left(1 + \frac{3}{t} + \frac{2}{t^2}\right) dt \\ &= t + 3\ln|t| - \frac{2}{t} + C = x - 2 + 3\ln|x-2| - \frac{2}{x-2} + C\end{aligned}$$ ◀

연습문제

1. 치환에 의하여 다음을 적분하여라.

(1) $\int 2(1+2x)^3\,dx$ (2) $\int \frac{x}{\sqrt{1+x^2}}dx$

(3) $\int \cos 2x\,dx$ (4) $\int e^{2x}\,dx$

(5) $\int \tan^2 x\sec^2 x\,dx$ (6) $\int \frac{(\ln x)^2}{x}dx$

(7) $\int \frac{\sin(\ln x)}{x}dx$ (8) $\int \sqrt[3]{1+x^2}\,x\,dx$

(9) $\int \frac{e^{\sqrt{x}}}{\sqrt{x}}dt$ (10) $\int \frac{2x-3}{x^2-3x+2}dx$

2. 치환에 의하여 다음을 적분하여라.

(1) $\int x^2\sin x^3\,dx$ (2) $\int \frac{x}{1+x^4}dx$

(3) $\int \frac{\ln 2x}{x}dx$ (4) $\int \frac{x^2}{ax+b}dx\quad(a\neq 0)$

(5) $\int \sec^2(3x+1)\,dx$ (6) $\int \sin^2 x\cos x\,dx$

6.4 삼각함수의 적분

$\int \sin^m x \cos^n x\,dx$, $\int \tan^m x \sec^n x\,dx$ 그리고 $\int \sin mx \cos nx\,dx$ 와 같은 적분 따위를 삼각함수의 적분이라 한다.

m, n 이 음이 아닌 정수들일 때, $\int \sin^m x \cos^n x\,dx$ 형의 적분들은 m과 n 의 값에 따라 여러 가지 방법으로 계산되어진다.

$\int \sin^m x\,dx$ $(n=0)$ 와 $\int \cos^n x\,dx$ $(m=0)$ 의 경우는 점화식에 의하여 얻어질 수 있다.

【예제 1】 다음을 구하여라.

(1) $\int \sin^2 x\,dx$　　　　(2) $\int \cos^2 x\,dx$

《풀이》 점화식에 의하여 $n=2$ 라 놓으면,

$$\int \sin^2 x\,dx = -\frac{1}{2}\sin x\cos x + \frac{1}{2}x + C = \frac{1}{2}x - \frac{1}{4}\sin 2x + C,$$

$$\int \cos^2 x\,dx = \frac{1}{2}\cos x\sin x + \frac{1}{2}x + C = \frac{1}{2}x + \frac{1}{4}\sin 2x + C$$

다른 풀이로서, $\cos 2x = 2\cos^2 x - 1$ 과 $\cos 2x = 1 - 2\sin^2 x$ 로 부터 항등식

$$\sin^2 x = \frac{1}{2}(1-\cos 2x) \qquad \cos^2 x = \frac{1}{2}(1+\cos 2x)$$

을 이용하여 다음을 얻는다.

$$\int \sin^2 x\,dx = \frac{1}{2}\int (1-\cos 2x)\,dx = \frac{1}{2}x - \frac{1}{4}\sin 2x + C$$

$$\int \cos^2 x\,dx = \frac{1}{2}\int (1+\cos 2x)\,dx = \frac{1}{2}x + \frac{1}{4}\sin 2x + C$$ ◀

【예제 2】 다음을 구하여라.

(1) $\int \sin^4 x\,dx$　　　　(2) $\int \cos^4 x\,dx$

《풀이》 (2) 반각의 공식으로부터,

$$\int \cos^4 x\,dx = \int (\cos^2 x)^2\,dx = \int \left\{\frac{1}{2}(1+\cos 2x)\right\}^2 dx$$

$$= \frac{1}{4}\int (1+2\cos 2x+\cos^2 2x)\,dx$$

또한, $\cos^2 2x = \frac{1}{2}(1+\cos 4x) = \frac{1}{2}+\frac{1}{2}\cos 4x$ 이므로,

$$\int \cos^4 x\,dx = \frac{1}{4}\int \left(\frac{3}{2}+2\cos 2x+\frac{1}{2}\cos 4x\right)dx$$

$$= \frac{3}{8}x+\frac{1}{4}\sin 2x+\frac{1}{32}\sin 4x + C$$

같은 방법으로, (1) 을 얻을 것이다. ◂

【예제 3】 다음을 구하여라.

(1) $\int \sin^3 x\,dx$ (2) $\int \cos^3 x\,dx$

《풀이》 (1) $\int \sin^3 x\,dx = \int \sin^2 x \sin x\,dx$

$$= \int (1-\cos^2 x)\sin x\,dx$$

$$= \int \sin x\,dx - \int \cos^2 x \sin x\,dx$$

$$= -\cos x + \frac{1}{3}\cos^3 x + C$$

(2) $\int \cos^3 x\,dx = \int \cos^2 x \cos x\,dx$

$$= \int (1-\sin^2 x)\cos x\,dx$$

$$= \int \cos x\,dx - \int \sin^2 x \cos x\,dx$$

$$= \sin x - \frac{1}{3}\sin^3 x + C$$ ◂

m, n 이 둘 다 양의 정수들일 때, 적분 $\int \sin^m x \cos^n x\, dx$ 은 다음과 같이 세 가지 경우로 나누어 계산되어진다.

(1) n 이 홀수이면 $u = \sin x$ 로 치환하여 적분한다.
(2) m 이 홀수이면 $u = \cos x$ 로 치환하여 적분한다.
(3) m과 n이 모두 짝수이면 $\sin^2 x + \cos^2 x = 1$ 을 사용하여 적분한다.

【예제 4】 $\int \sin^2 x \cos^3 x\, dx$를 구하여라.

《**풀이**》 $n = 3$ 가 홀수이므로, 위 (1)에 의하여 $u = \sin x$ 로 치환하면 $du = \cos x\, dx$ 이므로

$$\begin{aligned}\int \sin^2 x \cos^3 x\, dx &= \int \sin^2 x \cos^2 x \cos x\, dx \\ &= \int \sin^2 x\,(1 - \sin^2 x)\cos x\, dx \\ &= \int u^2 (1 - u^2)\, du \\ &= \int (u^2 - u^4)\, du \\ &= \frac{1}{3}u^3 - \frac{1}{5}u^5 + C \\ &= \frac{1}{3}\sin^3 x - \frac{1}{5}\sin^5 x + C \quad \blacktriangleleft\end{aligned}$$

【예제 5】 $\int \sin^3 x \cos^2 x\, dx$ 를 구하여라.

《**풀이**》 $m = 3$ 이 홀수이므로, 위 (2)에 의하여 $u = \cos x$ 로 치환하면 $du = -\sin x\, dx$ 이므로

$$\int \sin^3 x \cos^2 x\, dx = \int \sin^2 x \cos^2 x \sin x\, dx$$
$$= \int (1-\cos^2 x)\cos^2 x \sin x\, dx$$
$$= -\int (1-u^2)u^2\, du$$
$$= \int (u^4 - u^2)\, du$$
$$= \frac{1}{5}u^5 - \frac{1}{3}u^3 + C$$
$$= \frac{1}{5}\cos^5 x - \frac{1}{3}\cos^3 x + C \quad ◀$$

【예제 6】 $I = \int \sin^2 x \cos^2 x\, dx$ 를 구하여라.

《풀이》 $m = n = 2$ 이므로,

$$I = \int \sin^2 x \cos^2 x\, dx = \int \frac{1}{2}(1-\cos 2x)\, \frac{1}{2}(1+\cos 2x)\, dx$$
$$= \frac{1}{4}\int (1-\cos^2 2x)\, dx$$
$$= \frac{1}{4}\int \sin^2 2x\, dx$$

여기서, $u = 2x,\ du = 2dx$ 를 사용하면

$$I = \frac{1}{8}\int \sin^2 u\, du = \frac{1}{16}\int (1-\cos 2u)\, du$$
$$= \frac{1}{16}\left(u - \frac{1}{2}\sin 2u\right) + C$$
$$= \frac{1}{8}x - \frac{1}{32}\sin 4x + C \quad ◀$$

적분 $\int \sin mx \cos nx\, dx$, $\int \sin mx \sin nx\, dx$, $\int \cos mx \cos nx\, dx$ 형을 생각하자. 우선 다음과 같은 삼각함수의 기본적인 변환공식을 이용하여 위 적분계산을 할 수 있다:

(a) $\sin x \cos y = \dfrac{1}{2}\{\sin(x-y)+\sin(x+y)\}$

(b) $\sin x \sin y = \dfrac{1}{2}\{\cos(x-y)-\cos(x+y)\}$

(c) $\cos x \cos y = \dfrac{1}{2}\{\cos(x-y)+\cos(x+y)\}$

【예제 7】 $\int \sin 6x \sin 4x\, dx$ 를 구하여라.

《풀이》 $\sin 6x \sin 4x = \dfrac{1}{2}(\sin 2x - \cos 10x)$ 이므로

$$\int \sin 6x \sin 4x\, dx = -\frac{1}{4}\cos 2x - \frac{1}{20}\sin 10x + C \quad ◀$$

적분 $\int \sin mx \sin nx\, dx$ 와 $\int \cos mx \cos nx\, dx$ 도 이와 같은 방법으로 알 수 있다.

이제, 적분 $\int \tan^m x \sec^n x\, dx$ 형의 계산방법을 생각해 보자. 단, m 과 n 은 음이 아닌 정수들이다. 이러한 적분형태들 중 가장 간단한 것은

$$\int \tan x\, dx \quad (m=1, n=0) \text{ 와}$$

$$\int \sec x\, dx \quad (m=0, n=1) \text{ 이다.}$$

이것들을 각각 계산해 보면,

$$\int \tan x\, dx = \int \frac{\sin x}{\cos x}\, dx$$

$$= -\int \frac{-\sin x}{\cos x}\, dx$$

$$= -\ln|\cos x| + C$$

$$\int \sec x\,dx = \int \sec x\left(\frac{\sec x + \tan x}{\sec x + \tan x}\right)dx$$

$$= \int \frac{\sec^2 x + \sec x \tan x}{\sec x + \tan x}\,dx$$

$$= \int \frac{du}{u} \quad \begin{cases} u = \sec x + \tan x \\ du = (\sec^2 x + \sec x \tan x)\,dx \end{cases}$$

$$= \ln|u| + C$$

$$= \ln|\sec x + \tan x| + C$$

일반적으로,

$$\int \sec^n x\,dx = \frac{\sec^{n-2} x \tan x}{n-1} + \frac{n-2}{n-1}\int \sec^{n-2} x\,dx \qquad (*)$$

위의 식 (*)은 점화식을 이용하여 계산되어질 수 있다.

다음은 $1 + \tan^2 x = \sec^2 x$ 로부터 얻는다.

$$\int \tan^m x\,dx = \int \tan^{m-2} x \tan^2 x\,dx$$

$$= \int \tan^{m-2} x(\sec^2 x - 1)\,dx$$

$$= \int \tan^{m-2} x \sec^2 x\,dx - \int \tan^{m-2} x\,dx$$

$$= \frac{\tan^{m-1} x}{m-1} - \int \tan^{m-2} x\,dx \qquad (**)$$

【예제 8】 $\int \sec^3 x\,dx$ 를 구하여라.

《**풀이**》 위 식 (*)에 의하여 $n=3$ 이라 놓으면,

$$\int \sec^3 x\,dx = \frac{\sec x \tan x}{2} + \frac{1}{2}\int \sec x\,dx$$

$$= \frac{1}{2}\sec x \tan x + \frac{1}{2}\ln|\sec x + \tan x| + C \quad ◀$$

【예제 9】 $\int \tan^3 x\, dx$ 를 구하여라.

《풀이》 위 식 (**)를 두 번 사용할 것이다.

$$\int \tan^3 x\, dx = \frac{\tan^2 x}{2} - \int \tan x\, dx$$

$$= \frac{\tan^2 x}{2} - \ln|\cos x| + C \quad ◀$$

$m,\ n$ 이 양의 정수들일 때, 적분 $\int \tan^m x \sec^n x\, dx$ 형은 다음과 같이 세 가지 경우로 나누어 계산되어진다.

(1) n 이 짝수이면 $u = \tan x$ 로 치환하고 $\sec^2 x = \tan^2 x + 1$ 을 사용하여 적분한다.

(2) n 이 홀수이면 $u = \sec x$ 로 치환하고 $\tan^2 x = \sec^2 x - 1$ 을 사용하여 적분한다.

(3) m 이 짝수이고 n 이 홀수이면 $\sec x$ 만의 멱들에 대한 점화식으로 $\tan^2 x = \sec^2 x - 1$ 을 사용하여 적분한다.

【예제 10】 $\int \tan^3 x \sec^4 x\, dx$ 를 구하여라.

《풀이》 $n = 4$ 는 짝수이므로, $u = \tan x,\ du = \sec^2 x\, dx$ 라 놓으면,

$$\int \tan^3 x \sec^4 x\, dx = \int \tan^3 x \sec^2 x \sec^2 x\, dx$$

$$= \int \tan^3 x (\tan^2 x + 1) \sec^2 x\, dx$$

$$= \int u^3 (u^2 + 1)\, du$$

$$= \frac{1}{6}u^6 + \frac{1}{4}u^3 + C$$

$$= \frac{1}{6}\tan^6 x + \frac{1}{4}\tan^4 x + C \quad ◀$$

【예제 11】 $\int \tan^3 x \sec^3 x\, dx$ 를 구하여라.

《풀이》 $n=3$ 은 홀수이므로 $u=\sec x$, $du=\sec x \tan x\, dx$ 라 놓으면,

$$\begin{aligned}\int \tan^3 x \sec^3 x dx &= \int \tan^2 x \sec^2 x (\sec x \tan x)\, dx \\ &= \int (\sec^2 x - 1)\sec^2 x (\sec x \tan x)\, dx \\ &= \int (u^2-1)u^2\, du \\ &= \frac{1}{5}u^5 - \frac{1}{3}u^3 + C \\ &= \frac{1}{5}\sec^5 x - \frac{1}{3}\sec^3 x + C \quad ◀\end{aligned}$$

【예제 12】 $\int \tan^2 x \sec x\, dx$ 를 구하여라.

《풀이》 $m=2$, $n=1$ 이므로

$$\begin{aligned}\int \tan^2 x \sec x\, dx &= \int (\sec^2 x - 1)\sec x\, dx \\ &= \int \sec^3 x\, dx - \int \sec x\, dx \\ &= \frac{1}{2}\sec x \tan x + \frac{1}{2}\ln|\sec x + \tan x| \\ &\quad - \ln|\sec x + \tan x| + C \\ &= \frac{1}{2}\sec x \tan x - \frac{1}{2}\ln|\sec x + \tan x| + C \quad ◀\end{aligned}$$

주의 $1+\cot^2 x = \operatorname{cosec}^2 x$ 로써 적분 $\int \cot^m x \operatorname{cosec}^n x\, dx$ 형에 관하여도 적용될 수 있다.

(삼각함수로 구성된 분수형의 적분법)

분모에 삼각함수가 있는 경우에는 $\tan\frac{x}{2}=t$ 로 치환하면 다음 식을 얻는다.

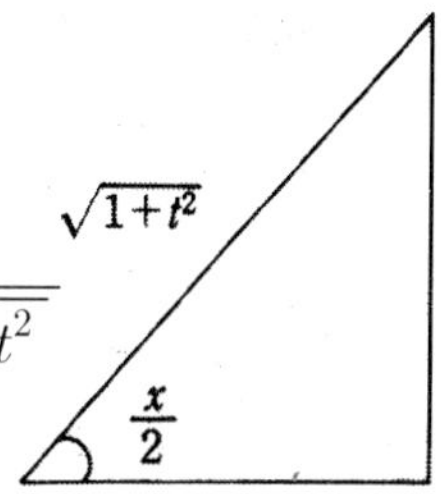

$$x=2\tan^{-1}t \Rightarrow dx=\frac{2}{1+t^2}dt$$

$$\tan\frac{x}{2}=t \Rightarrow \sin\frac{x}{2}=\frac{t}{\sqrt{1+t^2}}, \quad \cos\frac{x}{2}=\frac{1}{\sqrt{1+t^2}}$$

$$\therefore \sin x=2\sin\frac{x}{2}\cos\frac{x}{2}=\frac{2t}{1+t^2}$$

$$\cos x=\cos^2\frac{x}{2}-\sin^2\frac{x}{2}=\frac{1-t^2}{1+t^2},\ \tan x=\frac{\sin x}{\cos x}=\frac{2t}{1-t^2}$$

따라서 삼각함수로 구성된 분수형의 적분은 t에 대한 다항식의 분수형의 적분이 되어 쉽게 계산할 수 있다.

【예제 13】 $\int\frac{1}{1-\cos x}dx$를 구하여라.

《풀이》 $\tan\frac{x}{2}=t$ 라 두면 $\cos x=\frac{1-t^2}{1+t^2}$, $dx=\frac{2}{1+t^2}dt$ 이므로

$$\int\frac{1}{1-\cos x}dx=\int\frac{1}{1-\frac{1-t^2}{1+t^2}}\frac{2}{1+t^2}dt$$

$$=\int\frac{1}{t^2}dt$$

$$=-\frac{1}{t}+C$$

$$=-\frac{1}{\tan\frac{x}{2}}+C=-\cot\frac{x}{2}+C \ ◀$$

(삼각함수로 구성된 분수형의 적분법)

(1) $\sqrt{a^2-x^2}$ 의 적분은 $x=a\sin\theta$ 로 치환하여 적분한다.

단, $-\dfrac{\pi}{2} \le \theta \le \dfrac{\pi}{2}$

(2) $\sqrt{a^2+x^2}$ 의 적분은 $x=a\tan\theta$ 로 치환하여 적분한다.

단, $-\dfrac{\pi}{2} < \theta < \dfrac{\pi}{2}$

(3) $\sqrt{x^2-a^2}$ 의 적분은 $x=a\sec\theta$ 로 치환하여 적분한다.

단, $0 \le \theta < \dfrac{\pi}{2}$ 또는 $\pi \le \theta < \dfrac{3\pi}{2}$

【예제 14】 $\displaystyle\int \frac{1}{x^2\sqrt{4-x^2}}dx$ 를 구하여라.

《풀이》 $x=2\sin\theta\left(-\dfrac{\pi}{2} \le \theta \le \dfrac{\pi}{2}\right)$ 로 치환하면 $dx=2\cos\theta\, d\theta$ 이므로

$$\begin{aligned}\int \frac{1}{x^2\sqrt{4-x^2}}dx &= \int \frac{2\cos\theta}{(2\sin\theta)^2\sqrt{4-4\sin^2\theta}}d\theta \\ &= \int \frac{2\cos\theta}{(2\sin\theta)^2(2\cos\theta)}d\theta \\ &= \frac{1}{4}\int \frac{1}{\sin^2\theta}d\theta \\ &= \frac{1}{4}\int \operatorname{cosec}^2\theta\, d\theta \\ &= -\frac{1}{4}\cot\theta + C\end{aligned}$$

한편 $\sin\theta=\dfrac{x}{2}$ 이므로 $\cot\theta=\dfrac{\sqrt{4-x^2}}{x}$ 임을 알 수 있다.

$$\therefore \int \frac{1}{x^2\sqrt{4-x^2}}dx = -\frac{1}{4}\frac{\sqrt{4-x^2}}{x}+C \ ◀$$

【예제 15】 $\int \frac{1}{\sqrt{x^2+a^2}}dx$ 를 구하여라. (단, $a>0$)

《풀이》 $x=a\tan\theta\left(-\frac{\pi}{2}<\theta<\frac{\pi}{2}\right)$로 치환하면 $dx=a\sec^2\theta\, d\theta$이므로

$$\int \frac{1}{\sqrt{x^2+a^2}}dx=\int \frac{a\sec^2\theta}{\sqrt{a^2\tan^2\theta+a^2}}d\theta$$
$$=\int \frac{a\sec^2\theta}{a\sec\theta}=\int \sec\theta\, d\theta$$

한편

$$\int \sec\theta\, d\theta=\int \sec\theta\left(\frac{\sec\theta+\tan\theta}{\sec\theta+\tan\theta}\right)d\theta$$
$$=\int \frac{\sec^2\theta+\sec\theta\tan\theta}{\sec\theta+\tan\theta}d\theta$$
$$=\ln|\sec\theta+\tan\theta|+C$$

그리고 $\tan\theta=\frac{x}{a}$ 이므로 $\sec\theta=\frac{\sqrt{x^2+a^2}}{a}$ 이다.

$$\therefore \int \frac{1}{\sqrt{x^2+a^2}}dx=\ln\left|\frac{\sqrt{x^2+a^2}}{a}+\frac{x}{a}\right|+C$$
$$=\ln\left|\frac{\sqrt{x^2+a^2}+x}{a}\right|+C$$
$$=\ln\left|\sqrt{x^2+a^2}+x\right|-\ln a+C$$ ◀

주의 $\int \frac{1}{\sqrt{1+x^2}}dx=\sinh^{-1}x=\ln\left(x+\sqrt{x^2+1}\right)+C$

이는 위의 예제 15에서 $a=1$을 대입하면 답이 일치함을 알 수 있다.

【예제 16】 $\int \frac{\sqrt{x^2-a^2}}{x}dx$ 를 구하여라. (단, $a \neq 0$)

《풀이》 $x = a\sec\theta$ 로 치환하면 $\left(0 \le \theta < \frac{\pi}{2}\right.$ 또는 $\left.\pi \le \theta < \frac{3\pi}{2}\right)$

$dx = a\sec\theta\tan\theta\, d\theta$ 이므로

$$\begin{aligned}\int \frac{\sqrt{x^2-a^2}}{x}dx &= \int \frac{\sqrt{a^2\sec^2\theta - a^2}}{a\sec\theta} a\sec\theta\tan\theta\, d\theta \\ &= \int \frac{a\tan\theta}{a\sec\theta} a\sec\theta\tan\theta\, d\theta \\ &= a\int \tan^2\theta\, d\theta \\ &= a\int (\sec^2\theta - 1)\, d\theta \\ &= a\tan\theta - a\theta + C\end{aligned}$$

한편 $\sec\theta = \frac{x}{a}$ 이므로 $\tan\theta = \frac{\sqrt{x^2-a^2}}{a}$, $\theta = \sec^{-1}\left(\frac{x}{a}\right)$이다.

$$\therefore \int \frac{\sqrt{x^2-a^2}}{x}dx = \sqrt{x^2-a^2} - a\sec^{-1}\left(\frac{x}{a}\right) + C \quad ◀$$

연습문제

1. 다음 적분을 구하여라.

(1) $\int \sin 5x \cos 3x\, dx$

(2) $\int \tan^5 x\, dx$

(3) $\int x\tan^2(x^2)\sec^2(x^2)\, dx$

(4) $\int \cot^2 3x \sec 3x\, dx$

(5) $\int \frac{1}{1+\sin x}dx$

(6) $\int \frac{1}{\sqrt{a^2-x^2}}dx \ (a > 0)$

6.5 유리함수의 적분

유리함수 $\dfrac{P(x)}{Q(x)}$ ($P(x), Q(x)$는 다항식)에 대한 적분은 다음 몇 가지로 나누어 생각할 수 있다.

(1) 분모 $Q(x)$의 차수가 $P(x)$의 차수보다 클 경우는 $Q(x)$를 인수분해하여 부분분수 분해법에 의하여 (유리함수를) 분수식의 합으로 분해해서 적분할 수 있다.
(2) 분자 $P(x)$의 차수가 $Q(x)$의 차수보다 작지 않을 때는 유리함수가 다항식과 진분수함수의 합 즉, $\dfrac{P(x)}{Q(x)} = T(x) + \dfrac{R(x)}{Q(x)}$로 변환시킬 수 있다.
(3) 분모 $Q(x)$가 인수분해 되지 않는 이차함수일 때는 arctangent 형태로 나타낼 수 있다.

유리함수의 적분은 다음 몇 가지 기본적인 적분을 알고 있으면 항상 구할 수 있다.

● (경우 1) a를 실수, n을 $n \geq 1$인 정수라고 할 때

$$\int \frac{1}{(x-a)^n} dx$$

의 적분값은

$$n=1 \text{ 일 때 } \int \frac{1}{x-a} dx = \ln|x-a| + C$$

$$n \neq 1 \text{ 일 때 } \int \frac{1}{(x-a)^n} dx = \frac{1}{-n+1} \frac{1}{(x-a)^{n-1}} + C$$ ◀

● (경우 2) $\displaystyle\int \frac{x}{(x^2+b^2)^n} dx$를 구하는 법.

$x^2+b^2=t$ 로 치환하면 $2x\,dx=dt$ 이므로

$$\int \frac{x}{(x^2+b^2)^n}dx=\frac{1}{2}\int \frac{1}{t^n}dt+C$$

가 되어 예제 (경우 1)의 형태가 된다. 실제로 계산하면 다음과 같다.

$n=1$ 일 때 $\displaystyle\int \frac{x}{(x^2+b^2)}dx=\frac{1}{2}\ln(x^2+b^2)+C$

$n\neq 1$ 일 때 $\displaystyle\int \frac{x}{(x^2+b^2)^n}dx=\frac{1}{2(-n+1)}\frac{1}{(x^2+b^2)^{n-1}}+C$ ◂

● (경우 3) b 가 실수일 때

$\displaystyle\int \frac{1}{(x^2+b^2)^n}dx$ 구하는 법.

이 경우는 $x=bt$ 로 치환하면 $dx=b\,dt$ 이므로

$$\int \frac{1}{(x^2+1)^n}dx$$

의 적분에 귀착된다.

$n=1$ 일 때 $\displaystyle\int \frac{1}{x^2+1}dx=\tan^{-1}x+C$

$n>1$ 일 때는 부분적분법을 써서 점화공식을 유도한다.

$$I_{n-1}=\int \frac{1}{(x^2+1)^{n-1}}dx$$

라 하고, $f(x)=\dfrac{1}{(x^2+1)^{n-1}}$, $g'(x)=1$ 이라고 놓으면

$f'(x)=-(n-1)\dfrac{2x}{(x^2+1)^n}$, $g(x)=x$ 이므로

$$I_{n-1}=\frac{x}{(x^2+1)^{n-1}}+2(n-1)\int \frac{x^2}{(x^2+1)^n}dx$$

우변의 적분에서 x^2 을 $x^2=(x^2+1)-1$ 로 바꿔서 분해하면

$$I_{n-1} = \frac{x}{(x^2+1)^{n-1}} + 2(n-1)\int \frac{1}{(x^2+1)^{n-1}}dx - 2(n-1)\int \frac{1}{(x^2+1)^{n}}dx$$

따라서

$$\int \frac{1}{(x^2+1)^n}dx = \frac{1}{2(n-1)}\ \frac{x}{(x^2+1)^{n-1}} + \frac{2n-3}{2(n-1)}\int \frac{1}{(x^2+1)^{n-1}}dx$$ ◀

이 공식을 반복 사용하여 분모의 지수 n을 줄여 나가면 결국 $n=1$ 인 경우로 된다.

【예제 1】 $\int \frac{1}{(x-1)(x+2)}dx$ 를 구하여라.

《풀이》 분모를 분해하기 위해

$$\frac{1}{(x-1)(x+2)} = \frac{A}{(x-1)} + \frac{B}{(x+2)}$$

라 놓고 통분하면

$$\frac{1}{(x-1)(x+2)} = \frac{Ax+2A+Bx-B}{(x-1)(x+2)}$$

이다. 좌변과 우변의 분자를 계수비교하면

$$A+B=0$$
$$2A-B=1$$

임을 알 수 있다.

따라서 $A=\frac{1}{3}$, $B=-\frac{1}{3}$ 이 되어

$$\int \frac{1}{(x-1)(x+2)}dx = \frac{1}{3}\int \frac{dx}{(x-1)} - \frac{1}{3}\int \frac{dx}{(x+2)}$$
$$= \frac{1}{3}\ln|x-1| - \frac{1}{3}\ln|x+2| + C$$ ◀

【예제 2】 $\displaystyle\int \frac{x^3-x+1}{x^2+1}dx$ 를 구하여라.

《풀이》 분자의 차수가 분모의 차수보다 크므로 분자를 분모로 나누면

$$\frac{x^3-x+1}{x^2+1}=x+\frac{-2x+1}{x^2+1}$$

이다. 따라서

$$\begin{aligned}\int \frac{x^3-x+1}{x^2+1}dx &= \int x\,dx+\int \frac{-2x+1}{x^2+1}dx\\ &=\int x\,dx+\int \frac{-2x}{x^2+1}dx+\int \frac{1}{x^2+1}dx\\ &=\frac{1}{2}x^2-\ln(x^2+1)+\tan^{-1}x+C \quad ◀\end{aligned}$$

【예제 3】 $\displaystyle\int \frac{3x^2-x+6}{(x-1)^2(x^2+3)}dx$ 를 구하여라.

《풀이》 $\displaystyle\frac{3x^2-x+6}{(x-1)^2(x^2+3)}=\frac{A}{x-1}+\frac{B}{(x-1)^2}+\frac{Cx+D}{(x^2+3)}$

통분해서 분자의 계수끼리 비교해서 A, B, C, D 값을 구하면
$A=1$, $B=2$, $C=2$, $D=3$ 이다. 따라서

$$\begin{aligned}\int \frac{3x^2-x+6}{(x-1)^2(x^2+3)}dx &= \int \frac{dx}{x-1}+\int \frac{2\,dx}{(x-1)^2}+\int \frac{2x\,dx}{x^2+3}+\int \frac{3\,dx}{x^2+3}\\ &=\ln|x-1|-\frac{2}{x-1}+\ln(x^2+3)+\sqrt{3}\tan^{-1}\frac{x}{\sqrt{3}}+C \quad ◀\end{aligned}$$

【예제 4】 $\displaystyle\int \frac{\cos x}{\sin^2 x+4\sin x-5}dx$ 를 구하여라.

《풀이》 $\sin x = t$ 라 놓으면 $\cos x\,dx = dt$ 이므로

$$\int \frac{\cos x}{\sin^2 x + 4\sin x - 5}\,dx = \int \frac{dt}{t^2 + 4t - 5} \text{ 이다.}$$

여기서 부분분수로 분해하면

$$\frac{1}{t^2+4t-5} = \frac{1}{6}\left(\frac{1}{t-1} - \frac{1}{t+5}\right)$$

$$\therefore \int \frac{dt}{t^2+4t-5} = \frac{1}{6}\int \frac{1}{t-1}\,dt - \frac{1}{6}\int \frac{1}{t+5}\,dt$$

$$= \frac{1}{6}\ln|t-1| - \frac{1}{6}\ln|x+5| + C$$

$$= \frac{1}{6}\ln\left|\frac{x-1}{x+5}\right| + C$$

$t = \sin x$ 를 다시 대입하면

$$\int \frac{\cos x}{\sin^2 x + 4\sin x - 5}\,dx = \frac{1}{6}\ln\left|\frac{\sin x - 1}{\sin x + 5}\right| + C \blacktriangleleft$$

연습문제

1. 다음 적분을 구하여라.

(1) $\displaystyle\int \frac{dx}{(x+1)(x^2+1)}$

(2) $\displaystyle\int \frac{x^2+x-2}{3x^3-x^2+3x-1}\,dx$

(3) $\displaystyle\int \frac{2x+4}{x^3-2x^2}\,dx$

(4) $\displaystyle\int \frac{3x^4+3x^3-5x^2+x-1}{x^2+x-2}\,dx$

(5) $\displaystyle\int \frac{e^x}{e^{2x}+3e^x+2}\,dx$

(6) $\displaystyle\int \frac{dx}{x^4-1}$

(7) $\displaystyle\int \frac{1}{4\sin x - 3\cos x}\,dx$

(8) $\displaystyle\int \frac{2x+2}{x^2-4x+8}\,dx$

6.6 무리함수의 적분

무리함수의 적분은 변수변환을 하여 유리함수의 적분으로 바꾸어 적분하여야 한다.

f 는 임의의 유리함수라고 표시한다.

(1) $f\left(x, \sqrt[n]{\dfrac{ax+b}{cx+d}}\right), (ad-bc \neq 0)$의 **적분법**

$\sqrt[n]{\dfrac{ax+b}{cx+d}} = t$ 로 두면 $x = \dfrac{dt^n - b}{a - ct^n}$, $dx = \dfrac{n(ad-bc)t^{n-1}}{(a-ct^n)^2}dt$

$$\therefore \int f\left(x, \sqrt[n]{\frac{ax+b}{cx+d}}\right)dx = \int f\left(\frac{dt^n - b}{a-ct^n},\ t\right)\frac{n(ad-bc)t^{n-1}}{(a-ct^n)^2}dt$$

특히 $\int f(x, \sqrt[n]{ax+b}, \sqrt[m]{ax+b})dx$ 일 때에는 n, m의 최소공배수 l을 구하여 $\sqrt[l]{ax+b} = t$ 로 놓으면 유리함수의 적분으로 된다.

(2) $f(x, \sqrt{ax^2+bx+c}\,)$, $(a \neq 0)$ 의 **적분법**

(i) $a > 0$ 일 때,

$\sqrt{ax^2+bx+c} = t - \sqrt{a}\,x$ 라 두면

$$x = \frac{t^2 - c}{b + 2\sqrt{a}\,t}, \quad dx = \frac{2(\sqrt{a}\,t^2 + bt + c\sqrt{a}\,)}{(b+2\sqrt{a}\,t)^2}dt$$

$$\therefore \int f(x, \sqrt{ax^2+bx+c}\,)dx$$

$$= \int f\left(\frac{t^2-c}{b+2\sqrt{a}\,t}, t - \sqrt{a}\,\frac{t^2-c}{b+2\sqrt{a}\,t}\right)\frac{2(\sqrt{a}\,t^2+bt+c\sqrt{a}\,)}{(b+2\sqrt{a}\,t)^2}dt$$

(ii) $a < 0$ 일 때,

$b^2 - 4ac < 0$ 이면 $\sqrt{ax^2+bx+c}$ 는 허수가 되므로, $b^2 - 4ac > 0$인 경우만 생각한다. ax^2+bx+c 의 두 근을 $\alpha, \beta\,(\alpha < \beta)$ 라 하면 $\sqrt{ax^2+bx+c} = \sqrt{a(x-\alpha)(x-\beta)} = \sqrt{-a}\,\sqrt{(x-\alpha)(\beta-x)}$ 이 므 로

$x-\alpha=t^2(\beta-x)$ 라고 두면

$$x=\frac{\alpha+\beta t^2}{1+t^2},\ dx=\frac{2(\beta-\alpha)t}{(1+t^2)^2}dt$$

$$\therefore \int f\left(x,\ \sqrt{ax^2+bx+c}\right)dx$$

$$=\int f\left(\frac{\alpha+\beta t^2}{1+t^2},\ \sqrt{-a}\,t\left(\beta-\frac{\alpha+\beta t^2}{1+t^2}\right)\right)\frac{2(\beta-\alpha)^t}{(1+t^2)^2}dt$$

(3) $x^m(ax^n+b)^{\frac{p}{q}}$ $(m, n, p, q$ 는 정수, $q>0)$ 의 적분법

(i) $\dfrac{m+1}{n}$ 이 정수일 때 $\sqrt[q]{ax^n+b}=t$ 라고 두면

$$x=\left(\frac{t^q-b}{a}\right)^{\frac{1}{n}},\ dx=\frac{1}{n}\left(\frac{t^q-b}{a}\right)^{\frac{1}{n}-1}\frac{q}{a}t^{q-1}dt$$

$$\therefore \int x^m(ax^n+b)^{\frac{p}{q}}dx=\frac{q}{na}\int\left(\frac{t^q-b}{a}\right)^{\frac{m+1}{n}-1}t^{p+q-1}dt$$

(ii) $\dfrac{m+1}{n}+\dfrac{p}{q}$ 가 정수일 때 $\sqrt[q]{a+bx^{-n}}=t$ 라 두면

$$x=\left(\frac{t^q-a}{b}\right)^{-\frac{1}{n}},\quad dx=-\frac{1}{n}\left(\frac{t^q-a}{b}\right)^{-\frac{1}{n}-1}\frac{q}{b}t^{q-1}dt$$

$$\therefore \int x^m(ax^n+b)^{\frac{p}{q}}dx=-\frac{q}{n}b^{\frac{n}{m}+\frac{p}{q}+\frac{1}{n}}\int t^{p+q-1}\ (t^q-a)^{-\left(\frac{m+1}{n}+\frac{p}{q}+1\right)}dt$$

【예제 1】 $\displaystyle\int\frac{x^3}{\sqrt{1+x^2}}dx$ 를 구하여라.

《풀이》 $\sqrt{1+x^2}=t$ 라고 두면 $1+x^2=t^2$, $2x\,dx=2t\,dt$ 이므로

$$\int\frac{x^3}{\sqrt{1+x^2}}dx=\int\frac{t^2-1}{t}t\,dt=\int(t^2-1)\,dt$$

$$=\frac{1}{3}t^3-t+C=\frac{1}{3}(1+x^2)^{\frac{3}{2}}-\sqrt{1+x^2}+C \blacktriangleleft$$

【예제 2】 $\int \frac{x\sqrt{x}}{x+1}\,dx$ 를 구하여라.

《풀이》 $\sqrt{x}=t$ 라고 두면 $x=t^2$, $dx=2t\,dt$

$$\therefore \int \frac{x\sqrt{x}}{x+1}\,dx=\int \frac{t^3}{t^2+1}2t\,dt=2\int \frac{t^4-1+1}{t^2+1}\,dt$$
$$=2\int \left(\frac{(t^2+1)(t^2-1)}{t^2+1}+\frac{1}{t^2+1}\right)dt$$
$$=2\int \left(t^2-1+\frac{1}{t^2+1}\right)dt$$
$$=2\left(\frac{1}{3}t^3-t+\tan^{-1}t\right)+C$$
$$=\frac{2}{3}t^3-2t+2\tan^{-1}t+C$$
$$=\frac{2}{3}x\sqrt{x}-2\sqrt{x}+2\tan^{-1}\sqrt{x}+C \blacktriangleleft$$

【예제 3】 $\int \frac{dx}{\sqrt{x^2+a}}$ 를 구하여라.

《풀이》 $\sqrt{x^2+a}=t-x$ 라고 두면

$$x=\frac{t^2-a}{2t},\quad dx=\frac{1}{2}\left(1+\frac{a}{t^2}\right)dt$$
$$\therefore \int \frac{dx}{\sqrt{x^2+a}}=\int \frac{2t}{t^2+a}\frac{1}{2}\left(1+\frac{a}{t^2}\right)dt$$
$$=\int \frac{1}{t}\,dt$$
$$=\ln|t|+C$$
$$=\ln\left|x+\sqrt{x^2+a}\right|+C \blacktriangleleft$$

【예제 4】 $\displaystyle\int \frac{dx}{\sqrt{x}+\sqrt[3]{x}}$ 를 구하여라.

《풀이》 $\sqrt[6]{x}=t$ 라고 두면 $\sqrt{x}=t^3,\ \sqrt[3]{x}=t^2,\ dx=6t^5\,dt$

$$\begin{aligned}\therefore \int \frac{dx}{\sqrt{x}+\sqrt[3]{x}} &= \int \frac{6t^5}{t^2(t+1)}\,dt = 6\int \frac{t^3}{t+1}\,dt \\ &= 6\int\left(t^2-t+1-\frac{1}{t+1}\right)dt \\ &= 6\left(\frac{1}{3}t^3-\frac{1}{2}t^2+t-\ln|t+1|\right)+C \\ &= 2\sqrt{x}-3\sqrt[3]{x}+6\sqrt[6]{x}-6\ln\left(\sqrt[6]{x}+1\right)+C \ \blacktriangleleft\end{aligned}$$

【예제 5】 $\displaystyle\int \frac{1+\sqrt{x}}{1-\sqrt{x}}\,dx$ 를 구하여라.

《풀이》 $1-\sqrt{x}=t$ 라고 두면

$$-\sqrt{x}=t-1,\ x=(t-1)^2,\ dx=2(t-1)\,dt$$

$$\begin{aligned}\therefore \int \frac{1+\sqrt{x}}{1-\sqrt{x}}\,dx &= \int \frac{-t+2}{t}\,2(t-1)\,dt \\ &= -2\int \frac{(t-2)(t-1)}{t}\,dt \\ &= -2\int \frac{t^2-3t+2}{t}\,dt \\ &= -2\int\left(t-3+\frac{2}{t}\right)dt \\ &= -2\left(\frac{1}{2}t^2-3t+2\ln|t|\right)+C \\ &= -t^2+6t-4\ln|t|+C \\ &= -(1-\sqrt{x})^2+6(1-\sqrt{x})-4\ln|1-\sqrt{x}|+C \\ &= -x-4\sqrt{x}-4\ln|1-\sqrt{x}|+C \ \blacktriangleleft\end{aligned}$$

【예제 6】 $\int \frac{1}{\sqrt{(1+x^2)^3}} dx$를 구하여라.

《풀이》 $\frac{m+1}{n}+\frac{p}{q}=\frac{1}{2}-\frac{3}{2}=-1$ 가 정수이므로

$\sqrt{1+x^{-2}}=t$ 라 두면

$$x=\frac{1}{\sqrt{t^2-1}}, \quad dx=-\frac{t}{\sqrt{(t^2-1)^3}}dt$$

$$\sqrt{1+x^2}=\sqrt{x^2(x^{-2}+1)}=xt=\frac{t}{\sqrt{t^2-1}}$$

$$\therefore \int \frac{dx}{\sqrt{(1+x^2)^3}}=\int \frac{\sqrt{(t^2-1)^3}}{t^3}\frac{-t}{\sqrt{(t^2-1)^3}}dt$$

$$=-\int \frac{1}{t^2}dt=\frac{1}{t}+C=\frac{1}{\sqrt{1+x^{-2}}}+C$$

$$=\frac{x}{\sqrt{1+x^2}}+C$$ ◀

연습문제

1. 다음 적분을 구하여라.

(1) $\int \frac{dx}{2+2\sqrt{x}}$　　(2) $\int \frac{1}{x+\sqrt{x-1}}dx$

(3) $\int \frac{dx}{\sqrt{x}(1+\sqrt[3]{x})}$　　(4) $\int \frac{dx}{\sqrt[3]{(1+x^3)^4}}$

(5) $\int \frac{\cos x}{\sqrt{2-\sin^2 x}}dx$　　(6) $\int \frac{x+1}{\sqrt{x+1}+1}dx$

7. 정적분

7.1 정적분의 정의와 기본성질

7.2 정적분법

7.3 이상적분

7.1 정적분의 정의와 기본성질

평면상에서 삼각형, 사각형, 원 등 비교적 간단한 영역에 대한 "넓이"란 용어는 지금까지 자유롭게 사용되어 왔다. 그러나 복잡한 영역의 경우 그 넓이를 어떻게 정의하여야 하는가 또는 그 정의에 의한 넓이는 과연 존재하는가 하는 문제를 생각해야만 한다. 비교적 조건이 좋은 영역, 예를 들면 폐구간 $[a, b]$와 그 위에서 연속인 함수의 그래프사이에서 이루어지는 영역 같은 것은 그 값이 존재하게 된다. 그러한 영역 위에서 넓이를 정의하고 이 때 정의된 넓이는 우리가 상식적으로 생각하는 삼각형, 사각형 또는 원의 넓이인 경우는 그 값이 일치함을 알 수 있다. 또한 그 넓이는 부정적분과 밀접한 관계가 있음을 알 수 있다.

함수 f를 폐구간 $[a, b]$에서 유계라고 가정하고 $[a, b]$를 $n-1$ 개의 분점

$$\Delta:\ a=x_0<x_1<\cdots<x_{n-1}<x_n=b$$

에 의해서 분할한다.

$$M_i=\sup\{f(x)\mid x_{i-1}\le x\le x_i\}$$
$$m_i=\inf\{f(x)\mid x_{i-1}\le x\le x_i\}\quad (i=1,2,\cdots,n)$$

이라고 둔다(M_i, m_i 의 존재는 Weierstrass의 공리에 의해서 보장된다). 또,

$$M=\sup\{f(x)\mid a\le x\le b\},$$
$$m=\inf\{f(x)\mid a\le x\le b\}$$

이라고 두면 $m\le m_i\le M_i\le M\,(i=1,2,\cdots,n)$ 이다. 다시,

$$\delta_i=x_i-x_{i-1},\qquad \delta=\max\delta_1,\delta_2,\cdots,\delta_{\mathrm{n}}$$

이라고 두고, 분할(Δ)에 대해서

$$S_\Delta=\sum_{i=1}^{n}M_i\delta_i\ ,\qquad s_\Delta=\sum_{i=1}^{n}m_i\delta_i$$

라고 두면 $m(b-a)\le s_\Delta\le S_\Delta\le M(b-a)$ 이다(그림 참조).

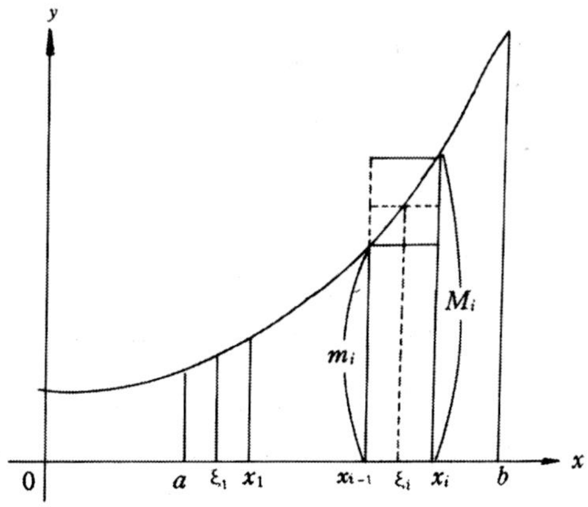

분할(Δ)을 세분하여 가면, $\{s_\Delta\}$ 및 $\{S_\Delta\}$는 각각 유계인 증가 및 감소수열이 된다. 그러므로 $\lim_{\delta\to 0} s_\Delta = s$, $\lim_{\delta\to 0} S_\Delta = S$가 존재하고, $s \leqq S$이다. 우리가 의미있게 생각하는 것은 s와 S가 일치하는 경우이다(즉, $s=S=I$). 이 경우에는 분할(Δ) 내의 각 소구간 $[x_{i-1}, x_i]$ 내의 임의의 점 ξ_i를 잡으면

$$m_i \leq f(\xi_i) \leq M_i \quad (x_{i-1} \leq \xi_i \leq x_i)$$

그러므로 $s_\Delta = \sum_{i=1}^{n} m_i \delta_i \leq \sum_{i=1}^{n} f(\xi_i)\delta_i \leq \sum_{i=1}^{n} M_i \delta_i = S_\Delta$

한편, $I = s = \lim_{\delta\to 0} s_\Delta \leq \lim_{\delta\to 0} \sum_{i=1}^{n} f(\xi_i)\delta_i \leq \lim_{\delta\to 0} S_\Delta = S = I$

결과적으로, $I = \lim_{\delta\to 0} \sum_{i=1}^{n} f(\xi_i)\delta_i$

정의 1 위 경우 $s=S$ 일 때, 함수 $f(x)$는 $[a, b]$에서 **적분가능**이라 하고 극한값 I를 $x=a$에서 $x=b$까지의 **정적분**(definite integral)이라고 하며,

$$I = \int_a^b f(x)\,dx$$

와 같이 적는다. 또, a를 이 정적분의 **하단**(lower limit), b를 그 **상단**(upper limit)이라고 부른다.

정의 2 (1) $\int_a^a f(x)\,dx = 0$로 약속한다.

(2) $f(x)$가 $[b, a]$에서 적분가능이면,

$\int_a^b f(x)\,dx = -\int_b^a f(x)\,dx$ 로 약속한다.

정의 3 $[a, b]$와 그 위에서 음이 아닌 연속함수 f의 그래프 사이의 넓이를 $\int_a^b f(x)dx$ 로 정의한다.

주의 함수 f가 $[a, b]$에서 적분가능일 때, $[a, b]$를 소구간 $[x_{k-1}, x_k]$로 분할하는 방법과 $x_{k-1} \le \xi_i \le x_k$ 인 ξ_i 를 잡는 방법에 관계없이 정적분의 값이 존재하므로, 정적분의 값을 실제로 계산할 때는 편리하게 $[a, b]$를 n 등분하여

$\Delta x = \dfrac{b-a}{n}$, $\xi_k = x_k = a + k\Delta x$ 라고 두면

$$\int_a^b f(x)dx = \lim_{n\to\infty}\sum_{k=1}^{n} f(a+k\Delta x)\Delta x$$

와 같이 된다. 또, $\xi_k = a + (k-1)\Delta x$ 라고 두면

$$\int_a^b f(x)dx = \lim_{n\to\infty}\sum_{k=0}^{n-1} f(a+k\Delta x)\Delta x$$ 가 된다.

【예제 1】 다음 극한값을 정적분으로 표시하여라.

《풀이》 $\lim_{n\to\infty}\dfrac{1}{n}\left(1+\sqrt{1+\dfrac{1}{n}}+\sqrt{1+\dfrac{2}{n}}+\cdots+\sqrt{1+\dfrac{n-1}{n}}\right)$

$$= \lim_{n\to\infty}\sum_{k=0}^{n-1}\sqrt{1+\frac{k}{n}}\cdot\frac{1}{n}$$

이므로 $a = 0$, $b = 1$, $\Delta x = \dfrac{b-a}{n}$로 잡으면 $\dfrac{k}{n} = a + k\Delta x$ 이다.

그러므로

$$\lim_{n\to\infty}\frac{1}{n}\left(1+\sqrt{1+\frac{1}{n}}+\sqrt{1+\frac{2}{n}}+\cdots+\sqrt{1+\frac{n-1}{n}}\right)$$

$$=\lim_{n\to\infty}\sum_{k=0}^{n-1}\sqrt{1+k\,\Delta x}\cdot\Delta x$$

$f(x)=\sqrt{1+x}$ 라 두면,

$$f(a+k\Delta x)=\sqrt{1+(a+k\Delta x)}=\sqrt{1+k\Delta x}$$

$$\therefore \lim_{n\to\infty}\sum_{k=0}^{n-1}\sqrt{1+k\,\Delta x}\cdot\Delta x=\lim_{n\to\infty}\sum_{k=0}^{n-1}f(a+k\Delta x)\Delta x=\int_0^1\sqrt{1+x}\,dx$$ ◀

【예제 2】 정적분의 정의에 의해서 $\int_0^1 x\,dx$, $\int_0^1 x^2\,dx$ 를 구하여라.

《풀이》 $\Delta x=\frac{1-0}{n}=\frac{1}{n}$, $\xi_k=0+k\cdot\Delta x=\frac{k}{n}$

$f(x)=x$ 라고 두면

$$\sum_{k=1}^{n}f(\xi_k)\Delta x=\sum_{k=1}^{n}\frac{k}{n}\frac{1}{n}=\frac{1}{2}\left(1+\frac{1}{n}\right)$$

그러므로

$$\int_0^1 x\,dx=\lim_{n\to\infty}\sum_{k=1}^{n}f(\xi_k)\Delta x=\lim_{n\to\infty}\frac{1}{2}\left(1+\frac{1}{n}\right)=\frac{1}{2}$$

$f(x)=x^2$ 라고 두면

$$\sum_{k=1}^{n}f(\xi_k)\Delta x=\sum_{k=1}^{n}\left(\frac{k}{n}\right)^2\frac{1}{n}=\frac{1}{6}\left(1+\frac{1}{n}\right)\left(2+\frac{1}{n}\right)$$

그러므로

$$\int_0^1 x^2\,dx=\lim_{n\to\infty}\sum_{k=1}^{n}f(\xi_k)\Delta x$$

$$=\lim_{n\to\infty}\frac{1}{6}\left(1+\frac{1}{n}\right)\left(2+\frac{1}{n}\right)=\frac{1}{3}$$ ◀

정리 4 [정적분의 기본성질]

(1) $\int_a^b \{f(x) \pm g(x)\} dx = \int_a^b f(x) dx \pm \int_a^b g(x) dx$

(2) $\int_a^b kf(x) dx = k \int_a^b f(x) dx$ (k : 상수)

(3) $\int_a^b f(x) dx = \int_a^c f(x) dx + \int_c^b f(x) dx, \ a < c < b$

(4) $f(x) \geq 0$ 이면 $\int_a^b f(x) dx \geq 0$ 이다.

(5) $a \leq x \leq b$ 일 때 $f(x) \geq g(x)$ 이라면

$$\int_a^b f(x) dx \geq \int_a^b g(x) dx$$

(6) $\int_a^b |f(x)| dx \geq \left| \int_a^b f(x) dx \right|$

정리 5 [정적분에 관한 평균값의 정리]

함수 $f(x)$ 가 $[a, b]$ 에서 연속이면 $[a, b]$ 상에 한 점 ξ 가 존재하여

$$\int_a^b f(x) dx = f(\xi)(b-a)$$

이다.

정리 6 $f(x)$ 의 한 부정적분을 $F(x)$ 라고 하면

$$\int_a^b f(x) dx = F(b) - F(a)$$

위의 정리로부터

$$\int_a^b f(x) dx = -\int_b^a f(x) dx,$$

$$\int_a^a f(x) dx = 0$$

가 성립하는 것을 알 수 있다.

【예제 3】 $\int_{-1}^{1}(x^3-x+1)\,dx$ 를 구하여라.

《풀이》 $$\int_{-1}^{1}(x^3-x+1)\,dx=\left[\frac{x^4}{4}-\frac{x^2}{2}+x\right]_{-1}^{1}$$
$$=\left(\frac{1}{4}-\frac{1}{2}+1\right)-\left(\frac{1}{4}-\frac{1}{2}-1\right)=2$$ ◀

【예제 4】 $\int_{0}^{\frac{\pi}{2}}\cos^2 x\,dx$ 를 구하여라.

《풀이》 $$\int_{0}^{\frac{\pi}{2}}\cos^2 x\,dx=\int_{0}^{\frac{\pi}{2}}\frac{1+\cos 2x}{2}\,dx$$
$$=\frac{1}{2}\left[x+\frac{1}{2}\sin 2x\right]_{0}^{\frac{\pi}{2}}=\frac{\pi}{4}$$ ◀

연습문제

1. 다음 정적분을 구하여라.

(1) $\int_{0}^{1}(6x^2-2x+5)\,dx$

(2) $\int_{0}^{\pi}e^x\sin x\,dx$

(3) $\int_{0}^{\frac{\pi}{2}}(2\cos x-\sin x)\,dx$

(4) $\int_{1}^{e}\frac{\ln x}{x^2}\,dx$

7.2 정적분법

정리 1 [치환적분법에 의한 정적분]
함수 $x=g(t)$가 α와 β 사이에서 $g'(t)>0$ (또는 $g'(t)<0$)인 연속인 도함수를 갖고 $a=g(\alpha)$, $b=g(\beta)$ 이면

$$\int_a^b f(x)\,dx = \int_\alpha^\beta f(g(t))g'(t)\,dt \text{ 이다.}$$

【예제 1】 $\int_0^1 x\sqrt{1-x}\,dx$ 를 구하여라.

《풀이》 $1-x=t$ 라 놓으면 $x=1-t$ 이고, $dx=-dt$ 이다.
또 x가 0에서 1로 변하는 동안 t는 1에서 0으로 변한다.
따라서

$$\begin{aligned}\int_0^1 x\sqrt{1-x}\,dx &= \int_1^0 (1-t)\sqrt{t}\,(-1)\,dt \\ &= \int_0^1 (\sqrt{t}-t\sqrt{t}\,)\,dt = \left[\frac{2}{3}t^{\frac{3}{2}}-\frac{2}{5}t^{\frac{5}{2}}\right]_0^1 \\ &= \frac{2}{3}-\frac{2}{5}=\frac{4}{15}\end{aligned}$$ ◀

【예제 2】 $\int_0^{\frac{\pi}{4}} \tan x\,dx$ 를 구하여라.

《풀이》 $\tan x = \dfrac{\sin x}{\cos x}$ 이므로 $\cos x = t$ 라 두면 $-\sin x\,dx = dt$ 이고
x가 0일 때 $t=\cos 0 = 1$, x가 $\dfrac{\pi}{4}$ 일 때 $t=\cos\dfrac{\pi}{4}=\dfrac{1}{\sqrt{2}}$ 이다. 따라서

$$\int_0^{\frac{\pi}{4}} \tan x\,dx = \int_1^{\frac{1}{\sqrt{2}}} \frac{-dt}{t} = [-\ln|t|\,]_1^{\frac{1}{\sqrt{2}}} = -\ln\frac{1}{\sqrt{2}} = \ln\sqrt{2}$$ ◀

【예제 3】 $\int_0^1 \sqrt{4-x^2}\,dx$ 를 구하여라.

《풀이》 $4-x^2$ 를 완전제곱꼴로 바꾸기 위해 $x=2\sin\theta$ 로 놓자.
그러면 $4-x^2=4-4\sin^2\theta=4\cos^2\theta=(2\cos\theta)^2$ 이다.
$x=2\sin\theta$ 의 양변을 x 에 관하여 미분하면 $dx=2\cos\theta d\theta$ 가 되고 $x=0$ 이면 $\theta=0$, $x=1$ 이면 $\theta=\frac{\pi}{6}$.

$$\begin{aligned}\int_0^1 \sqrt{4-x^2}\,dx &= \int_0^{\frac{\pi}{6}} 2\cos\theta \cdot 2\cos\theta d\theta \\ &= \int_0^{\frac{\pi}{6}} 4\cos^2\theta d\theta = \int_0^{\frac{\pi}{6}} 4\cdot\frac{1+\cos 2\theta}{2} d\theta \\ &= 2\int_0^{\frac{\pi}{6}} (1+\cos 2\theta) d\theta \\ &= [2\theta+\sin 2\theta]_0^{\frac{\pi}{6}} = \frac{\pi}{3}+\frac{\sqrt{3}}{2}\end{aligned}$$ ◀

정리 2 [부분적분법에 의한 정적분]
구간 $[a, b]$ 에서 $f(x)$, $g(x)$ 가 미분가능하고, $f'(x)$, $g'(x)$ 가 적분가능하면

$$\int_a^b f'(x)g(x)\,dx = [f(x)g(x)]_a^b - \int_a^b f(x)g'(x)\,dx$$

【예제 4】 $\int_1^e \ln x\,dx$ 를 구하여라.

《풀이》 $f'(x)=1$, $g(x)=\ln x$ 라 하면
$f(x)=x$, $g'(x)=\frac{1}{x}$ 이다.

부분적분법에 의해

$$\int_1^e \ln x\,dx = [x\ln x]_1^e - \int_1^e x\cdot\frac{1}{x}dx = (e-0)-(e-1)=1 \blacktriangleleft$$

【예제 5】 $\int_0^{\frac{1}{2}} \sin^{-1}x\,dx$ 를 구하여라.

《풀이》 $f'(x)=1,\ g(x)=\sin^{-1}x$ 라 하면

$f(x)=x,\ g'(x)=\dfrac{1}{\sqrt{1-x^2}}$ 이다.

따라서

$$\int_0^{\frac{1}{2}} \sin^{-1}x\,dx = [x\sin^{-1}x]_0^{\frac{1}{2}} - \int_0^{\frac{1}{2}} \frac{x}{\sqrt{1-x^2}}dx$$

$$= \frac{1}{2}\sin^{-1}\frac{1}{2} + [\sqrt{1-x^2}\,]_0^{\frac{1}{2}}$$

$$= \frac{1}{2}\cdot\frac{\pi}{6} + \frac{\sqrt{3}}{2} - 1 = \frac{\pi}{12} + \frac{\sqrt{3}}{2} - 1 \blacktriangleleft$$

연습문제

1. 다음 정적분을 구하여라.

(1) $\int_1^2 \dfrac{2x}{(1+x^2)^3}dx$ (2) $\int_0^{\frac{\pi}{2}} \sin x\cos^3 x\,dx$

(3) $\int_0^1 \dfrac{\tan^{-1}x}{1+x^2}dx$ (4) $\int_0^1 \dfrac{e^x}{1+3e^x}dx$

(5) $\int_{-1}^1 \cos^{-1}x\,dx$ (6) $\int_1^e \dfrac{(\ln x)^2}{x}dx$

7.3 이상적분

지금까지 유계인 폐구간 $[a, b]$ 에서 연속인 함수의 정적분을 다루었다. 이제부터 유계가 아닌 구간, 개구간 또는 불연속점이 있는 함수 등에 대해서 정적분의 정의를 확장하고자 한다. 이러한 경우의 정적분을 **이상적분**(improper integral)이라고 한다.

(Ⅰ) 함수 $f(x)$ 가 $[a, \infty]$ 에서 연속이고 $a < b < \infty$ 에 대하여 $\lim_{b\to\infty}\int_a^b f(x)\,dx$ 가 존재하면

$$\int_a^\infty f(x)\,dx = \lim_{b\to\infty}\int_a^b f(x)\,dx$$

마찬가지로

$$\int_{-\infty}^b f(x)\,dx = \lim_{a\to-\infty}\int_a^b f(x)\,dx$$

$$\int_{-\infty}^\infty f(x)\,dx = \lim_{\substack{b\to\infty \\ a\to-\infty}}\int_a^b f(x)\,dx$$

【예제 1】 $\int_1^\infty \frac{1}{x^2}\,dx$ 를 구하여라.

《풀이》 $\int_1^\infty \frac{1}{x^2}\,dx = \lim_{b\to\infty}\int_1^b x^{-2}\,dx$

$$= \lim_{b\to\infty}\left[\frac{-1}{x}\right]_1^b$$

$$= \lim_{b\to\infty}\left[-\frac{1}{b}+1\right] = 1$$ ◀

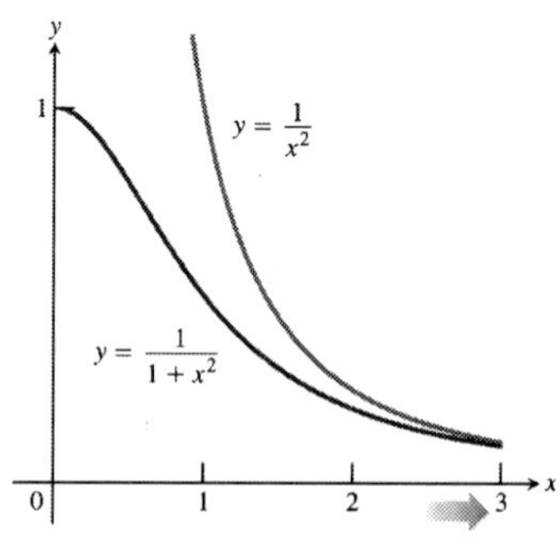

【예제 2】 $\int_{-\infty}^{\infty} \frac{1}{1+x^2}\, dx$ 를 구하여라.

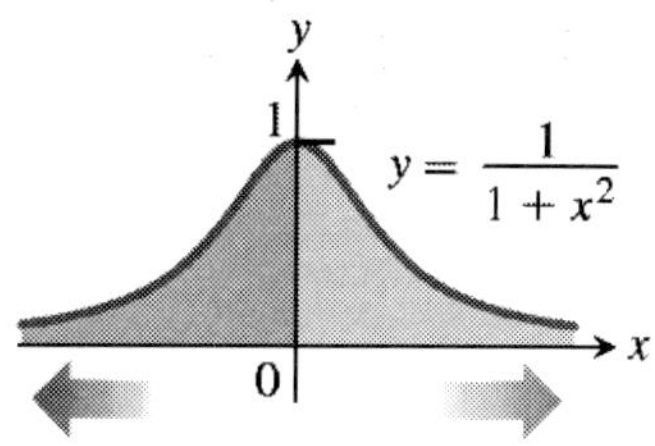

《풀이》 $\int_{-\infty}^{\infty} \frac{1}{1+x^2}\, dx = \lim_{\substack{b\to\infty \\ a\to-\infty}} [\tan^{-1}x]_a^b$

$= \lim_{\substack{b\to\infty \\ a\to-\infty}} [\tan^{-1}b - \tan^{-1}a]$

$= \frac{\pi}{2} - \left(-\frac{\pi}{2}\right) = \pi$ ◀

(Ⅱ) 구간 $(a, b]$ 에서 $f(x)$ 가 연속일 때 극한값 $\lim_{\varepsilon\to 0} \int_{a+\varepsilon}^{b} f(x)\, dx$ 가 존재하면

$$\int_a^b f(x)\, dx = \lim_{\varepsilon\to 0^+} \int_{a+\varepsilon}^{b} f(x)\, dx$$

구간 $[a, b)$ 일 때

$$\int_a^b f(x)\, dx = \lim_{\varepsilon\to 0^+} \int_{a}^{b-\varepsilon} f(x)\, dx$$

또 $f(x)$ 가 a 와 b 사이의 한 점 c 를 제외한 $a \leqq x \leqq b$ 에서 연속일 때

$$\int_a^b f(x)\, dx = \lim_{\varepsilon\to 0^+} \int_{a}^{c-\varepsilon} f(x)\, dx + \lim_{\varepsilon'\to 0^+} \int_{c+\varepsilon'}^{b} f(x)\, dx$$

로 정의한다.

【예제 3】 $\int_0^1 \frac{1}{\sqrt{x}}\, dx$ 를 구하여라.

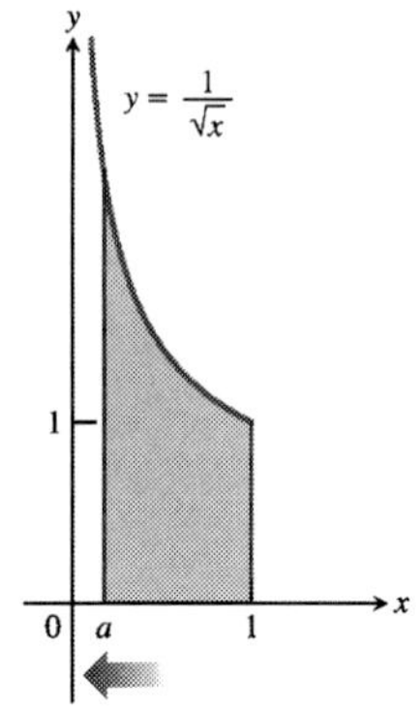

《풀이》 $\int_0^1 \frac{1}{\sqrt{x}}\, dx = \int_0^1 x^{-\frac{1}{2}}\, dx$

$$= \lim_{\epsilon \to 0^+} \int_\epsilon^1 x^{-\frac{1}{2}}\, dx$$

$$= \lim_{\epsilon \to 0^+} [2\sqrt{x}\,]_\epsilon^1 = 2 \blacktriangleleft$$

【예제 4】 $\int_0^1 \frac{1}{x}\, dx$ 를 구하여라.

《풀이》 $\int_0^1 \frac{1}{x}\, dx = \lim_{\varepsilon \to 0^+} \int_\varepsilon^1 \frac{1}{x}\, dx$

$$= \lim_{\varepsilon \to 0^+} [\log_e x]_\varepsilon^1$$

$$= \lim_{\varepsilon \to 0^+} [0 - \log_e \varepsilon] = \infty \blacktriangleleft$$

연습문제

1. 다음 이상적분을 구하여라.

(1) $\int_0^1 \ln x\, dx$ (2) $\int_0^\infty e^{-x}\, dx$

(3) $\int_{-1}^1 \frac{1}{x^2}\, dx$ (4) $\int_1^2 \frac{1}{1-x}\, dx$

(5) $\int_0^1 \frac{dx}{\sqrt{1-x}}$ (6) $\int_{-1}^1 \frac{1}{x}\, dx$

(7) $\int_0^{\frac{\pi}{2}} \frac{\cos\theta}{\sqrt{1-\sin\theta}}\, d\theta$ (8) $\int_0^{\frac{\pi}{2}} \tan x\, dx$

8. 정적분의 응용

8.1 넓이

8.2 부피

8.3 평면곡선의 길이

8.4 회전체의 겉넓이

8.1 넓이

직교좌표평면 위에서, 넓이에 관한 다음 정리들은 고등학교에서 이미 배운바 있으므로, 그 내용만 소개하고 증명은 생략한다.

정리 1 (1) 함수 $f(\geq 0)$가 $[a, b]$에서 연속일 때, 곡선 $y=f(x)$, 직선 $x=a, x=b$ 및 x축으로 둘러싸인 부분의 넓이는

$$S=\int_a^b f(x)\,dx$$

(2) 함수 $g(\geq 0)$가 $[c, d]$에서 연속일 때, 곡선 $x=g(y)$, 직선 $y=c$, $y=d$ 및 y축으로 둘러싸인 부분의 넓이는

$$S=\int_c^d g(y)\,dy$$

【예제 1】 $y=2x\ (0\leq x\leq 2)$로 둘러싸인 부분의 넓이를 구하여라.

《풀이》 (1)의 방법

$$S=\int_0^2 2x\,dx=\left[x^2\right]_0^2=4$$

(2)의 방법

$$S=\int_0^4 \frac{1}{2}y\,dy=\left[\frac{1}{4}y^2\right]_0^4=4$$ ◀

정리 2 (1) 함수 f, g가 $[a, b]$에서 연속이고 $f(x)\geq g(x)$일 때, 곡선 $y=f(x)$, $y=g(x)$ 및 직선 $x=a, x=b$로써 둘러싸인 부분의 넓이는

$$S=\int_a^b \{f(x)-g(x)\}\,dx$$

(2) 함수 f, g가 $[c, d]$에서 연속이고, $f(y)\geq g(y)$일 때, 곡선 $x=f(y)$, $x=g(y)$ 및 직선 $y=c, y=d$로써 둘러싸인 부분의 넓이는

$$S=\int_c^d \{f(y)-g(y)\}\,dy$$

【예제 2】 곡선 $y^2=x$와 직선 $x-y-2=0$으로 둘러싸인 부분의 넓이를 위의 (1), (2)의 방법으로 각각 구하여라.

《풀이》 (1)의 방법

S_1: $0\le x\le 1,\ -\sqrt{x}\le y\le\sqrt{x}$

S_2: $1\le x\le 4,\quad x-2\le y\le\sqrt{x}$

$$\therefore S_1=\int_0^1 2\sqrt{x}\,dx=\frac{4}{3}$$

$$S_2=\int_1^4(\sqrt{x}-x+2)\,dx=\left[\frac{2}{3}x^{\frac{3}{2}}-\frac{x^2}{2}+2x\right]_1^4=\frac{19}{6}$$

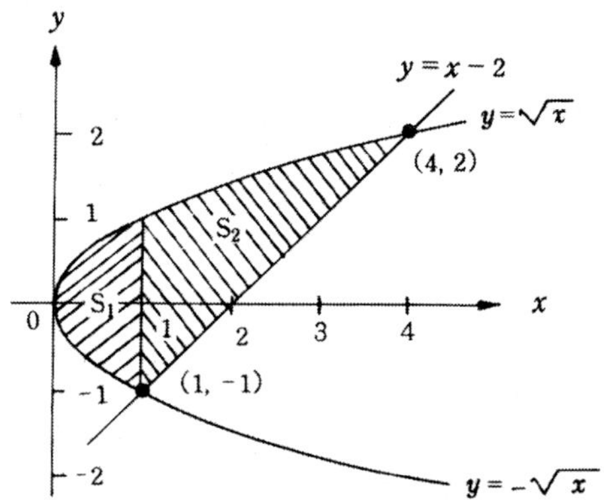

따라서 구하는 넓이 $S=S_1+S_2=\dfrac{9}{2}$

(2)의 방법 $S: -1\le y\le 2,\ y^2\le x\le y+2$

$$\therefore S=\int_{-1}^2(y+2-y^2)\,dy=\left[2y+\frac{y^2}{2}-\frac{y^3}{3}\right]_{-1}^2=\frac{9}{2}$$ ◀

정리 3 (1) 함수 f가 $[a, b]$에서 연속일 때, 곡선 $y=f(x)$, 직선 $x=a$, $x=b$ 및 x축으로 둘러싸인 부분의 넓이는

$$S=\int_a^b|f(x)|\,dx$$

(2) 함수 g가 $[c, d]$에서 연속일 때, 곡선 $x=g(y)$, 직선 $y=c$, $y=d$ 및 y축으로 둘러싸인 부분의 넓이는

$$S=\int_c^d|g(y)|\,dy$$

【예제 3】 $y=x^2-3x+2$의 좌표축으로 둘러싸인 부분의 넓이를 구하여라.

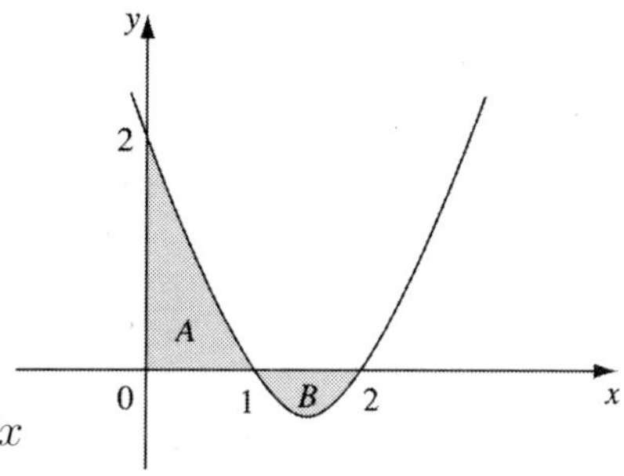

《풀이》 A 의 넓이 $= \int_0^1 (x^2-3x+2)\,dx$

$$= \left[\frac{x^3}{3}-\frac{3}{2}x^2+2x\right]_0^1$$

$$= \frac{1}{3}-\frac{3}{2}+2=\frac{5}{6}$$

B 의 넓이 $= -\int_1^2 (x^2-3x+2)\,dx$

$$= -\left[\frac{x^3}{3}-\frac{3}{2}x^2+2x\right]_1^2$$

$$= -\left(\frac{8}{3}-\frac{12}{2}+4\right)+\left(\frac{1}{3}-\frac{3}{2}+2\right)$$

$$= -\frac{7}{3}-\frac{3}{2}+4=-\frac{-14-9+24}{6}=\frac{1}{6}$$

따라서 구하는 넓이는 $A+B=\frac{5}{6}+\frac{1}{6}=1$ ◀

정리 4 (1) 함수 f, g가 $[a, b]$에서 연속일 때, 곡선 $y=f(x)$, $y=g(x)$ 및 직선 $x=a$, $x=b$로써 둘러싸인 부분의 넓이는

$$S=\int_a^b |f(x)-g(x)|\,dx$$

(2) 함수 f, g가 $[c, d]$에서 연속일 때, 곡선 $x=f(y)$, $x=g(y)$ 및 직선 $y=c$, $y=d$로써 둘러싸인 부분의 넓이는

$$S=\int_c^d |f(y)-g(y)|\,dy$$

【예제 4】 $y=x(x-1)(x-2)$와 $y=x(x-1)$으로 둘러싸인 부분의 넓이를 구하여라.

《풀이》 두 곡선의 교점의 x 좌표는
$x(x-1)(x-2)=x(x-1)$ 에서 $x=0,\ 1,\ 3.$
따라서 구하는 넓이를 S라 하면

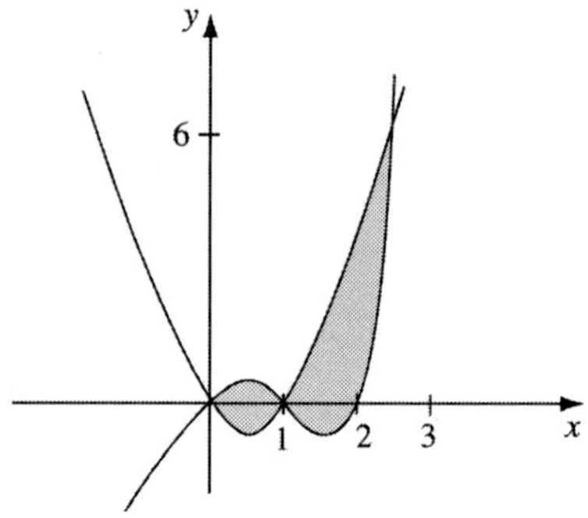

$$S=\int_0^1\{x(x-1)(x-2)-x(x-1)\}dx$$
$$+\int_1^3\{x(x-1)-x(x-1)(x-2)\}dx$$
$$=\int_0^1(x^3-4x^2+3x)dx+\int_1^3(-x^3+4x^2-3x)dx$$
$$=\left[\frac{1}{4}x^4-\frac{4}{3}x^3+\frac{3}{2}x^2\right]_0^1+\left[-\frac{1}{4}x^4+\frac{4}{3}x^3-\frac{3}{2}x^2\right]_1^3=\frac{37}{12}$$ ◀

【예제 5】 그림과 같은 직사각형 단면의 도심축 $X-X$에 대한 단면 2차모멘트 I_{X-X}와 밑변을 지나는 축 $x-x$축에 대한 단면 2차모멘트 I_{X-X}를 구하여라.

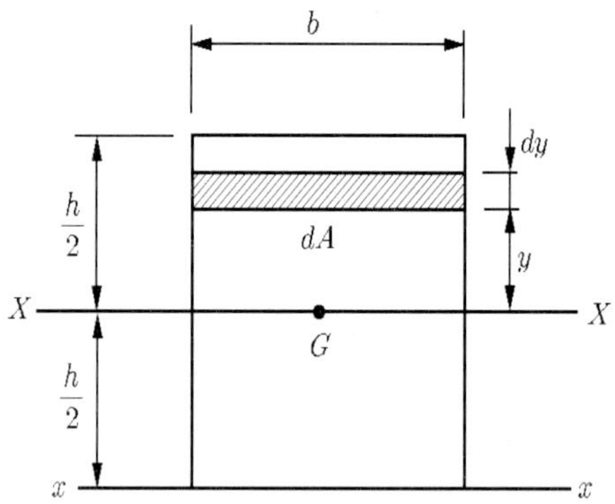

《풀이》 ① 도심에 대한 단면2차모멘트

X축에 평행한 미소면적 dA를 생각하면 $dA=b\,dy$이므로,

$$I_{X-X}=\int_A y^2dA=\int_{-\frac{h}{2}}^{\frac{h}{2}}(y^2b)dy=b\left[\frac{1}{3}y^3\right]_{-\frac{h}{2}}^{\frac{h}{2}}=\frac{bh^3}{12}$$

② 밑면에 대한 단면2차모멘트(평행축이동의 정리를 이용하는 경우)

$$I_{X-X} = I_0 + Ad^2 = \frac{bh^3}{12} + \left(\frac{h}{2}\right)^2 bh = \frac{bh^3}{3}$$

③ 밑면에 대한 단면2차모멘트(직접적분하여 구하는 경우)

단면2차모멘트의 정의에 의하여 $x-x$축에 대하여

$$I_{X-X} = \int_0^h y^2 b\,dy = b\left[\frac{y^3}{3}\right]_0^h = \frac{bh^3}{3}$$ ◀

【예제 6】 일정한 수심에 잠겨 있는 수문에 작용하는 수압은 사다리꼴의 수압분포를 갖는다. 이 때의 수압의 작용점은

$$h_C = h_G + \frac{I_0}{h_G A}$$

가 되는 것을 구하여라.

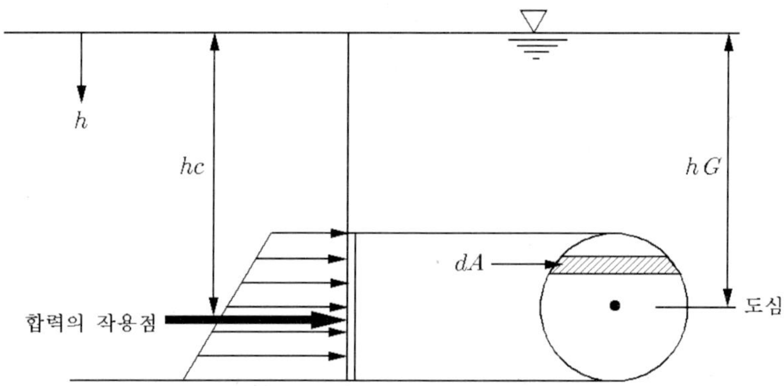

수문에 작용하는 정수압

《풀이》 ① 전수압의 크기

h_C = 수면에서 합력이 작용하는 위치까지의 거리

h_G = 수면에서 수문의 도심까지의 거리라 놓자.

미소면적에 작용하는 수압은 $dP = wh\,dA$이며,

전수압은 $P = \int_A dP = \int_A wh\,dA = w\int_A h\,dA = wAh_G$이다.

② 수압에 의한 모멘트

바라논의 정리에 의하여 전수압 P가 수면에 대하여 일으키는 모멘트의 크기는 각각의 미소면적 dA에 작용하는 수압 dP가 일으키는 모멘트의 합과 같으므로 다음과 같이 쓸 수 있다.

$$Ph_C = \int h\,dP = \int_A h(wh\,dA) = w\int_A h^2\,dA$$

이 때 $\int_A h^2 dA$는 수문이 수면에 대하여 갖는 단면2차모멘트 I_y와 같으므로

$$Ph_C = w\,I_y$$

가 된다. 이 때 평행축 이동의 정리에 의하여 다시 윗 식은 $I_y = I_0 + Ah_G^{\,2}$를 대입하면

$$Ph_C = w(I_0 + Ah_G^{\,2}) = w\,Ah_G\left(\frac{I_0}{Ah_G} + h_G\right) = P\left(h_G + \frac{I_0}{h_G A}\right)$$

$$\therefore h_C = h_G + \frac{I_0}{h_G A}$$ ◀

정리 5 곡선의 방정식이 매개변수 t에 의하여

$$x = u(t),\ y = v(t) \quad (\alpha \le t \le \beta,\ y \ge 0)$$

와 같이 주어질 때, 곡선과 직선 $x = a = u(\alpha)$, $x = b = u(\beta)$ 및 x축으로 둘러싸인 부분의 넓이는

$$S = \int_\alpha^\beta v(t)u'(t)\,dt \quad (\text{단, } u', v \text{ 는 연속})$$

증명 $x = u(t)$이므로 $u'(t)dt = dx$이다.

$$\therefore S = \int_a^b y\,dx = \int_\alpha^\beta v(t)u'(t)\,dt$$ ■

【예제 7】 매개변수로 표시된 cycloid

$$\begin{cases} x = a(t - \sin t) \\ y = a(1 - \cos t) \end{cases} \quad (a > 0,\ 0 \le t \le 2\pi)$$

와 x축으로 둘러싸인 부분의 넓이를 구하여라.

《풀이》 $t=0$일 때 $x=0$, $y=0$이고, $t=2\pi$일 때 $x=2\pi a$, $y=0$이며, $0 < t < 2\pi$일 때 $y > 0$이다.

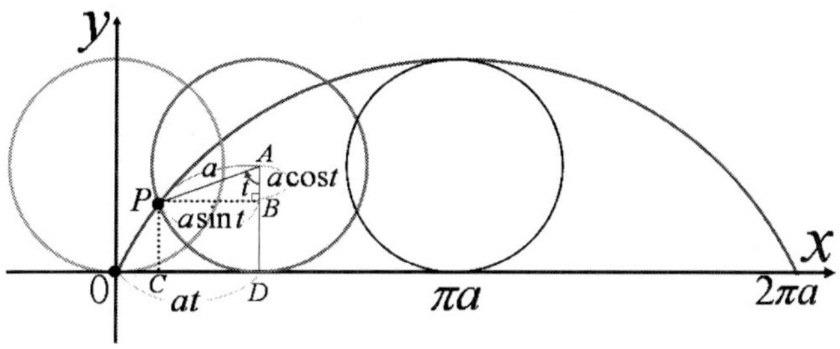

$dx = a(1-\cos t)\,dt$ 이므로

$$\begin{aligned} S &= \int_0^{2\pi a} y\,dx \\ &= \int_0^{2\pi} a(1-\cos t)\,a(1-\cos t)\,dt \\ &= a^2 \int_0^{2\pi} \left(\frac{3}{2} - 2\cos t + \frac{1}{2}\cos 2t\right) dt \\ &= a^2 \left[\frac{3}{2}t - 2\sin t + \frac{1}{4}\sin 2t\right]_0^{2\pi} = 3\pi a^2 \end{aligned}$$ ◀

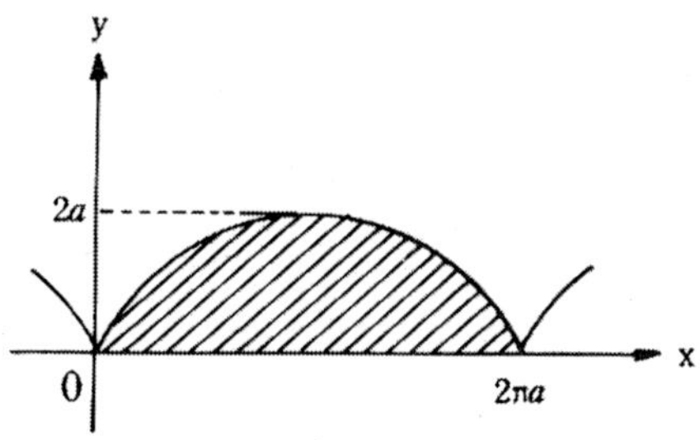

【예제 8】 성망형(asteroid) $x = a\cos^3\theta$, $y = a\sin^3\theta$ 으로 둘러싸인 부분의 넓이를 구하여라.

《풀이》 $dx = 3a\cos^2\theta(-\sin\theta)\,d\theta$ 이므로

$$S = \int_0^a y\,dx = 4\int_0^{\frac{\pi}{2}} (a\sin^3\theta) 3a\cos^2\theta(-\sin\theta)\,d\theta$$

$$= 12a^2 \int_0^{\frac{\pi}{2}} (-\sin^6\theta + \sin^4\theta)\, d\theta$$

점화식 $I = \int \sin^n x\, dx = -\frac{1}{n}\sin^{n-1}x\cos x + \frac{n-1}{n} I_{n-2}$ $(n \geq 2)$을 이용하면,

$$S = 12a^2\left(-\frac{5}{6}\frac{3}{4}\frac{1}{2}\frac{\pi}{2} + \frac{3}{4}\frac{1}{2}\frac{\pi}{2}\right)$$

$$= 12a^2\left(-\frac{15\pi}{96} + \frac{3\pi}{16}\right) = 12a^2 \times \frac{\pi}{32} = \frac{3}{8}\pi a^2 \blacktriangleleft$$

정리 6 곡선의 방정식이 극방정식 $r = f(\theta)$ $(\alpha \leq \theta \leq \beta)$로 주어지고, f가 $[\alpha, \beta]$에서 연속이고 $f \geq 0$일 때, 곡선과 두 직선 $\theta = \alpha$, $\theta = \beta$로 둘러싸인 부분의 넓이는

$$S = \frac{1}{2}\int_\alpha^\beta r^2\, d\theta$$

증명 곡선 $r = f(\theta)$ 및 직선 $\theta = \alpha$, $\theta = t$로 둘러싸인 부분의 넓이를 $F(t)$라고 하고, $[t, t+h]$에서 r의 상한, 하한을 각각 M, m이라고 하면, 부채꼴의 넓이 관계에서

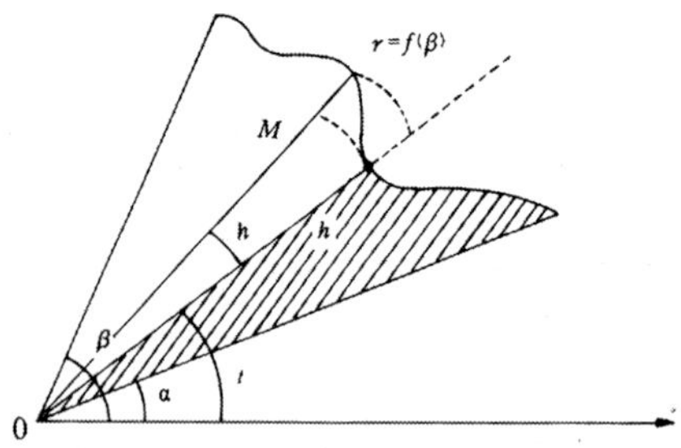

$$\frac{1}{2}m^2 h \leq F(t+h) - F(t) \leq \frac{1}{2}M^2 h$$

$$\frac{1}{2}m^2 \leq \frac{F(t+h) - F(t)}{h} \leq \frac{1}{2}M^2$$

여기서 $h \to 0$이면 $M, m \to r$이므로

$$F'(t) = \frac{1}{2}r^2$$

$F(\alpha) = 0$, $F(\beta) = S$이고 f가 연속이므로

$$S = F(\beta) - F(\alpha) = \int_\alpha^\beta F'(t)\, dt = \frac{1}{2}\int_\alpha^\beta r^2\, d\theta \quad \blacksquare$$

【예제 9】 곡선 $r=\sin 3\theta$로 둘러싸인 부분의 넓이를 구하여라.

《풀이》 오른쪽 그림에서 빗금친 부분의 넓이 S는

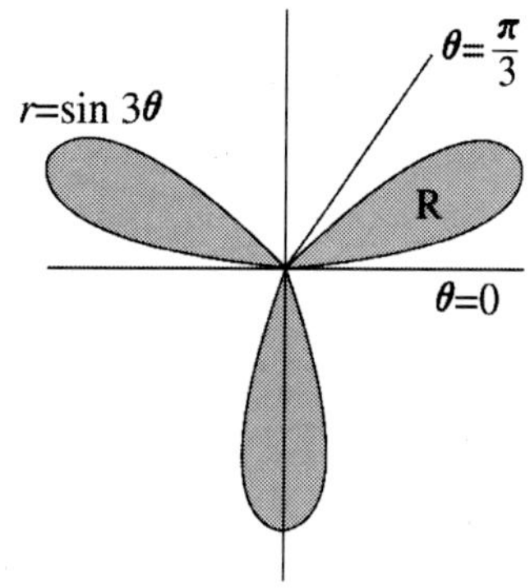

$$S=3\cdot\frac{1}{2}\int_0^{\frac{\pi}{3}} r^2\,d\theta$$
$$=\frac{3}{2}\int_0^{\frac{\pi}{3}} \sin^2 3\theta\,d\theta$$
$$=\frac{3}{4}\int_0^{\frac{\pi}{3}} (1-\cos 6\theta)\,d\theta$$
$$=\frac{3}{4}\left[\theta-\frac{\sin 6\theta}{6}\right]_0^{\frac{\pi}{3}}=\frac{\pi}{4} \quad ◀$$

【예제 10】 심장형(cardioid) $r=a(1-\cos\theta)$ $(a>0)$로 둘러싸인 부분의 넓이를 구하여라.

《풀이》 $S=2\cdot\frac{1}{2}\int_0^{\pi} r^2\,d\theta$

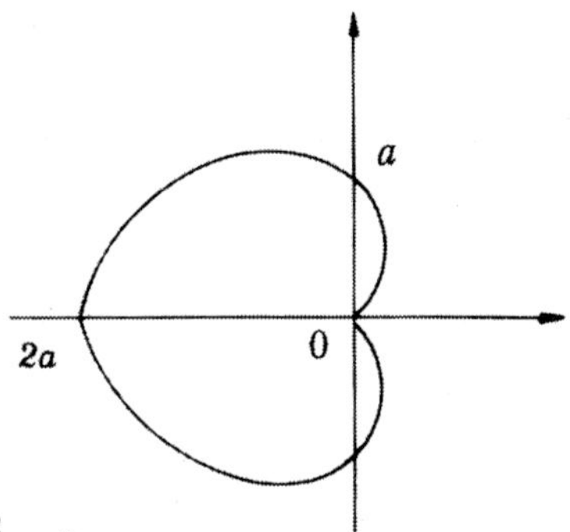

$$=\int_0^{\pi}\{a(1-\cos\theta)\}^2\,d\theta$$
$$=a^2\int_0^{\pi}(1-2\cos\theta+\cos^2\theta)\,d\theta$$
$$=a^2\int_0^{\pi}\left(1-2\cos\theta+\frac{1+\cos 2\theta}{2}\right)d\theta$$
$$=a^2\left[\frac{3}{2}\theta-2\sin\theta+\frac{1}{4}\sin 2\theta\right]_0^{\pi}=\frac{3}{2}\pi a^2 \quad ◀$$

【예제 11】 곡선 $r=5\cos\theta$의 내부와 곡선 $r=2+\cos\theta$의 외부의 공통부분의 넓이를 구하여라.

《풀이》 두 곡선의 그래프는 오른쪽 그림과 같고, 또 $\theta = \pm\dfrac{\pi}{3}$에서 두 곡선이 만난다.
따라서 구하는 넓이는 빗금친 부분이고, 이 중 기선의 윗부분을 S_1이라 하면,

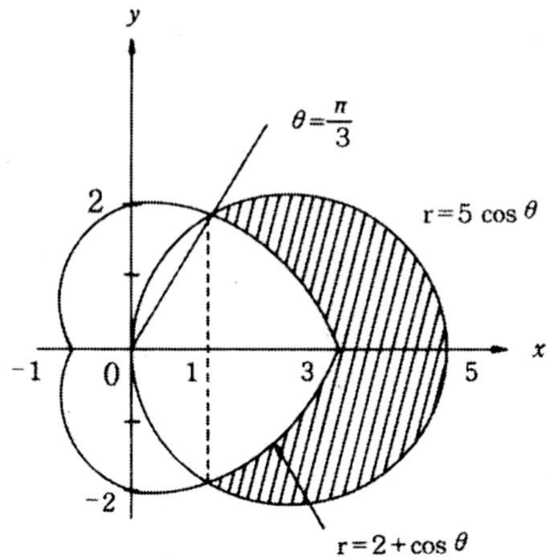

S_1: $0 \le \theta \le \dfrac{\pi}{3}$, $2+\cos\theta \le r \le 5\cos\theta$

이므로

$$S = 2S_1 = \int_0^{\frac{\pi}{3}} \{25\cos^2\theta - (4+4\cos\theta+\cos^2\theta)\}\, d\theta$$
$$= \int_0^{\frac{\pi}{3}} (8+12\cos 2\theta - 4\cos\theta)\, d\theta = \frac{8\pi+3\sqrt{3}}{3}$$ ◀

연습문제

1. 타원 $\dfrac{x^2}{a^2}+\dfrac{y^2}{b^2}=1$ $(a>b>0)$의 넓이를 구하여라. 답 πab

2. 직선 $y=x-1$과 포물선 $y^2=2x+6$으로 둘러싸인 부분의 넓이를 구하여라. 답 18

3. $x=2\cos\theta-\cos 2\theta-1$, $y=2\sin\theta-\sin 2\theta$으로 둘러싸인 부분의 넓이를 구하여라. 답 6π

4. 곡선 $x^3+y^3-3axy=0$ $(a>0)$으로 둘러싸인 부분의 넓이를 구하여라. 답 $\dfrac{3}{2}a^2$

5. 곡선 $r=3\sin\theta$의 내부와 곡선 $r=1+\sin\theta$의 외부의 공통부분의 넓이를 구하여라. 답 π

8.2 부피

정리 1 어떤 입체를 평면 $x=t$로 잘라서 그 단면의 넓이를 $S(t)$라 할 때, 주어진 입체의 두 평면 $x=a$, $x=b$ 사이에 있는 부분의 부피 V는 S가 연속일 때 다음과 같다.

$$V=\int_a^b S(t)\,dt$$

증명 두 평면 $x=a, x=t$ 사이에 있는 입체의 부피를 $V(t)$라고 두고, $S(t)$의 $[t, t+h]$ 위에서의 상한 및 하한을 각각 M, m이라고 하면

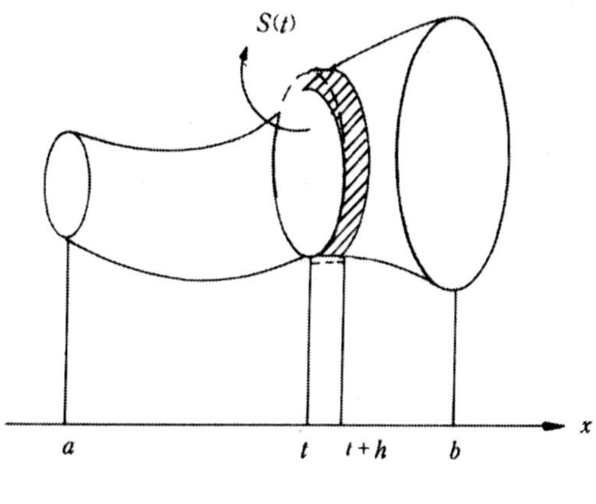

$$mh \le V(t+h)-V(t) \le Mh$$

$$m \le \frac{V(t+h)-V(t)}{h} \le M$$

이다. $S(t)$가 연속이므로 $h\to 0$이면 $V'(t)=S(t)$이다.
$V(a)=0,\ V(b)=V$이므로

$$V=\int_a^b S(t)\,dt \quad ■$$

【예제 1】 밑면의 반지름의 길이가 a인 직원기둥을, 밑면의 지름을 지나고 밑면과 45° 를 이루는 평면으로 잘라서 생기는 입체의 부피를 구하여라.

《풀이》 오른쪽 그림에서

$$S(x)=\frac{1}{2}\sqrt{a^2-x^2}\sqrt{a^2-x^2}\tan\frac{\pi}{4}$$
$$=\frac{1}{2}(a^2-x^2)$$
$$\therefore V=\int_{-a}^{a}S(x)\,dx$$
$$=2\int_{0}^{a}\frac{1}{2}(a^2-x^2)\,dx$$
$$=\left[a^2x-\frac{1}{3}x^3\right]_{o}^{a}=\frac{2}{3}a^3$$ ◀

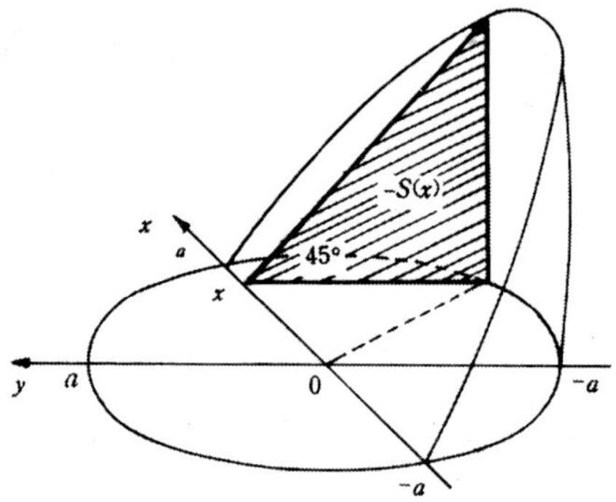

【예제 2】 한 변의 길이가 a인 정사각형을 밑면으로 하고 높이가 h인 정사각뿔의 부피를 구하여라.

《풀이》 오른쪽 그림에서

$$S(y)=\frac{a^2}{h^2}(h-y)^2$$
$$\therefore V=\int_{0}^{h}S(x)\,dy$$
$$=\int_{0}^{h}\frac{a^2}{h^2}(h-y)^2\,dy$$
$$=\frac{a^2}{h^2}\left[-\frac{1}{3}(h-y)^3\right]_{0}^{y}$$
$$=\frac{1}{3}a^3h$$ ◀

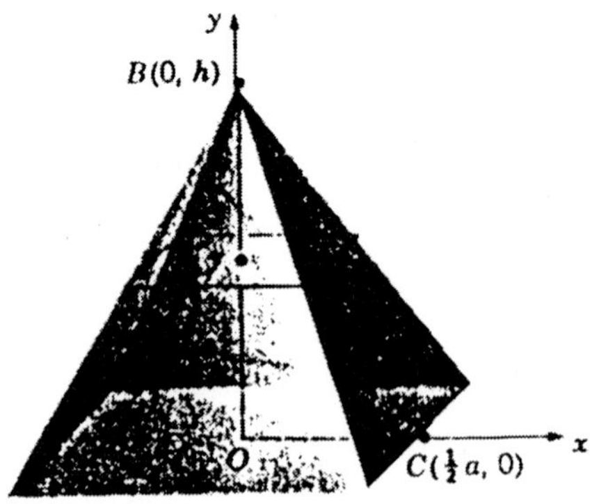

정리 1을 이용하면 다음 정리를 쉽게 얻을 수 있다.

정리 2 f가 $[a, b]$에서 연속일 때, 곡선 $y=f(x)$, 직선 $x=a$, $x=b$ 및 x축으로 둘러싸인 부분을 x축으로 회전시켜서 생기는 회전체의 부피는

$$V_x = \pi\int_a^b \{f(x)\}^2\,dx$$

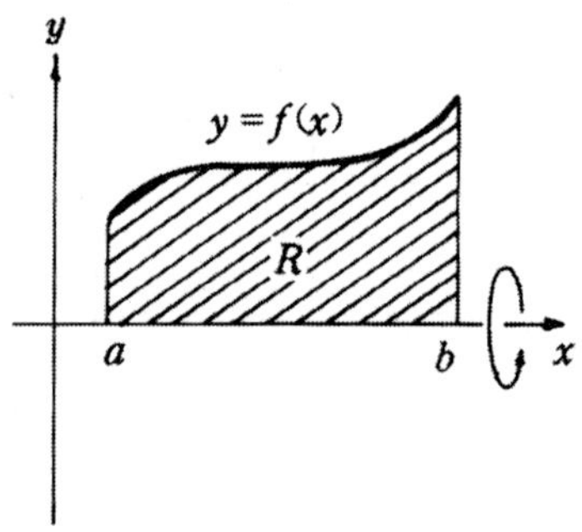

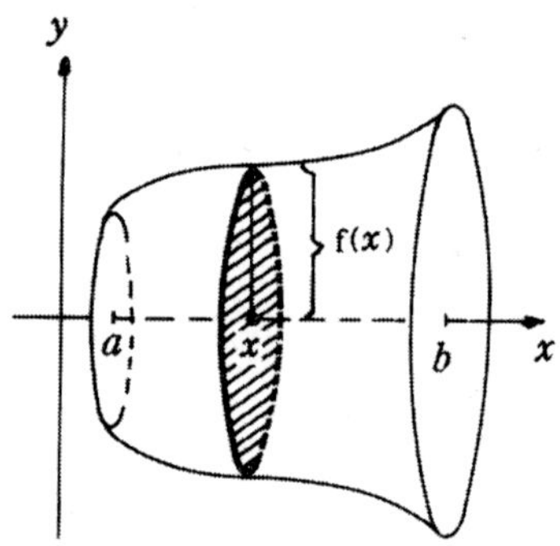

【예제 3】 곡선 $y=\sin x$와 $x=0$, $x=\frac{\pi}{2}$, x축으로 둘러싸인 부분을 x축으로 회전시켜서 생기는 회전체의 부피를 구하여라.

풀이 정리 2을 이용하면

$$\begin{aligned} V_x &= \pi\int_0^{\frac{\pi}{2}} \sin^2 x\,dx \\ &= \pi\int_0^{\frac{\pi}{2}} \frac{1-\cos 2x}{2}\,dx \\ &= \frac{\pi}{2}\left[x-\frac{1}{2}\sin 2x\right]_0^{\frac{\pi}{2}} \\ &= \frac{1}{4}\pi^2 \end{aligned}$$ ◀

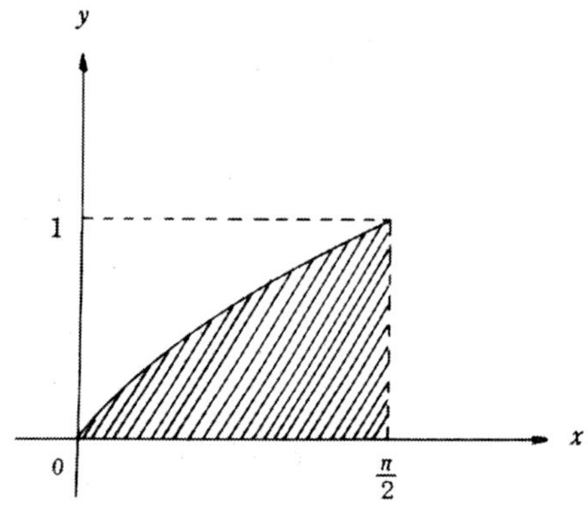

【예제 4】 타원 $\dfrac{x^2}{a^2}+\dfrac{y^2}{b^2}=1\ (a>0,\, b>0)$를 x축으로 회전시켜서 생기는 회전체의 부피를 구하여라.

《풀이》 타원의 방정식을 y에 관하여 풀면

$$y^2=\frac{b^2}{a^2}(a^2-x^2)$$

따라서 구하는 회전체의 부피는

$$\begin{aligned} V_x &= \pi\int_{-a}^{a}\frac{b^2}{a^2}(a^2-x^2)\,dx \\ &= \frac{\pi b^2}{a^2}\left[a^2x-\frac{1}{3}x^3\right]_{-a}^{a} \\ &= \frac{\pi b^2}{a^2}\left\{\left(a^3-\frac{1}{3}a^3\right)-\left(-a^3+\frac{1}{3}a^3\right)\right\} \\ &= \frac{\pi b^2}{a^2}\cdot\frac{4}{3}a^3=\frac{4}{3}\pi ab^2 \ ◀ \end{aligned}$$

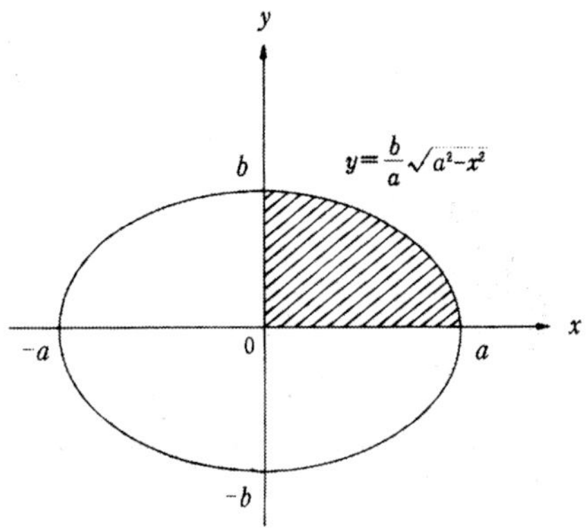

정리 3 곡선의 방정식이 매개변수

$$\begin{cases} x=u(t) \\ y=v(t) \end{cases} \qquad (\alpha\le t\le\beta)$$

로 주어질 때, $a=u(\alpha),\, b=u(\beta)$이면, 이 곡선과 직선 $x=a,\, x=b$ 및 x축으로 둘러싸인 부분을 x축으로 회전시켜서 생기는 회전체의 부피는

$$V_x=\pi\int_{\alpha}^{\beta}\{v(t)\}^2\,u'(t)\,dt \qquad (\text{단, } u',\, v\text{는 연속})$$

증명 $x=u(t)$이므로 $u'(t)dt=dx$이고 $a=u(\alpha),\, b=(\beta)$이다.

$$\therefore\ V_x=\pi\int_a^b y^2\,dx=\pi\int_{\alpha}^{\beta}\{v(t)\}^2\,u'(t)\,dt \ ■$$

【예제 5】cycloid $\begin{cases} x = a(\theta - \sin\theta) \\ y = a(1-\cos\theta) \end{cases}$ $(0 \le \theta \le 2\pi)$
를 x축으로 회전시켜서 생기는 회전체의 부피를 구하여라.

《풀이》 $dx = a(1-\cos\theta)\,d\theta$ 이므로

$$V_x = \pi\int_0^{2\pi} a^2(1-\cos\theta)^2 a(1-\cos\theta)\,d\theta$$
$$= \pi a^3 \int_0^{2\pi} (2\sin^2\frac{\theta}{2})^3\,d\theta$$

$t = \dfrac{\theta}{2}$로 두고 점화공식을 이용하면

$$V_x = 16\pi a^3 \int_0^{\pi} \sin^6 t\,dt$$
$$= 32\pi a^3 \int_0^{\frac{\pi}{2}} \sin^6 t\,dt$$
$$= 32\pi a^3 \cdot \frac{5}{6}\cdot\frac{3}{4}\cdot\frac{1}{2}\cdot\frac{\pi}{2} = 5\pi^2 a^3$$ ◀

주의 곡선이 극방정식으로

$$r = f(\theta) \quad (\alpha \le \theta \le \beta)$$

와 같이 주어질 때는

$$x = f(\theta)\cos\theta,\ y = f(\theta)\sin\theta \qquad (\alpha \le \theta \le \beta)$$

즉, θ를 매개변수로 하는 방정식으로 생각하며 정리 3의 방법을 적용할 수 있다.

정리 4 f가 $[a, b]$에서 연속이고 $f \ge 0,\ a \ge 0$일 때, 곡선 $y = f(x)$, 직선 $x = a,\ x = b$ 및 x축으로 둘러싸인 부분을 y축으로 회전시켜서 생기는 회전체의 부피는

$$V_y = 2\pi\int_a^b x f(x)\,dx$$

증명 $a<t<t+h<b$에 대해서, 곡선 $y=f(x)$와 직선 $x=t$, $x=t+h$ 및 x축으로 둘러싸인 부분(빗금친 부분)을 y축으로 회전시키면, 아래 오른쪽 그림과 같은 원통 모양이 되고, 그 부피는 약

$$\pi(t+h)^2 f(t) - \pi t^2 f(t)$$

이다.

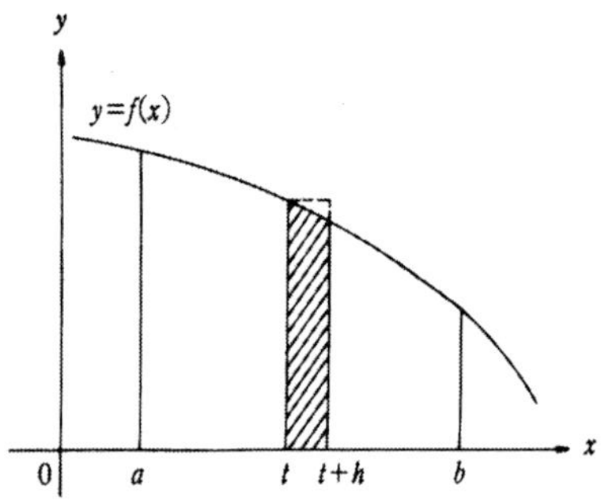

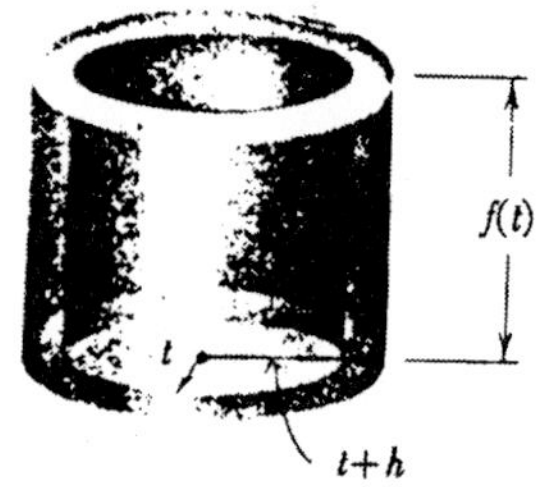

이러한 방법을 $[a, b]$에서 생각하면, 아래 그림과 같은 회전체를 얻는다.

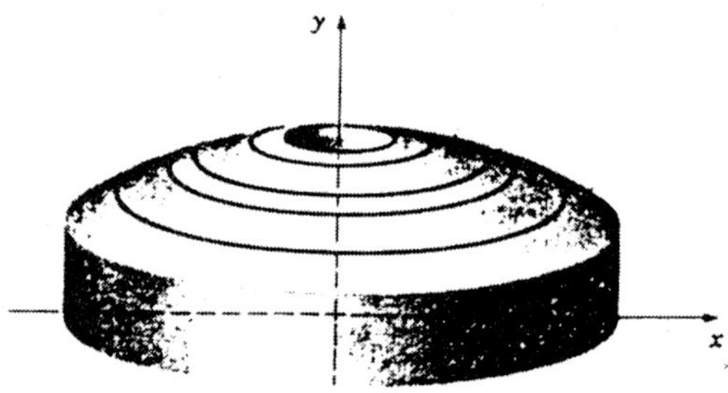

따라서 곡선 $y=f(x)$와 직선 $x=a$, $x=t$ 및 x축으로 둘러싸인 부분으로 y축으로 회전시켜서 생기는 입체의 부피를 $V(t)$라고 하고,

$$m = \inf\{f(x) \mid t \le x \le t+h\},\ M = \sup\{f(x) \mid t \le x \le x+h\}$$

라 두면,

$$m\{\pi(t+h)^2 - \pi t^2\} \le V(t+h) - V(t) \le M\{\pi(t+h)^2 - \pi t^2\}$$

$$\therefore m\pi(2t+h) \le \frac{V(t+h)-V(t)}{h} \le M\pi(2t+h)$$

여기서 $h \to 0$으로 하면, $V'(t) = 2\pi t f(t)$이므로

$$V_y = 2\pi \int_a^b x f(x)\, dx \ ■$$

【예제 6】 곡선 $y=\cosh x$ 와 직선 $x=0$, $x=1$, x축으로 둘러싸인 부분을 y축으로 회전시켜서 생기는 회전체의 부피를 구하여라.

《풀이》 정리 4을 이용하면

$$V_y = 2\pi\int_0^1 x\cosh x\,dx = 2\pi\int_0^1 x\frac{e^x+e^{-x}}{2}\,dx$$
$$=\pi\int_0^1 x(e^x+e^{-x})\,dx = \pi\left[xe^x - e^x - xe^{-x} - e^{-x}\right]_0^1$$
$$=2\pi\left(1-\frac{1}{e}\right)$$ ◀

【예제 7】 두 곡선 $y=x$ 와 $y=x^2$ 로 둘러싸인 부분을 y축으로 회전시켜서 생기는 회전체의 부피를 구하여라.

《풀이-1》 두 곡선 $y=x$ 와 $y=x^2$ 의 교점은 $(0,0)$ 와 $(1,1)$ 이다. 그리고 $0\le x\le 1$ 인 모든 x 에 대하여 $0\le x^2\le x$ 이므로 구하는 부피는

$$V_y = 2\pi\int_0^1 x(x-x^2)\,dx = 2\pi\int_0^1 (x^2-x^3)\,dx$$
$$=2\pi\left[\frac{1}{3}x^3-\frac{1}{4}x^4\right]_0^1 = \frac{\pi}{6}$$

《풀이-2》 주어진 회전체는 $x=y$ 와 $x=\sqrt{y}$ 로 둘러싸인 부분을 y축으로 회전한 것과 같다. 그러므로 구하는 부피는

$$V_y = \pi\int_0^1 \left\{(\sqrt{y})^2 - y^2\right\}dy = \pi\int_0^1 (y-y^2)\,dx$$
$$=\pi\left[\frac{1}{2}y^2-\frac{1}{3}y^3\right]_0^1 = \frac{\pi}{6}$$ ◀

연습문제

1. 밑면의 반지름의 길이가 r이고, 높이가 h인 직원뿔의 부피를 구하여라. 답 $\frac{1}{3}\pi a^2 h$

2. 반지름이 길이 r인 구의 부피를 구하여라. 답 $\frac{4}{3}\pi r^3$

3. 타원 $\frac{x^2}{a^2}+\frac{y^2}{b^2}=1\ (a>0,\ b>0)$를 y축으로 회전시켜서 생기는 회전체의 부피를 구하여라. 답 $\frac{4}{3}\pi a^2 b$

4. 직선 $y=x$와 곡선 $y=x^2$로 둘러싸인 부분을 x축으로 회전시켜서 생기는 입체의 부피를 구하여라. 답 $\frac{2}{15}\pi$

5. 곡선 $y=\sin x\ (0\le x\le \frac{\pi}{2})$와 직선 $x=0,\ x=\frac{\pi}{2}$로 둘러싸인 부분을 y축으로 회전시켜서 생기는 입체의 부피를 구하여라. 답 2π

6. 원 $(x-y)^2+y^2=1$이 y축으로 회전시켜서 생기는 torus의 부피를 구하여라. 답 4π

8.3 평면곡선의 길이

정리 1 함수 f가 $[a, b]$에서 미분가능하고, f'이 $[a, b]$에서 연속일 때, $x=a$에서 $x=b$까지 곡선 $y=f(x)$의 길이 l는

$$l=\int_a^b \sqrt{1+\{f'(x)\}^2}\,dx$$

증명

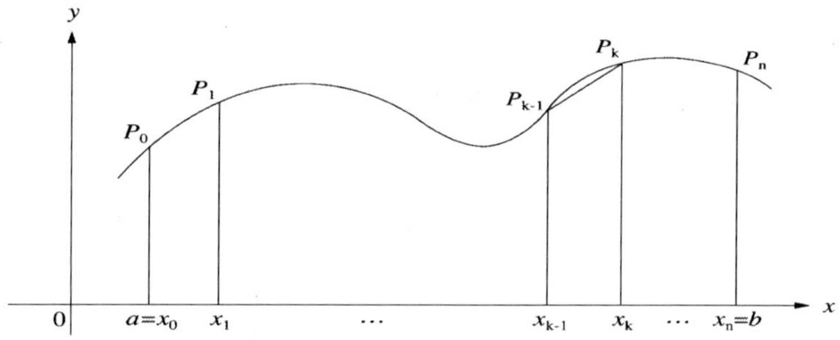

구간 $[a, b]$의 한 분할

$$a=x_0<x_1<x_2<\cdots<x_{k-1}<x_k<\cdots<x_{n-1}<x_n=b$$

에 대해서, 분점 $x_0, x_1, \cdots, x_{k-1}, x_k, \cdots, x_n$에 대응되는 곡선 위의 점을 $P_0, P_1, \cdots, P_{k-1}, P_k, \cdots, P_n$이라 하자. 또한

$$\Delta x_k=x_k-x_{k-1}, \quad L_k=\overline{P_{k-1}P_k}$$

이라 두면,

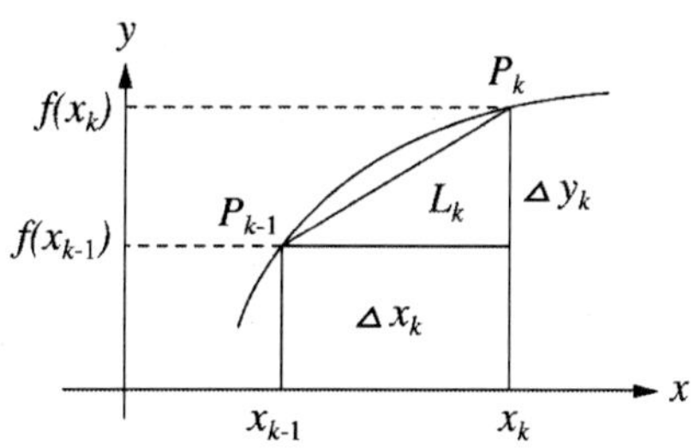

$$L_k=\sqrt{(x_k-x_{k-1})^2+\{f(x_k)-f(x_{k-1})\}^2}$$

$$=\sqrt{1+\left\{\frac{f(x_k)-f(x_{k-1})}{x_k-x_{k-1}}\right\}^2}\,(x_k-x_{k-1})$$

미분의 평균값의 정리로부터

$$\frac{f(x_k)-f(x_{k-1})}{x_k-x_{k-1}}=f'(c_k)$$

인 c_k가 구간 (x_{k-1}, x_k)사이에 존재하므로

$$L_k = \sqrt{1+\{f'(c_k)\}^2}\,\Delta x_k$$

이다. 그러므로 f'의 연속성과 정적분의 정의에 의하여

$$l = \lim_{\delta\to 0}\sum_{k=1}^{n} L_k = \lim_{\delta\to 0}\sum_{k=1}^{n}\sqrt{1+\{f'(c_k)\}^2}\,\Delta x_k = \int_a^b \sqrt{1+\{f'(x)\}^2}\,dx$$

(단, $\delta = \max\{\Delta x_1, \Delta x_2, \cdots, \Delta x_n\}$) ■

주의 함수 $x = g(y)$가 $[c, d]$에서 미분가능하고 연속인 도함수를 가지면, $y = c$에서 $y = d$까지의 곡선 $x = g(y)$의 길이는

$$l = \int_c^d \sqrt{1+\{g'(y)\}^2}\,dy$$

【예제 1】 성망형(asteroid) $x^{\frac{2}{3}} + y^{\frac{2}{3}} = a^{\frac{2}{3}}$ $(a > 0)$의 곡선의 길이를 구하여라.

《풀이》 이 곡선은 x축 및 y축에 대칭이므로 제1사분면의 길이의 4배가 된다. 양변에 x에 관하여 미분하면

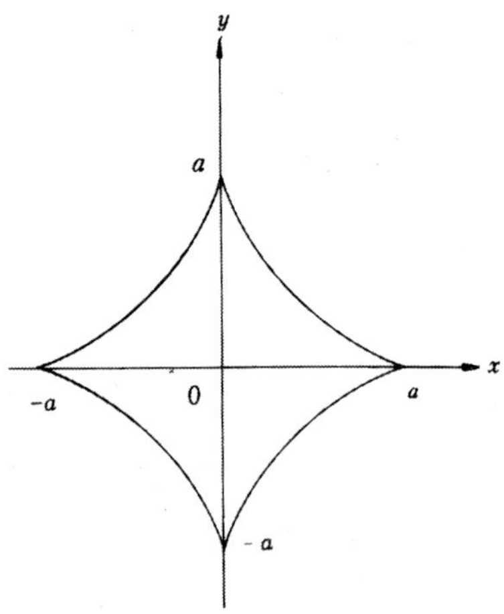

$$\frac{2}{3}x^{-\frac{1}{3}} + \frac{2}{3}y^{-\frac{1}{3}}y' = 0$$

$$\therefore\ y' = -\left(\frac{y}{x}\right)^{\frac{1}{3}}$$

$$1+\{y'\}^2 = 1+\left(\frac{y}{x}\right)^{\frac{2}{3}} = \left(x^{\frac{2}{3}} + y^{\frac{2}{3}}\right)x^{-\frac{2}{3}}$$

$$= a^{\frac{2}{3}}x^{-\frac{2}{3}} = \left(\frac{a}{x}\right)^{\frac{2}{3}}$$

$$\therefore\ l = 4\int_0^a \sqrt{1+\{y'\}^2}\,dx = 4a^{\frac{1}{3}}\int_0^a x^{-\frac{1}{3}}\,dx = 4a^{\frac{1}{3}}\left[\frac{3}{2}x^{\frac{2}{3}}\right]_0^a = 6a$$ ◀

【예제 2】 곡선 $x=\frac{1}{3}(y-3)\sqrt{y}$ 에 대하여 $y=0$ 에서 $y=3$ 까지의 곡선의 길이를 구하여라.

《풀이》 $x=\frac{1}{3}y\sqrt{y}-\sqrt{y}$ 에서

$$x'=\frac{1}{3}\frac{3}{2}\sqrt{y}-\frac{1}{2\sqrt{y}}=\frac{\sqrt{y}}{2}-\frac{1}{2\sqrt{y}} \text{ 이므로}$$

$$1+\{x'\}^2=1+\left(\frac{\sqrt{y}}{2}-\frac{1}{2\sqrt{y}}\right)^2=1+\frac{y}{4}-\frac{1}{2}+\frac{1}{4y}$$

$$=\frac{y}{4}+\frac{1}{2}+\frac{1}{4y}=\left(\frac{\sqrt{y}}{2}+\frac{1}{2\sqrt{y}}\right)^2$$

$$\therefore\ l=\int_0^3\sqrt{1+\{x'\}^2}\,dy=\int_0^3\left(\frac{\sqrt{y}}{2}+\frac{1}{2\sqrt{y}}\right)dy$$

$$=\left[\frac{1}{2}\frac{2}{3}y\sqrt{y}+\sqrt{y}\right]_0^3=\frac{1}{3}3\sqrt{3}+\sqrt{3}=2\sqrt{3}$$ ◀

정리 2 곡선의 방정식이 매개변수 t 에 의하여

$$\begin{cases} x=u(t) \\ y=v(t) \end{cases} \quad (\alpha \le t \le \beta)$$

로 주어지고, $\alpha \le t \le \beta$ 에서 u, v 가 미분가능하고 $u'(t)$, $v'(t)$ 가 연속일 때, 곡선의 길이는

$$l=\int_\alpha^\beta\sqrt{\left(\frac{dx}{dt}\right)^2+\left(\frac{dy}{dt}\right)^2}\,dt$$

증명 $u'(t)=\frac{dx}{dt}$, $v'(t)=\frac{dy}{dt}$ 이므로 $a=u(\alpha)$, $b=u(\beta)$ 라 하면

$$l=\int_a^b\sqrt{1+\left(\frac{dy}{dx}\right)^2}\,dx=\int_\alpha^\beta\sqrt{\left(\frac{dx}{dt}\right)^2+\left(\frac{dy}{dt}\right)^2}\,dt$$ ■

【예제 3】 $-1 \le t \le 3$ 에서 곡선 $x=2(2t+3)^{\frac{3}{2}}$, $y=3(t+1)^2$ 의 길이를 구하여라.

《풀이》 $\dfrac{dx}{dt}=6(2t+3)^{\frac{1}{2}}$, $\dfrac{dy}{dt}=6(t+1)$ 이므로

$$\begin{aligned}\left(\frac{dx}{dt}\right)^2+\left(\frac{dy}{dt}\right)^2 &= \left\{6(2t+3)^{\frac{1}{2}}\right\}^2+\{6(t+1)\}^2\\ &=36(2t+3)+36(t+1)^2\\ &=36(2t+3+t^2+2t+1)\\ &=36(t^2+4t+4)\\ &=36(t+2)^2\end{aligned}$$

$$\therefore\ l=\int_{-1}^{3}\sqrt{\left(\frac{dx}{dt}\right)^2+\left(\frac{dy}{dt}\right)^2}\,dt=6\int_{-1}^{3}(t+2)\,dt$$

$$=6\left[\frac{1}{2}t^2+2t\right]_{-1}^{3}=6\left(\frac{9}{2}+6-\frac{1}{2}+2\right)=72 \quad ◀$$

【예제 4】 cycloid $\begin{cases}x=a(\theta-\sin\theta)\\ y=a(1-\cos\theta)\end{cases}$ $(a>0,\ 0\le\theta\le 2\pi)$ 의 곡선의 길이를 구하여라.

《풀이》 $\dfrac{dx}{d\theta}=a(1-\cos\theta)$, $\dfrac{dy}{d\theta}=a\sin\theta$ 이므로

$$\begin{aligned}\left(\frac{dx}{d\theta}\right)^2+\left(\frac{dy}{d\theta}\right)^2 &= \{a(1-\cos\theta)\}^2+\{a\sin\theta\}^2\\ &=a^2(1-2\cos\theta+\cos^2\theta+\sin^2\theta)\\ &=2a^2(1-\cos\theta)\\ &=4a^2\sin^2\frac{\theta}{2}\end{aligned}$$

$$\therefore l = \int_0^{2\pi} \sqrt{\left(\frac{dx}{d\theta}\right)^2 + \left(\frac{dy}{d\theta}\right)^2}\, d\theta$$

$$= \int_0^{2\pi} \sqrt{4a^2 \sin^2\frac{\theta}{2}}\, d\theta$$

$$= 2a\int_0^{2\pi} \sin^2\frac{\theta}{2}\, d\theta = 2a\left[-2\cos\frac{\theta}{2}\right]_0^{2\pi} = 8a \blacktriangleleft$$

정리 3 곡선의 방정식이 극방정식

$$r = f(\theta) \qquad (\alpha \le \theta \le \beta)$$

로 주어지고, $[\alpha, \beta]$에서 f가 미분가능하고 f'이 연속일 때, $\theta = \alpha$에서 $\theta = \beta$ 까지 곡선의 길이는

$$l = \int_\alpha^\beta \sqrt{\left(\frac{dr}{d\theta}\right)^2 + r^2}\, d\theta$$

증명 직교좌표와 극좌표의 관계식에서

$$x = f(\theta)\cos\theta,\ \ y = f(\theta)\sin\theta$$

이므로 $\dfrac{dx}{d\theta} = \dfrac{dr}{d\theta}\cos\theta - r\sin\theta, \quad \dfrac{dy}{d\theta} = \dfrac{dr}{d\theta}\sin\theta + r\cos\theta$

$$\left(\frac{dx}{d\theta}\right)^2 + \left(\frac{dy}{d\theta}\right)^2 = \left(\frac{dr}{d\theta}\cos\theta - r\sin\theta\right)^2 + \left(\frac{dr}{d\theta}\sin\theta + r\cos\theta\right)^2$$

$$= \left(\frac{dr}{d\theta}\right)^2 + r^2$$

그러므로 정리 2에 의하여

$$l = \int_\alpha^\beta \sqrt{\left(\frac{dr}{d\theta}\right)^2 + r^2}\, d\theta \quad \blacksquare$$

【예제 5】 심장형(cardioid) $r = a(1-\cos\theta)$ $(a > 0)$의 곡선의 길이를 구하여라.

《풀이》

$$\left(\frac{dr}{d\theta}\right)^2 + r^2 = a^2\sin^2\theta + a^2(1-\cos\theta)^2$$
$$= a^2(\sin^2\theta + 1 - 2\cos\theta + \cos^2\theta)$$
$$= 2a^2(1-\cos\theta)$$
$$= 4a^2\sin^2\frac{\theta}{2}$$

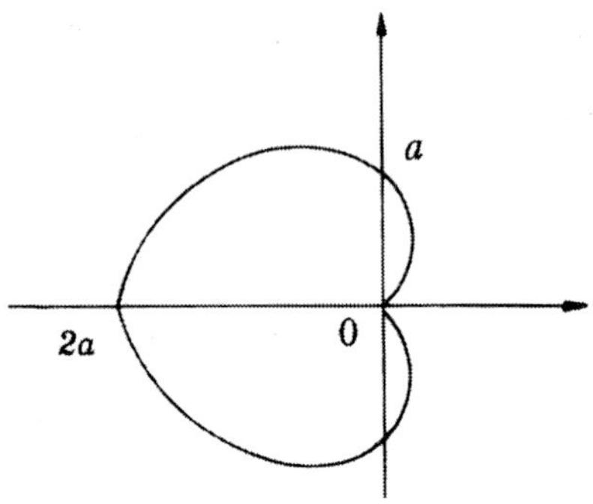

$$\therefore\ l = 2\int_0^{\pi}\sqrt{\left(\frac{dr}{d\theta}\right)^2 + r^2}\, d\theta$$
$$= 2\int_0^{\pi} 2a\sin\frac{\theta}{2}\, d\theta = 4a\left[-2\cos\frac{\theta}{2}\right]_0^{\pi} = 8a$$ ◂

연습문제

1. 곡선 $24xy = x^4 + 48$ 에 대하여 $x=2$ 에서 $x=4$ 까지의 곡선의 길이를 구하여라.

답 $\frac{17}{6}$

2. 타원 $\frac{x^2}{a^2}+\frac{y^2}{b^2}=1\ (a>b>0)$ 의 곡선의 길이를 구하여라.

답 $\frac{4}{3}\pi a^2 b$

3. 곡선 $x = e^t\cos t,\ y = e^t\sin t\ \left(0 \le t \le \frac{\pi}{2}\right)$ 의 길이를 구하여라.

답 $\sqrt{2}\left(e^{\frac{\pi}{2}} - 1\right)$

4. 곡선 $r = 2\sec\theta\ \left(-\frac{\pi}{4} \le \theta \le \frac{\pi}{4}\right)$ 의 길이를 구하여라. 답 4

8.4 회전체의 겉넓이

이제 앞에서 배운 곡선의 길이를 응용하여 회전체의 겉넓이를 구해보자.

겉넓이를 구하는 일반 공식을 유도하기 위하여, 먼저 다음 그림과 같은 회전체의 겉넓이를 알아보자.

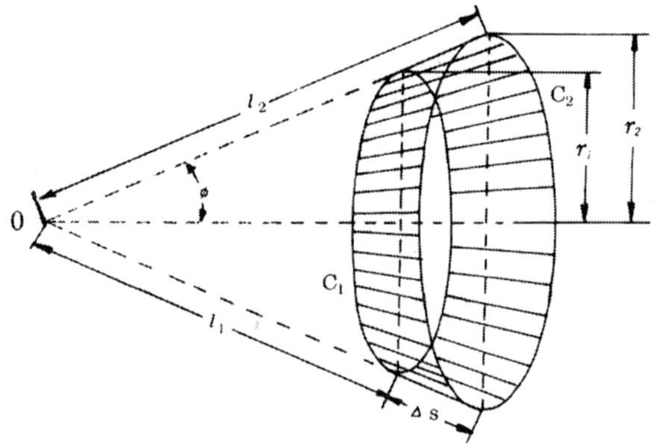

이 회전체의 전개를 그리면 다음과 같다. 따라서

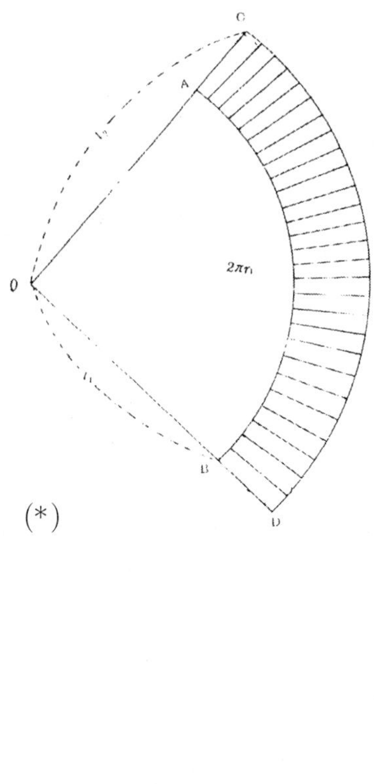

(빗금친 부분의 넓이)

$= (부채꼴\ OCD) - (부채꼴\ OAB)$

$= \frac{1}{2} l_2\ 2\pi r_2 - \frac{1}{2} l_1\ 2\pi r_1$

$= \pi r_2 l_2 - \pi r_1 l_1$

그런데, 위의 그림에서

$r_1 = l_1 \sin\phi,\ r_2 = l_2 \sin\phi$

이므로, 구하는 겉넓이는

$\pi \sin\phi (l_2^2 - l_1^2) = \pi \sin\phi (l_2 + l_1)(l_2 - l_1)$

$= \underline{\pi(r_1 + r_2)\ \Delta s} \qquad \cdots\cdots\cdots \quad (*)$

정리 1 함수 $y=f(x)\geq 0$이 $[a,b]$에서 미분가능하고 $f'(x)$가 연속일 때, 이 곡선을 x축으로 회전시켜서 생기는 회전체의 겉넓이는 다음과 같다.

$$S=2\pi\int_a^b f(x)\sqrt{1+\{f'(x)\}^2}\,dx$$

증명 구간 $[a, b]$의 분할 $a=x_0<x_1<\cdots<x_{k-1}<x_k<\cdots<x_n=b$에서 각 분점 $x_0, x_1, x_2, \cdots, x_{k-1}, x_k, \cdots, x_n$에 대응되는 곡선 위의 점을 $P_0, P_1, P_2, \cdots, P_{k-1}, P_k, \cdots, P_n$이라 하자.

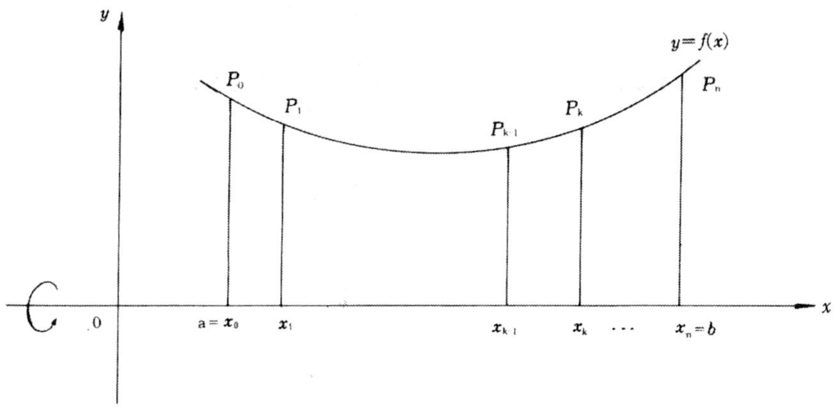

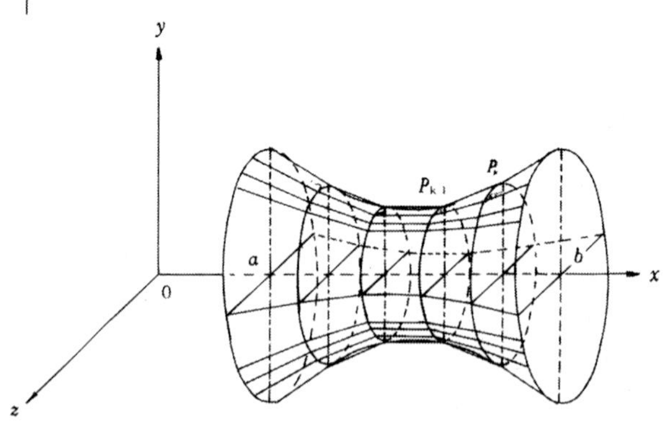

이 회전체의 $[x_{k-1}, x_k]$부분을 확대해보면 오른쪽 그림과 같고, 따라서 그 겉넓이 S_k는 앞의 (*)에 의하여

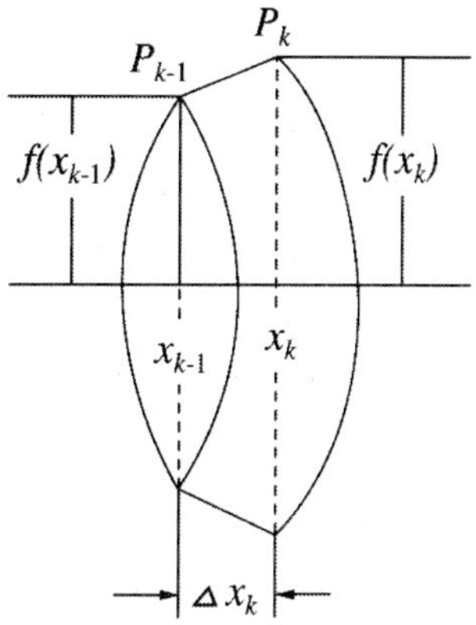

$$S_k = \pi\{f(x_{k-1})+f(x_k)\}\overline{P_{k-1}P_k}$$
$$= \pi\{f(x_{k-1})+f(x_k)\}$$
$$\times\sqrt{(\Delta x_k)^2+\{f(x_k)-f(x_{k-1})\}^2}$$

여기서 중간값의 정리와 평균값의 정리를 사용하면

$$\frac{f(x_{k-1})+f(x_k)}{2}=f(\xi_k)\text{인 } \xi_k\text{와 } \frac{f(x_k)-f(x_{k-1})}{\Delta x_k}=f'(c_k)\text{인 } c_k\text{가}$$

(x_{k-1}, x_k)에서 존재하므로

$$S_k = 2\pi f(\xi_k)\sqrt{1+\{f'(c_k)\}^2}\,\Delta x_k$$

이다.

$$\delta = \max\{\Delta x_1, \Delta x_2, \cdots, \Delta x_k, \cdots, \Delta x_n\}$$

으로 두면, 구하는 겉넓이 S는

$$S=\lim_{\delta\to 0}\sum_{k=1}^{n} S_k$$
$$=\lim_{\delta\to 0}\sum_{k=1}^{n} 2\pi f(\xi_k)\sqrt{1+\{f'(c_k)\}^2}\,\Delta x_k \quad (x_{k-1}<\xi_k,\ c_k<x_k)$$
$$=2\pi\int_a^b f(x)\sqrt{1+\{f'(x)\}^2}\,dx$$

임을 알 수 있다.

【예제 1】 곡선 $y=\sqrt{a^2-x^2}$, $0\le x\le 1$ (단, $a>1$)을 x축으로 회전시켜서 생기는 회전체의 겉넓이를 구하여라.

《풀이》 $y' = \dfrac{-x}{\sqrt{a^2-x^2}}$ 이므로

구하는 겉넓이 S는

$$S = 2\pi\int_0^1 \sqrt{a^2-x^2}\sqrt{1+\frac{x^2}{a^2-x^2}}\,dx$$

$$= 2\pi a\int_0^1 dx$$

$$= 2\pi a$$ ◀

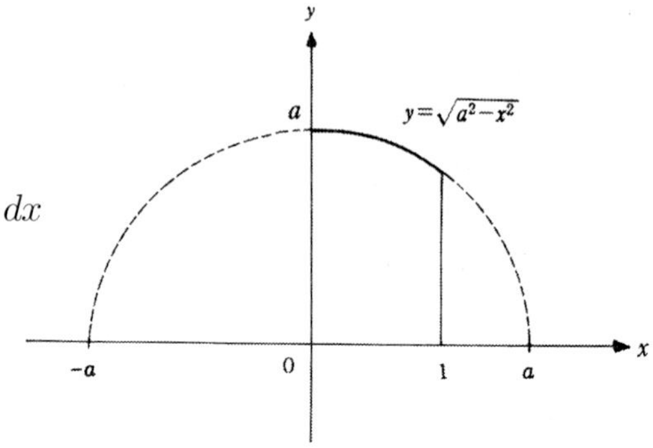

【예제 2】 직선 $x=9y+1$ $(0 \le y \le 2)$을 y축으로 회전시켜서 생기는 회전체의 겉넓이를 구하여라.

《풀이》 $x'=9$ 이므로

구하는 겉넓이 S는

$$S = 2\pi\int_0^2 x\sqrt{1+\{x'\}^2}\,dy = 2\pi\int_0^2 (9y+1)\sqrt{1+\{9\}^2}\,dy$$

$$= 2\sqrt{82}\,\pi\left[\frac{9}{2}y^2+y\right]_0^2 = 40\sqrt{82}\,\pi$$ ◀

정리 2 곡선의 방정식이 매개변수 t에 의하여

$$\begin{cases} x = u(t) \\ y = v(t) \end{cases} \qquad (\alpha \le t \le \beta)$$

로 주어지고, $[\alpha, \beta]$에서 u, v가 미분가능하고 $u'(t), v'(t)$가 연속일 때, 이 곡선을 x축으로 회전시켜서 생기는 회전체의 겉넓이는

$$S = 2\pi\int_\alpha^\beta v(t)\sqrt{\{u'(t)\}^2+\{v'(t)\}^2}\,dt$$

【예제 3】 성망형 $x=a\cos^3 t,\ y=a\sin^3 t\ (a>0,\ 0\le t\le\pi)$를 x축으로 회전시켜서 생기는 회전체의 겉넓이를 구하여라.

《풀이》 $\dfrac{dx}{dt}=-3a\cos^2 t\sin t,\ \dfrac{dy}{dt}=3a\sin^2 t\cos t$ 이므로

$$\begin{aligned}\sqrt{\left(\frac{dx}{dt}\right)^2+\left(\frac{dy}{dt}\right)^2}&=\sqrt{9a^2\cos^4 t\sin^2 t+9a^2\sin^4 t\cos^2 t}\\&=3a\sin t\cos t\end{aligned}$$

$$\begin{aligned}\therefore\ S&=4\pi\int_0^{\frac{\pi}{2}}a\sin^3 t\,3a\sin t\cos t\,dt\\&=12\pi a^2\int_0^{\frac{\pi}{2}}\sin^4 t\cos t\,dt\\&=12\pi a^2\left[\frac{1}{5}\sin^5 t\right]_0^{\frac{\pi}{2}}\\&=\frac{12}{5}\pi a^2\ ◀\end{aligned}$$

【예제 4】 cycloid $x=a(\theta-\sin\theta),\ y=a(1-\cos\theta),\ (a>-,\ 0\le\theta\le 2\pi)$를 x축으로 회전시켜서 생기는 회전체의 겉넓이를 구하여라.

《풀이》 $\dfrac{dx}{d\theta}=a(1-\cos\theta),\ \dfrac{dy}{d\theta}=a\sin\theta$ 이므로

$$\begin{aligned}\sqrt{\left(\frac{dx}{d\theta}\right)^2+\left(\frac{dy}{d\theta}\right)^2}&=\sqrt{a^2(1-\cos\theta)^2+a^2\sin^2\theta}\\&=\sqrt{a^2(1-2\cos\theta+\cos^2\theta)+a^2\sin^2\theta}\\&=\sqrt{a^2(1-2\cos\theta+\cos^2\theta+\sin^2\theta)}\\&=\sqrt{2a^2(1-\cos\theta)}\end{aligned}$$

$$\begin{aligned}
\therefore S &= 2\pi\int_0^{2\pi} y\sqrt{\left(\frac{dx}{d\theta}\right)^2+\left(\frac{dy}{d\theta}\right)^2}\,d\theta \\
&= 2\pi\int_0^{2\pi} a(1-\cos\theta)\sqrt{2a^2(1-\cos\theta)}\,d\theta \\
&= 2\sqrt{2}\,\pi a^2\int_0^{2\pi}(1-\cos\theta)^{\frac{3}{2}}\,d\theta \\
&= 2\sqrt{2}\,\pi a^2\int_0^{2\pi}\left(2\sin^2\frac{\theta}{2}\right)^{\frac{3}{2}}\,d\theta \\
&= 8\pi a^2\int_0^{2\pi}\sin\frac{\theta}{2}\left(1-\cos^2\frac{\theta}{2}\right)d\theta \\
&= 8\pi a^2\left(\left[-2\cos\frac{\theta}{2}\right]_0^{2\pi}+\left[\frac{2}{3}\cos^3\frac{\theta}{2}\right]_0^{2\pi}\right) \\
&= 8\pi a^2\,\frac{8}{3}=\frac{64}{3}\pi a^2
\end{aligned}$$ ◀

정리 3 곡선의 방정식이 극방정식

$$r=f(\theta) \qquad (\alpha\le\theta\le\beta)$$

로 주어지고, $[\alpha, \beta]$에서 f가 미분가능하고 f'이 연속일 때, 이 곡선을 기선으로 회전시켜서 생기는 회전체의 겉넓이는

$$S=2\pi\int_\alpha^\beta r\sin\theta\sqrt{\left(\frac{dr}{d\theta}\right)^2+r^2}\,d\theta$$

【예제 5】 심장형 $r=a(1-\cos\theta)$ $(a>0,\ 0\le\theta\le\pi)$를 기선으로 회전시켜서 생기는 회전체의 겉넓이를 구하여라.

《풀이》 $\dfrac{dr}{d\theta}=a\sin\theta,\quad \left(\dfrac{dr}{d\theta}\right)^2+r^2=2a^2(1-\cos\theta)$

이므로, 구하는 겉넓이는

$$S = 2\pi \int_0^{2\pi} r\sin\theta \sqrt{\left(\frac{dr}{d\theta}\right)^2 + r^2}\, d\theta$$

$$= 2\pi \int_0^{\pi} a(1-\cos\theta)\sin\theta\, \sqrt{2a^2(1-\cos\theta)}\, d\theta$$

$$= 2\sqrt{2}\,\pi a^2 \int_0^{\pi} \sin\theta\,(1-\cos\theta)^{\frac{3}{2}}\, d\theta$$

$$= 2\sqrt{2}\,\pi a^2 \left[\frac{2}{5}(1-\cos\theta)^{\frac{5}{2}}\right]_0^{\pi}$$

$$= \frac{32}{5}\pi a^2 \quad ◀$$

【예제 6】 곡선 $r^2 = a^2\cos 2\theta \quad \left(-\frac{\pi}{4} \le \theta \le \frac{\pi}{4}\right)$를 기선으로 회전시켜서 생기는 회전체의 겉넓이를 구하여라.

《풀이》 $2r\dfrac{dr}{d\theta} = a^2(-2\sin 2\theta)$이므로

$$\frac{dr}{d\theta} = \frac{a^2(-2\sin 2\theta)}{2r} = \frac{a^2(-2\sin 2\theta)}{2\sqrt{a^2\cos 2\theta}} = -\frac{a\sin 2\theta}{\sqrt{\cos 2\theta}}$$

$$\left(\frac{dr}{d\theta}\right)^2 + r^2 = \left(-\frac{a\sin 2\theta}{\sqrt{\cos 2\theta}}\right)^2 + a^2\cos 2\theta = \frac{a^2\sin^2 2\theta}{\cos 2\theta} + a^2\cos 2\theta = \frac{a^2}{\cos 2\theta}$$

이므로, 구하는 겉넓이는

$$S = 2\cdot 2\pi \int_0^{\frac{\pi}{4}} r\sin\theta \sqrt{\left(\frac{dr}{d\theta}\right)^2 + r^2}\, d\theta$$

$$= 4\pi \int_0^{\frac{\pi}{4}} a\sqrt{\cos 2\theta}\, \sin\theta \sqrt{\frac{a^2}{\cos 2\theta}}\, d\theta$$

$$= 4\pi \int_0^{\frac{\pi}{4}} a^2 \sin\theta\, d\theta$$

$$= 4\pi a^2 \left[-\cos\theta\right]_0^{\frac{\pi}{4}} = 2\pi a^2(2-\sqrt{2}) \quad ◀$$

연습문제

1. 반지름이 $r\,(r>0)$인 구의 겉넓이를 구하여라. 답 $4\pi r^2$

2. 곡선 $y=\dfrac{1}{6}x^3+\dfrac{1}{2x}\ (1\le x\le 2)$가 y축으로 회전시켜서 생기는 회전체의 겉넓이를 구하여라. 답 $\dfrac{15+\ln 2}{4}\pi$

3. 타원 $x=a\cos\theta,\ y=b\sin\theta\ (a>b>0)$가 x축으로 회전시켜서 생기는 회전체의 겉넓이를 구하여라.

   답 $\dfrac{2\pi ab}{e}\left(e\sqrt{1-e^2}+\sin^{-1}e\right)$, $\left(\text{단, } e^2=\dfrac{a^2-b^2}{a^2}\right)$

4. 곡선 $x=e^t\cos t,\ y=e^t\sin t\ \left(0\le t\le \dfrac{\pi}{2}\right)$을 y축으로 회전시켜서 생기는 회전체의 겉넓이를 구하여라.

   답 $\dfrac{2\sqrt{2}}{5}(2e^{\pi}+1)$

5. 곡선 $r^2=a^2\cos 2\theta$를 기선으로 회전시켜서 생기는 회전체의 겉넓이를 구하여라. 답 $2\pi a^2(2-\sqrt{2})$

9. 편도함수

9.1 편도함수

9.2 연쇄 법칙

9.3 편도함수의 응용

9.1 편도함수

이변수 함수 $f(x,y)$에 대해서, $y=b$로 고정시키면 함수 f는 x만의 함수인 일변수 함수가 된다.

정의 1 이변수 함수 $z=f(x,y)$의 정의역의 한 점(a,b)에 대해서 다음의 극한값

$$\lim_{h\to 0}\frac{f(a+h,b)-f(a,b)}{h}$$

이 존재할 때 이 값은 (a,b)에서 f의 x에 관한 **편도함수**(partial derivative of f with respect to x at (a,b)) 라고 부르고,
$\dfrac{\partial f}{\partial x}(a,b)$, $f_x(a,b)$, $\dfrac{\partial z}{\partial x}(a,b)$, $z_x(a,b)$등으로 나타낸다. 또 극한값

$$\lim_{k\to 0}\frac{f(a,b+k)-f(a,b)}{k}$$

가 존재할 때 이 값을 (a,b)에서 f의 y에 관한 편도함수라고 부르고,
$\dfrac{\partial f}{\partial y}(a,b)$, $f_y(a,b)$, $\dfrac{\partial z}{\partial y}(a,b)$, $z_y(a,b)$ 등으로 나타낸다.

$\dfrac{\partial f}{\partial x}(a,b)$, $\dfrac{\partial f}{\partial y}(a,b)$들은 점 (a,b)의 함수로 볼 수 있다. 따라서 이러한 함수들

$$\frac{\partial f}{\partial x}(x,y)=\lim_{h\to 0}\frac{f(x+h,y)-f(x,y)}{h}$$
$$\frac{\partial f}{\partial y}(x,y)=\lim_{k\to 0}\frac{f(x,y+k)-f(x,y)}{k}$$

을 각각 f의 x에 관한 편도함수, f의 y에 관한 편도함수라 부르며,

$$\frac{\partial f}{\partial x},\ f_x,\ \frac{\partial z}{\partial x},\ z_x,\ \frac{\partial f}{\partial y},\ f_y,\ \frac{\partial z}{\partial y},\ z_y$$

등으로 나타낸다.

또, f의 편도함수를 구하는 것을 f**를 편미분한다**라고 말한다.

【예제 1】 $f(x, y) = xy^2 + 2x^2y^3$ 의 편도함수와 점 $(1, 1)$ 에서의 편도함수를 구하여라.

《풀이》 먼저 x에 관한 편도함수를 구하려면 y를 상수로 간주하고 f를 x에 관하여 미분하면

$$\frac{\partial f}{\partial x} = y^2 + 4xy^3$$

이고, $\frac{\partial f}{\partial x}(1, 1) = 5$ 이다.

또, x를 상수로 간주하고 f를 y에 관하여 미분하면

$$\frac{\partial f}{\partial y} = 2xy + 6x^2y^2$$

이고, $\frac{\partial f}{\partial y}(1, 1) = 8$ 이다. ◀

【예제 2】 $f(x, y) = x^3\cos y$ 의 편도함수를 구하여라.

《풀이》 y를 상수로 보면,

$$\frac{\partial f}{\partial x} = 3x^2\cos y,$$

x를 상수로 보면

$$\frac{\partial f}{\partial y} = -x^3\sin y$$

이다. ◀

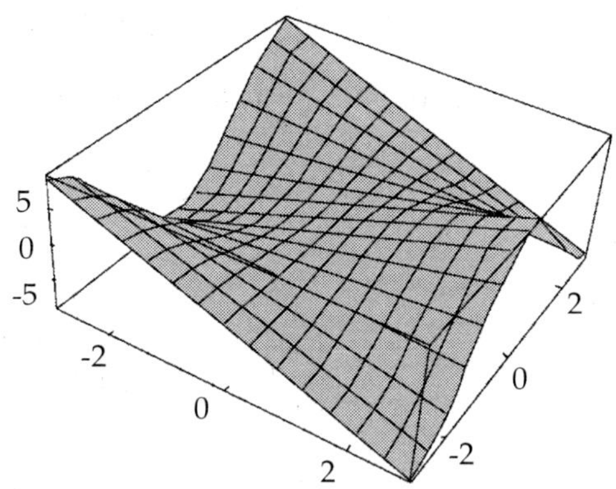

이변수 함수 f의 편도함수 $\frac{\partial f}{\partial x}$와 $\frac{\partial f}{\partial y}$는 모두 x, y의 이변수 함수이므로 다시 이 함수의 편도함수를 다음과 같이 생각할 수 있다.

$$f_{xx} = \frac{\partial^2 f}{\partial x^2} = \frac{\partial}{\partial x}(\frac{\partial f}{\partial x})$$

$$f_{xy} = \frac{\partial^2 f}{\partial y \partial x} = \frac{\partial}{\partial y}(\frac{\partial f}{\partial x})$$

$$f_{yx} = \frac{\partial^2 f}{\partial x \partial y} = \frac{\partial}{\partial x}(\frac{\partial f}{\partial y})$$

$$f_{yy} = \frac{\partial^2 f}{\partial y^2} = \frac{\partial}{\partial y}(\frac{\partial f}{\partial y})$$

이들을 f의 2계 편도함수라 부른다. 같은 방법으로 고계 편도함수를 정의할 수 있다.

【예제 3】 $f(x,y) = e^x \cos y + x \sin y$의 2계 편도함수를 구하여라.

《풀이》 $\frac{\partial f}{\partial x} = e^x \cos y + \sin y$, $\frac{\partial f}{\partial y} = -e^x \sin y + x \cos y$이므로 2계 편도함수는

$$\frac{\partial^2 f}{\partial x^2} = e^x \cos y$$

$$\frac{\partial^2 f}{\partial y \partial x} = -e^x \sin y + \cos y = \frac{\partial^2 f}{\partial x \partial y}$$

$$\frac{\partial^2 f}{\partial y^2} = -e^x \cos y - x \sin y$$ ◀

일반적으로 f_{xy}와 f_{yx}는 다를 수 있다. 그러나 우리가 다루는 대부분의 함수에 대해서는 이들이 같음을 다음의 정리로부터 알 수 있다.

정리 2 이변수 함수 $f(x,y)$가 영역 $D \subset R^2$에서 연속인 편도함수 f_x, f_y, f_{xy}, f_{yx}를 가질 때 이 영역에서 $f_{xy} = f_{yx}$이다.

정의 3 점 (a,b)의 근방에서 정의된 함수 f의 편미분 $f_x(a,b)$, $f_y(a,b)$이 존재하고, 다음 조건을 만족할 때, 함수 f가 (a,b)에서 **미분가능**이라고 부른다.

$$\begin{aligned}\Delta f &= f(a+\Delta x, b+\Delta y) - f(a,b)\\ &= f_x(a,b)\Delta x + f_y(a,b)\Delta y + \epsilon_1 \Delta x + \epsilon_2 \Delta y,\end{aligned}$$
$$\epsilon_1, \epsilon_2 \to 0 \ ((\Delta x, \Delta y) \to (0,0))$$

정리 4 이변수 함수 f의 편미분 f_x, f_y가 점 (a,b)의 근방 D에서 존재하고, (a,b)에서 연속이면, 이 함수 f는 점 (a,b)에서 미분가능이다.

【예제 4】 이변수 함수 $f(x,y)=x^3y^2$는 모든 점에서 미분가능임을 보여라.

《풀이》 $f_x=3x^2y^2$, $f_y=2x^3y$는 모든 점에서 정의되고, 또한 모든 점에서 연속이다. 따라서 정리 4에 의해서 이 함수 f는 모든 점에서 미분가능이다. ◀

연습문제

1. 다음 함수의 편도함수 $\dfrac{\partial f}{\partial x}$, $\dfrac{\partial f}{\partial y}$를 구하여라.

(1) $f(x,y)=x^2-xy+y^2$　　(2) $f(x,y)=\dfrac{1}{x+y}$

(3) $f(x,y)=e^x \ln y$　　(4) $f(x,y)=\tan^{-1}\dfrac{y}{x}$

2. $z=\sqrt{x+y^2}$ 일 때 다음을 구하여라.

(1) $\dfrac{\partial z}{\partial x}(1,2)$　　(2) $\dfrac{\partial z}{\partial y}(1,2)$

3. 다음에서 2계 편도함수를 구하여라.

(1) $f(x,y)=\sqrt{x^2+y^2}$　　(2) $f(x,y)=\ln(4x-5y)$

9.2 연쇄 법칙

정리 1 함수 $x = x(t)$, $y = y(t)$ 가 점 t 에서 미분가능하고, 이변수 함수 $z = f(x,y)$ 가 점 $(x(t), y(t))$ 에서 미분가능이면, 합성함수 $z = f(x(t), y(t))$ 는 t 에서 미분가능이고

$$\frac{dz}{dt} = \frac{\partial z}{\partial x}\frac{dx}{dt} + \frac{\partial z}{\partial y}\frac{dy}{dt}.$$

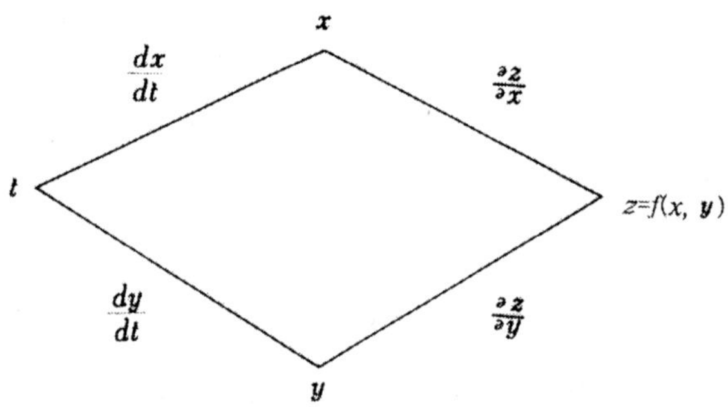

【예제 1】 $z = 2x^3y^2$, $x = t^3$, $y = t^2$ 일 때 $\dfrac{dz}{dt}$ 를 구하여라.

《풀이》 $$\frac{dz}{dt} = \frac{\partial z}{\partial x}\frac{dx}{dt} + \frac{\partial z}{\partial y}\frac{dy}{dt}$$

$$= (6x^2y^2)(3t^2) + (4x^3y)(2t)$$
$$= (6t^{10})(3t^2) + (4t^{11})(2t)$$
$$= 26t^{12}$$

연쇄법칙을 사용하지 않고 다음과 같이 직접 구할 수도 있다.

$$z = 2x^3y^2 = 2(t^3)^3(t^2)^2 = 2t^{13}$$
$$\frac{dz}{dt} = 26t^{12}$$ ◀

【예제 2】 $z=\sqrt{x+y}$, $x=\cos\theta$, $y=\sin\theta$ 일 때 $\theta=\dfrac{\pi}{2}$ 에서의 미분계수 $\left\{\dfrac{dz}{d\theta}\right\}_{\theta=\pi/2}$ 을 구하여라.

《풀이》 $$\frac{dz}{d\theta}=\frac{\partial z}{\partial x}\frac{dx}{d\theta}+\frac{\partial z}{\partial y}\frac{dy}{d\theta}$$

$$=\frac{1}{2\sqrt{x+y}}(-\sin\theta)+\frac{1}{2\sqrt{x+y}}(\cos\theta)$$

$$=\frac{\cos\theta-\sin\theta}{2\sqrt{\cos\theta+\sin\theta}}$$

그러므로 $\left\{\dfrac{dz}{d\theta}\right\}_{\theta=\pi/2}=-\dfrac{1}{2}$ ◀

정리 2 함수 $x=x(u,v)$, $y=y(u,v)$ 가 점(u,v) 에서 편도함수를 가지고, 함수 $z=f(x,y)$ 가 점$(x(u,v),y(u,v))$ 에서 미분가능이면

$$\frac{\partial z}{\partial u}=\frac{\partial z}{\partial x}\frac{\partial x}{\partial u}+\frac{\partial z}{\partial y}\frac{\partial y}{\partial u}$$

$$\frac{\partial z}{\partial v}=\frac{\partial z}{\partial x}\frac{\partial x}{\partial v}+\frac{\partial z}{\partial y}\frac{\partial y}{\partial v}$$

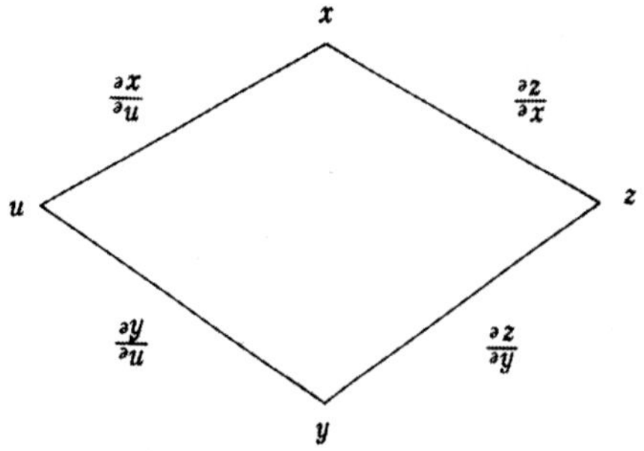

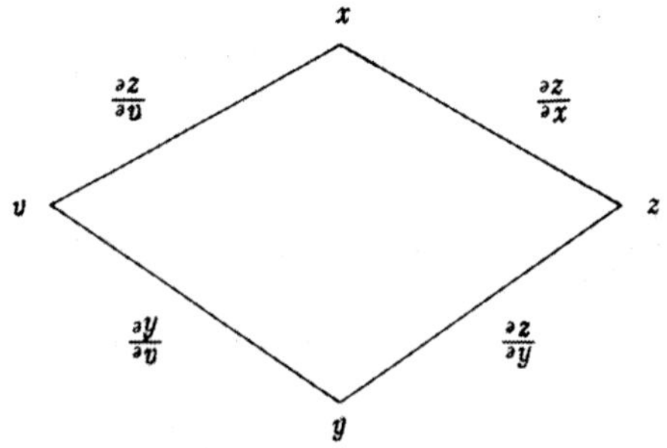

【예제 3】 $z = e^{xy}$, $x = u - v$, $y = u + v$ 일 때 $\dfrac{\partial z}{\partial u}$, $\dfrac{\partial z}{\partial v}$ 를 구하여라.

《풀이》 $$\frac{\partial z}{\partial u} = \frac{\partial z}{\partial x}\frac{\partial x}{\partial u} + \frac{\partial z}{\partial y}\frac{\partial y}{\partial u}$$

$$= (ye^{xy})(1) + (xe^{xy})(1)$$

$$= (u+v)e^{(u-v)(u+v)} + (u-v)e^{(u-v)(u+v)}$$

$$= 2ue^{(u-v)(u+v)}$$

$$\frac{\partial z}{\partial v} = \frac{\partial z}{\partial x}\frac{\partial x}{\partial v} + \frac{\partial z}{\partial y}\frac{\partial y}{\partial v}$$

$$= (ye^{xy})(-1) + (xe^{xy})(1)$$

$$= -(u+v)e^{(u-v)(u+v)} + (u-v)e^{(u-v)(u+v)}$$

$$= -2ve^{(u-v)(u+v)}$$ ◀

【예제 4】 $z = f(u-v, v-u)$ 일 때 다음 식이 성립함을 보여라.

$$\frac{\partial z}{\partial u} + \frac{\partial z}{\partial v} = 0$$

《풀이》 $u - v = x$, $v - u = y$ 라 두면 $z = f(x, y)$ 이므로 정리 2 에 의해서

$$\frac{\partial z}{\partial u} = \frac{\partial z}{\partial x}\frac{\partial x}{\partial u} + \frac{\partial z}{\partial y}\frac{\partial y}{\partial u} = \frac{\partial z}{\partial x}(1) + \frac{\partial z}{\partial y}(-1)$$

$$\frac{\partial z}{\partial v} = \frac{\partial z}{\partial x}\frac{\partial x}{\partial v} + \frac{\partial z}{\partial y}\frac{\partial y}{\partial v} = \frac{\partial z}{\partial x}(-1) + \frac{\partial z}{\partial y}(1)$$

그러므로 $\dfrac{\partial z}{\partial u} + \dfrac{\partial z}{\partial v} = 0$ 이다. ◀

음함수의 미분은 연쇄법칙을 이용하여 다음과 같이 쉽게 구할 수 있다.

이변수 함수 $f(x,y)$ 의 편도함수 $\frac{\partial z}{\partial x}$, $\frac{\partial z}{\partial y}(\neq 0)$ 가 존재한다고 하자. 방정식 $F(x,y)=0$ 에 의해서 y 가 x 의 미분가능인 함수로 주어지면 $z=F(x,y)$, $x=t$, $y=f(x)$ 로 생각하고, 정리 1 를 이용하면

$$0=\frac{dz}{dt}=\frac{\partial z}{\partial x}\frac{dx}{dx}+\frac{\partial z}{\partial y}\frac{dy}{dx}$$
$$=\frac{\partial z}{\partial x}+\frac{\partial z}{\partial y}\frac{dy}{dx}$$

이것을 $\frac{dy}{dx}$ 에 대해서 풀면

$$\frac{dy}{dx}=-\frac{\frac{\partial z}{\partial x}}{\frac{\partial z}{\partial y}}$$

【예제 5】 $x^2+y^2=2xy$ 일 때 $\frac{dy}{dx}$ 를 구하여라.

《풀이》 $z=x^2+y^2-2xy$ 라 두면

$$\frac{\partial z}{\partial x}=2x-2y \qquad \frac{\partial z}{\partial y}=2y-2x$$

그러므로 $\frac{dy}{dx}=-\frac{\frac{\partial z}{\partial x}}{\frac{\partial z}{\partial y}}=\frac{y-x}{y-x}=1$ ◀

【예제 6】 $\log\sqrt{x^2+y^2}-\tan^{-1}\frac{y}{x}=0$ 에서 $\frac{dy}{dx}$ 를 구하여라.

《풀이》 $z=\log\sqrt{x^2+y^2}-\tan^{-1}\dfrac{y}{x}$ 라 두면

$$\frac{\partial z}{\partial x}=\frac{x}{x^2+y^2}+\frac{y}{x^2+y^2}=\frac{x+y}{x^2+y^2}$$

$$\frac{\partial z}{\partial y}=\frac{y}{x^2+y^2}-\frac{x}{x^2+y^2}=-\frac{x-y}{x^2+y^2}$$

그러므로 $\dfrac{dy}{dx}=-\dfrac{\dfrac{\partial z}{\partial x}}{\dfrac{\partial z}{\partial y}}=\dfrac{x+y}{x-y}$ ◀

연습문제

1. 다음에서 $\dfrac{dz}{dt}$ 를 구하여라.

   (1) $z=3\cos y-\sin xy,\ x=3t,\ y=\dfrac{1}{t}$

   (2) $z=e^{1-xy},\ x=t^2,\ y=\sqrt{t}$

2. 다음에서 $\dfrac{\partial z}{\partial u}, \dfrac{\partial z}{\partial v}$ 를 구하여라.

   (1) $z=\dfrac{x}{y},\ x=2\cos u,\ y=3\sin v$

   (2) $z=y^2-x\tan y,\ x=u^2v^2,\ y=\dfrac{u}{v}$

3. 다음에서 $\dfrac{dy}{dx}$ 를 구하여라.

   (1) $xy+\cos y=0$

   (2) $e^{xy}+ye^x=1$

   (3) $x^3-3xy^2+y^3+2=0$

9.3 편도함수의 응용

함수 f가 점 (a,b)에서 미분가능이면 정의에 의해서

$$\Delta f = f(a+\Delta x, b+\Delta y) - f(a,b)$$
$$= f_x(a,b)\Delta x + f_y(a,b)\Delta y + \varepsilon_1 \Delta x + \varepsilon_2 \Delta y,$$
$$\varepsilon_1, \varepsilon_2 \to 0 \ ((\Delta x, \Delta y) \to (0,0))$$

따라서 $\Delta x, \Delta y$가 아주 작은 값이면 $\varepsilon_1 \Delta x + \varepsilon_2 \Delta y$는 더욱 작은 값이므로 f의 증기량Δf의 근사값으로 $df = f_x(a,b)\Delta x + f_y(a,b)\Delta y$을 사용할 수 있다.

정의 1 이변수 함수$f(x,y)$가 점(x,y)에서 미분가능일 때 $df = f_x(a,b)dx + f_y(a,b)dy$을 f의 **전미분**이라 한다.

【예제 1】 $f(x,y) = 3x^3y + y\sin x$의 전미분 df를 구하여라.

《풀이》 $f_x = 9x^2y + y\cos x$

$f_y = 3x^3 + \sin x$

그러므로 전미분 df는

$$df = (9x^2y + y\cos x)dx + (3x^3 + \sin x)dy$$ ◀

【예제 2】 $\sqrt{(3.01)^2 + (4.01)^2}$의 근사값을 구하여라.

《풀이》 $f(x,y) = \sqrt{x^2+y^2}$ 이라 두고, $a=3$, $b=4$, $\Delta x = 0.01 = \Delta y$로 잡는다.

$f_x = \dfrac{x}{\sqrt{x^2+y^2}}$, $f_y = \dfrac{y}{\sqrt{x^2+y^2}}$ 이므로

$f_x(3,4)=\dfrac{3}{5}$, $f_y(3,4)=\dfrac{4}{5}$ 이다. 그러므로

$$\begin{aligned} f(3.01, 4.01) &= \sqrt{(3.01)^2+(4.01)^2} \\ &\fallingdotseq f(3,4)+f_x(3,4)(0.01)+f_y(3,4)(0.01) \\ &= 5+\frac{3}{5}(0.01)+\frac{4}{5}(0.01) \\ &= 5.014 \blacktriangleleft \end{aligned}$$

【예제 3】 어떤 직사각형의 실제 길이가 폭 $x=3m$, 길이 $y=4m$라고 하자. 그 직사각형의 길이를 재는 중 $x=3.03m$로 잘못 재어 $\Delta x=3cm$의 오차가 생기고, $y=4.04m$로 잘못 재어 $\Delta y=4cm$만큼 크게 측정되어졌다면, 실제 면적계산에서 발생하는 오차를 ①전미분하여 근사적으로 얻은 값과 ②기하학적으로 얻은 값을 비교하여라.

《풀이》 ① 전미분을 이용한 경우

위에서 구한 $dA=\dfrac{\partial A}{\partial x}\Delta x+\dfrac{\partial A}{\partial y}\Delta y$에

$\dfrac{\partial A}{\partial x}=y=4m$, $\dfrac{\partial A}{\partial y}=x=3m$, $\Delta x=3cm$, $\Delta y=4cm$를 대입하면

$dA=(4)(0.03)+(3)(0.04)=0.24m^2$

② 기하학적으로 구한 경우

$$\begin{aligned} \Delta A &= (x+\Delta x)+(y+\Delta y)-(x)(y) \\ \Delta A &= (3+0.03)(4+0.04)-(3)(4) \\ &= 12.2412-12=0.2412(m^2) \end{aligned}$$

③ 따라서 ①과 ②의 방법으로 구한 근사적인 dA와 실제 ΔA의 차는 $0.0012(m^2)$로서 $\Delta x \Delta y$의 크기와 같다. 즉 전미분에 의한 값은 Δx와 Δy가 충분히 작을 때 얼마든지 0에 가까워지는 값임을 알 수 있다. ◀

함수의 극값를 이변수 함수에 대해서 생각해 보기로 하자.

정의 2 이변수 함수$f(x,y)$가 점(a,b)의 어떤 근방의 모든 점 (x,y)에 대해서 $f(a,b) \geq f(x,y)$ $(f(a,b) \leq f(x,y))$을 만족할 때, f는 점(a,b)에서 **극대(극소)**가 된다고 하고, $f(a,b)$를 f의 **극대값(극소값)**이라 한다. 극대값, 극소값 모두를 **극값**이라 부른다.

정리 3 이변수 함수 $f(x,y)$가 점(a,b)에서 극대값 또는 극소값을 갖고 각 편도함수가 존재하면

$$f_x(a,b) = f_y(a,b) = 0$$

증명 f가 점(a,b)에서 극대값을 갖는다고 할 때

$$g(x) = f(x,b)$$
$$h(y) = f(a,y)$$

로 정의하면, g는 a에서, h는 b에서 극대값을 갖는다.

그러므로,

$$0 = g'(a) = \frac{\partial f}{\partial x}(a,b)$$

$$0 = h'(b) = \frac{\partial f}{\partial y}(a,b) \quad \blacksquare$$

정의 4 함수 f가 점(a,b)에서 $f_x(a,b) = f_y(a,b) = 0$이거나, 두 편도함수 가운데 적어도 하나가 존재하지 않을 때 이 점(a,b)를 f의 **임계점**이라 한다.

【예제 4】 $f(x,y) = x^4 - 4xy + y^4$의 임계점을 모두 구하여라.

《풀이》 f 는 모든 점에서 편도함수를 가지므로

$$0 = f_x(x, y) = 4x^3 - 4y$$

$$0 = f_y(x, y) = -4x + 4y^3$$

을 만족하는 점(x, y) 만 구하면 된다. 따라서 점$(0,0)$, 점$(1,1)$, 점$(-1,-1)$들이 f 의 임계점들이다. ◀

【예제 5】 $f(x, y) = y^2 - x^2$ 의 임계점과 극값을 조사하여라.

《풀이》 $f_x(x, y) = -2x$, $f_y(x, y) = 2y$ 이므로 임계점은 점$(0,0)$밖에 없다. 그런데 $f(x, 0) = -x^2$ 이므로 점$(0,0)$은 극소값이 아니다.

또한, $f(0, y) = y^2$ 이므로 $f(0,0)$ 는 극대값이 아니다. 그러므로 극값은 없다. ◀

위의 예제에서와 같이 xy 평면의 한 점(a, b) 를 지나는 두 직선이 있어서 한 직선을 따라서 f 가 극대값을 가지고 다른 직선을 따라서는 극소값을 갖는 점(a, b) 를 f 의 **안장점**(saddle point)이라 한다.

다음의 정리에서 임계점에서 극값을 갖는지 또는 안장점인지를 판별할 수 있는 방법을 증명 없이 소개한다.

정의 5 함수 $f(x, y)$ 에서 $f_x(a, b) = f_y(a, b) = 0$ 이고

$D(x, y) = f_{xx}(x, y) f_{yy}(x, y) - (f_{xy}(x, y))^2$ 라고 두면

(1) $D(a, b) > 0$ 이고 $f_{xx}(a, b) < 0$ 이면 $f(a, b)$는 f 의 극대값이다.

(2) $D(a, b) > 0$ 이고 $f_{xx}(a, b) > 0$ 이면 $f(a, b)$는 f 의 극소값이다.

(3) $D(a, b) < 0$ 이면 (a, b) 는 f 의 안장점이다.

(4) $D(a, b) = 0$ 이면 판정할 수 없다.

【예제 6】 $f(x,y)=x^2+y^2$의 극값을 구하여라.

《풀이》 $f_x(x,y)=2x$, $f_y(x,y)=2y$ 이므로 임계점은 점$(0,0)$ 하나뿐이다. 따라서 점$(0,0)$에서

$f_{xx}=2$, $f_{xy}=0$, $f_{yy}=2$ 이므로 $D(0,0)=4>0$ 이고,

$f_{xx}=2>0$ 이므로 $f(0,0)=0$ 이 f 의 극소값이다. ◀

【예제 7】 $f(x,y)=x^3-3xy+y^3$ 의 안장점 및 극값을 구하여라.

《풀이》 $f_x(x,y)=3x^2-3y$, $f_y(x,y)=-3x+3y^2$ 이므로

$$\begin{cases} 3x^2-3y=0 \\ -3x+3y^2=0 \end{cases}$$

을 만족하는 점$(0,0)$, $(1,1)$ 이 임계점들이다. 그리고 2계 편도함수는

$$f_{xx}(x,y)=6x$$
$$f_{xy}(x,y)=-3$$
$$f_{yy}(x,y)=6y$$

이므로 $D(x,y)=36xy-9$ 이다. $D(0,0)=-9<0$ 이므로 점$(0,0)$ 은 f 의 안장점이다. 또한 $D(1,1)=27>0$, $f_{xx}(1,1)=6>0$ 이므로 $f(1,1)=-1$ 이 f 의 극소값이다. ◀

【예제 8】 유체의 흐름에서 유속을 v, 시간을 t, 거리를 l 또 압력을 p 라고 할 때 시간에 따라 그 특성이 바뀌지 않는 정상류로, 특히 유적이 변하지 않는 경우를 등류로 정의한다. 이러한 특성을 편미분으로 표현하여라.

《풀이》 속도는 시간, 거리, 수압 등에 의하여 변하는 함수라 할 수

있다. 즉

$$v = f(t, l, p)$$

로 나타낼 수 있다. 이 때 시간 t가 변하여도 그 흐름에 변화가 없다는 것은 다음과 같이 나타낼 수 있다.

$$\frac{\partial v}{\partial t} = 0$$

또한 거리에 따른 흐름의 변화 즉 유적의 변화가 없다는 것은 다음과 같이 나타낼 수 있다.

$$\frac{\partial v}{\partial l} = 0 \quad ◂$$

【예제 9】 만일 어떤 구조물에 그림 8-7과 같이 하중 P_1, P_2가 작용하여 한 일이 U라고 하자. P_1의 작용점에서 생기는 P_1방향의 변위를 δ_1, P_2의 작용점에서 생기는 P_2방향의 변위를 δ_2라고 하면

$$P_1 = \frac{\partial U}{\partial \delta_1},\ P_2 = \frac{\partial U}{\partial \delta_2}$$

임을 증명하여라.

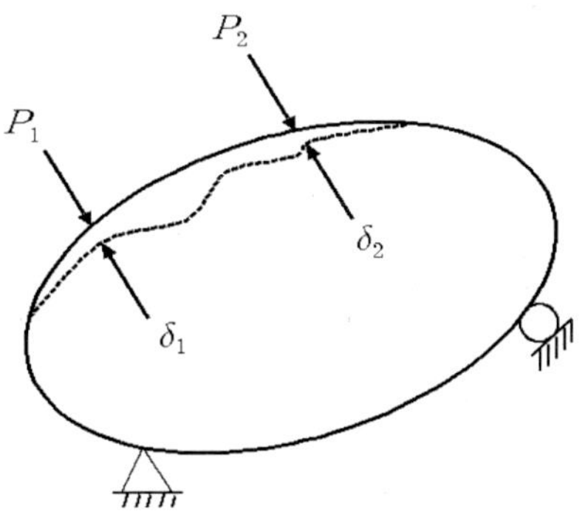

그림 8-7 일과 내부변형에너지

증명 외적 일 = 내부 저장에너지인 것을 이용하면 쉽게 유도할 수 있다.

① 내적일

에너지 U는 P_1이 변위 δ_1만큼 P_2가 변위 δ_2만큼 이동하면서 생긴 내부에너지와 같다. 즉

$$U(P_1, P_2)$$

는 P_1, P_2의 함수이다.

만일 δ_2는 변하지 않고, δ_1만 $d\delta_1$만큼 병할 때 생기는 내부에너지의 증가율은 편미분이 이용하여 간단히

$$\frac{\partial U}{\partial \delta_1}$$

로 표현될 수 있다.

따리서 미소변형 $d\delta_1$에 의한 에너지의 증가량 dU는

$$dU = \frac{\partial U}{\partial \delta_1} d\delta_1 \qquad (1)$$

이 된다.

② 외적일

만일 δ_2는 변하지 않고, δ_1만 $d\delta_1$만큼 변할 때 생기는 외적 일의 변화는 P_1이 $d\delta_1$만큼 이동하며 한 일이므로

$$dU = P_1 d\delta_1 \qquad (2)$$

가 된다.

③ 카스틸리아노의 제1정리

(1)식과 (2)식에서 다음 식을 얻을 수 있다.

$$P_1 d\delta_1 = \frac{\partial U}{\partial \delta_1} d\delta_1 \qquad (3)$$

$$P_1 = \frac{\partial U}{\partial \delta_1} \qquad (4)$$

마찬가지로

$$P_2 = \frac{\partial U}{\partial \delta_2} \qquad (4)$$

즉 일반적인 표현으로 바꾸면

$$P_i = \frac{\partial U}{\partial \delta_i} \qquad (5)$$

이것의 물리적 의미는 "만일 변형에너지가 변위 $\delta_1, \delta_2, \cdots$ 등의 함수로 표현된다면, 어떤 변위 δ_i에 대한 변형에너지의 편도함수는 이에 대응하는 하중 P_i의 크기와 같다." 는 것이다.

이는 1879년 이탈리아의 엔지니어인 Castigliano가 처음 유도한 식으로서 그의 이름을 따서 **카스틸리아노의 제1정리**라고 한다.

【예제 10】 허용응력이 $\sigma=\sigma_a$인 재료로 만든 보의 폭이 b이고 높이가 h일 때 보의 응력은 $\sigma=\dfrac{M}{I}y$로 구할 수 있다. 이 때 저항할 수 있는 모멘트의 크기는 보의 크기가 변하면 증감을 하게 된다. 그 영향을 구하여라.

《풀이》 두 개 이상의 변수가 있으므로 편미분을 한다.

$\sigma=\dfrac{M}{I}y=\dfrac{M}{\dfrac{bh^3}{12}}\cdot\dfrac{h}{2}=\dfrac{6M}{bh^2}$로 쓸 수 있으며,

여기에 $\sigma=\sigma_a$를 대입하면

$$M=\frac{bh^2\sigma_a}{6}$$

이를 전미분식으로 표현하면

$$\Delta M=\frac{\partial M}{\partial b}\Delta b+\frac{\partial M}{\partial h}\Delta h$$

이므로, 먼저 편미분 $\dfrac{\partial M}{\partial b}, \dfrac{\partial M}{\partial h}$를 구한다.

$$\frac{\partial M}{\partial b}=\frac{h^2\sigma_a}{6}$$

$$\frac{\partial M}{\partial h}=\frac{bh}{3}\sigma_a$$

을 대입하면, b와 h의 제작오차에 따른 저항모멘트의 변화량 ΔM은

$$\Delta M=\frac{h^2\sigma_a}{6}\Delta b+\frac{bh\sigma_a}{3}\Delta h$$

가 된다. ◀

【예제 11】 위의 예제에서 실제로 폭 $b=20cm$, 높이 $h=30cm$인 보자가 휨모멘트 $M=50000kgf-cm$를 받을 수 있다고 할 때, 만일 보의 제작오차가 $\Delta b=0.4cm$, $\Delta h=2cm$만큼 감소하였다면 얼마의 저항모멘트 감소가 생기는가?

《풀이》 $$\Delta M=\frac{h^2\sigma_a}{6}\Delta b+\frac{bh\sigma_a}{6}\Delta h$$
$$=\frac{bh^2\sigma_a}{6}\cdot\frac{\Delta b}{b}+\frac{bh^2\sigma_a}{6}\cdot\frac{2\Delta h}{h}$$
$$=M\cdot\frac{\Delta b}{b}+M\cdot\frac{2\Delta h}{h}$$
$$=50000\times\frac{0.4}{20}+50000\times\frac{2\times 2}{30}$$
$$=7666\,kg\cdot cm$$ ◀

연습문제

1. 다음의 전미분 dz을 구하여라.
   (1) $z=x^2y+xy^2$
   (2) $z=\ln xy^2+\sinh x$

2. 다음의 근사값을 구하여라.
   (1) $\sqrt{(1.9)^3+(2.2)^3}$
   (2) $e^{0.1}\log 0.9$

3. 다음 함수의 극값을 구하여라.
   (1) $f(x,y)=2x^2+y^2+8x-6y-1$
   (2) $f(x,y)=y^4+2x^2-4xy$
   (3) $f(x,y)=e^x\sin y-e^x+1$

10. 중적분

10.1 중적분의 정의

10.2 극좌표의 중적분

10.3 다중적분

10.1 중적분의 정의

이중적분에 있어서도 단일적분일 때와 같이 다음이 성립함을 알 수 있다.

(1) $f(x,y)$ 가 D 에서 연속이면 적분 가능하다.

(2) $D = D_1 \cup D_2$, $D_1 \cap D_2 = \varnothing$ 일 때,

$$\iint_D f(x,y)\, dD = \iint_{D_1} f(x,y)\, dD + \iint_{D_2} f(x,y)\, dD$$

(3) a,b 가 상수일 때,

$$\iint_D \{af(x,y) + bg(x,y)\}\, dD$$
$$= a\iint_D f(x,y)\, dD + b\iint_D g(x,y)\, dD$$

(4) 만약 D 상에서 $f(x,y) \le g(x,y)$ 이면,

$$\iint_D f(x,y)\, dD \le \iint_D g(x,y)\, dD$$

(5) $f(x,y)$ 가 D 에서 적분가능이면, $|f(x,y)|$ 또한 적분가능이고,

$$\left|\iint_D f(x,y)\, dD\right| \le \iint_D |f(x,y)|\, dD$$

(6) D상에서 $f(x,y)$ 의 최대값(상한)을 M 이라 하고, 최소값(하한)을 m 이라 하면,

$$mS \le \iint_D f(x,y)\, dD \le MS$$

가 성립한다. 여기서 S는 D의 넓이이다.

(7) **[평균값의 정리]**

$f(x,y)$ 가 D 에서 연속이면, 적당한 $(x_0, y_0) \in D$ 가 존재하여

$$\iint_D f(x,y)\, dD = f(x_0, y_0) S \quad (m \le f(x_0, y_0) \le M)$$

가 성립한다.

중적분을 그 정의로부터 직접 구하는 것은 어렵다. 그래서 우선 $D=[a,b]\times[c,d]$인 경우에 중적분을 계산하는 방법을 알아보자. 함수 $f(x,y)$를 적분할 때, x 또는 y를 고정시키고 $f(x,y)$를 x나 y중 하나만의 함수로 생각하고 적분하는 것을 **편적분**(partial integration)이라 한다. 즉

$$\int_a^b f(x,y)\,dx, \quad \int_c^d f(x,y)\,dy$$

를 각각 x에 관한 편적분, y에 관한 편적분이라 한다.

【예제 1】 $D=[1,2]\times[0,1]$ 일 때,

$$\int_1^2 xy^2\,dx = y^2\int_1^2 x\,dx = y^2\left[\frac{1}{2}x^2\right]_1^2 = \frac{3}{2}y^2,$$
$$\int_0^1 xy^2\,dy = x\int_0^1 y^2\,dy = x\left[\frac{1}{3}y^3\right]_0^1 = \frac{1}{3}x \blacktriangleleft$$

이변수 함수 $z=f(x,y)$에 대하여

$$\int_c^d\int_a^b f(x,y)dx\,dy = \int_c^d\left\{\int_a^b f(x,y)dx\right\}dy$$

그리고

$$\int_a^b\int_c^d f(x,y)dy\,dx = \int_a^b\left\{\int_c^d f(x,y)dy\right\}dx$$

를 의미하고 이를 **반복적분**(iterated integration)이라 한다.

【예제 2】 예제 1 에서 주어진 D에 대하여 다음을 구하여라.

(1) $\displaystyle\iint_D xy^2\,dx\,dy$ (2) $\displaystyle\iint_D xy^2\,dy\,dx$

《풀이》

(1) $$\iint_D x^2y\,dx\,dy = \int_0^1\int_1^2 xy^2\,dx\,dy = \int_0^1 \frac{3}{2}y^2\,dy = \left[\frac{1}{2}y^3\right]_0^1 = \frac{1}{2}$$

(2) $$\iint_D xy^2\,dy\,dx = \int_1^2\int_0^1 xy^2\,dy\,dx = \int_1^2 \frac{1}{3}x\,dx = \left[\frac{1}{6}x^2\right]_1^2 = \frac{1}{2} \blacktriangleleft$$

주의 일반적으로 $\int\int_D f(x,y)\,dx\,dy = \int\int_D f(x,y)\,dy\,dx$ 가 항상 성립하는 것은 아니다.

정리 1 $z = f(x,y)$ 가 $[a,b]\times[c,d]$에서 연속일 때,

$$F(x) = \int_c^d f(x,y)\,dy$$

라 두면 F는 $[a,b]$에서 연속이다.

정리 2 $z = f(x,y)$ 가 $D=[a,b]\times[c,d]$에서 연속이면

$$\int\int_D f(x,y)\,dD = \int_a^b \left\{\int_c^d f(x,y)\,dy\right\} dx$$

가 성립한다.

주의 $D=[a,b]\times[c,d]$에서 $z = f(x,y)$ 가 연속이면

$$\int\int_D f(x,y)\,dD = \int_c^d \left\{\int_a^b f(x,y)\,dx\right\} dy$$

이 성립된다. 따라서 다음과 같이 쓰기로 한다.

$$\int_a^b \left\{\int_c^d f(x,y)\,dy\right\} dx = \int_a^b \int_c^d f(x,y)\,dy\,dx = \int_a^b dx \int_c^d f(x,y)\,dy$$

【예제 3】 $D=[0,1]\times[1,2]$ 일 때,

$A = \int\int_D (x-y)\,dx\,dy$ 를 구하여라.

《풀이》 y를 고정하면

$$\int_0^1 (x-y)\,dx = \left[\frac{1}{2}x^2 - xy\right]_0^1 = \frac{1}{2} - y$$

이 된다. 따라서

$$A=\int_1^2\int_0^1(x-y)\,dx\,dy=\int_1^2(\frac{1}{2}-y)\,dy=\left[\frac{1}{2}y-\frac{1}{2}y^2\right]_1^2=-1$$ ◀

주의 위의 예제 3 에서 dx, dy 의 순서를 바꾸어도

$$\begin{aligned}A&=\int_0^1\int_1^2(x-y)\,dy\,dx=\int_0^1\left[xy-\frac{1}{2}y^2\right]_1^2dx\\&=\int_0^1\left\{(2x-2)-(x-\frac{1}{2})\right\}dx\\&=\int_0^1(x-\frac{3}{2})\,dx\\&=\left[\frac{1}{2}x^2-\frac{3}{2}x\right]_0^1=\frac{1}{2}-\frac{3}{2}=-1\end{aligned}$$

이 성립한다.

다음으로 영역 D가 직사각형이 아닌 영역일 때도 중적분을 계산할 수 있다. 예를 들어 다음 그림과 같은 영역을 생각해 보자.

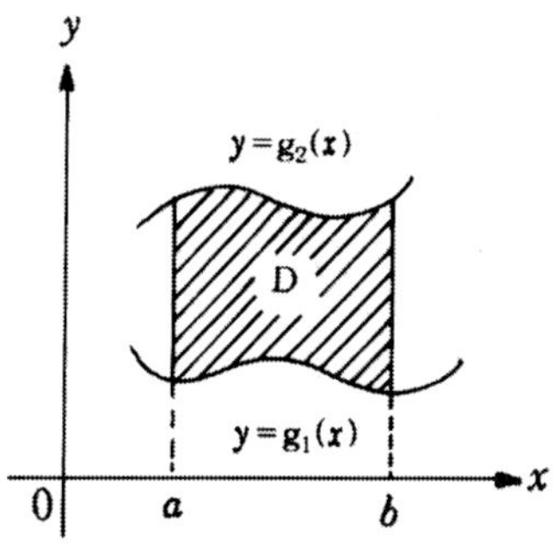

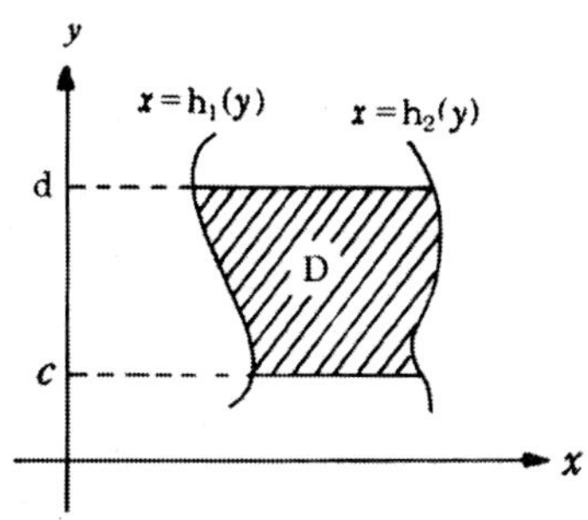

정리 3 연속인 함수 $y=g_1(x)$, $y=g_2(x)$에 대해서 $z=f(x,y)$가 영역 $D=\{(x,y)|a\le x\le b,\ g_1(x)\le y\le g_2(x)\}$ 에서 연속이면

$$\int\int_D f(x,y)\,dD=\int_a^b\int_{g_1(x)}^{g_2(x)}f(x,y)\,dy\,dx$$

가 성립한다.

정리 4 연속인 함수 $x=h_1(y)$, $x=h_2(y)$에 대해서 $z=f(x,y)$가 영역 $D=\{(x,y)|c\le y\le d,\ h_1(y)\le x\le h_2(y)\}$에서 연속이면

$$\int\int_D f(x,y)\,dD=\int_c^d\int_{h_1(y)}^{h_2(y)} f(x,y)\,dx\,dy$$

가 성립한다.

【예제 4】다음 중적분을 구하여라.

(1) $\displaystyle\int_0^1\int_{1-x}^{\sqrt{1-x^2}} xy\,dy\,dx$　　　(2) $\displaystyle\int_0^{\sqrt{2}}\int_{y^2}^{2} x^2y\,dx\,dy$

《풀이》(1)
$$\begin{aligned}\int_0^1\int_{1-x}^{\sqrt{1-x^2}} xy\,dy\,dx &= \int_0^1\left\{\int_{1-x}^{\sqrt{1-x^2}} xy\,dy\right\}dx\\ &= \int_0^1\left[\frac{1}{2}xy^2\right]_{y=1-x}^{y=\sqrt{1-x^2}}dx\\ &= \int_0^1\frac{1}{2}x\{(1-x^2)-(1-x)^2\}\,dx\\ &= \int_0^1(x^2-x^3)\,dx\\ &= \left[\frac{1}{3}x^3-\frac{1}{4}x^4\right]_0^1=\frac{1}{12}\end{aligned}$$

(2)
$$\begin{aligned}\int_0^{\sqrt{2}}\int_{y^2}^{2} x^2y\,dx\,dy &= \int_0^{\sqrt{2}}\left(\int_{y^2}^{2} x^2y\,dx\right)dy\\ &= \int_0^{\sqrt{2}}\left[\frac{1}{3}x^3y\right]_{x=y^2}^{x=2}dy\\ &= \frac{1}{3}\int_0^{\sqrt{2}}(8y-y^7)\,dy\\ &= \frac{1}{3}\left[4y^2-\frac{1}{8}y^8\right]_0^{\sqrt{2}}=2\end{aligned}$$ ◀

【예제 5】 $D=\{(x,y)|x^2+y^2 \le a^2,\ x\ge 0,\ y\ge 0\}$ 일 때,

$$A=\iint_D xy\,dx\,dy$$

를 구하여라.

《풀이》 $D=\left\{(x,y)|0\le x\le a,\ 0\le y\le \sqrt{a^2-x^2}\right\}$ 이므로

$$\begin{aligned}A&=\int_0^a\int_0^{\sqrt{a^2-x^2}} xy\,dy\,dx\\&=\int_0^a\left[\frac{1}{2}xy^2\right]_0^{\sqrt{a^2-x^2}}dx\\&=\frac{1}{2}\int_0^a x(a^2-x^2)\,dx\\&=\frac{1}{8}a^4\end{aligned}$$ ◀

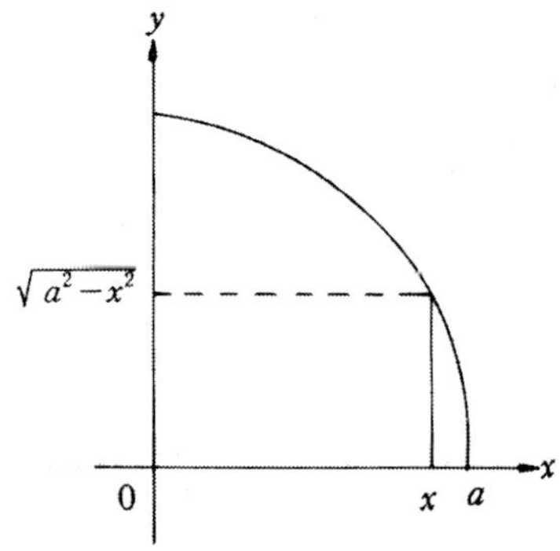

【예제 6】 D가 다음 (1), (2), (3)의 경우에 대해서

$$A=\iint_D x^3y\,dx\,dy$$

를 구하여라.

(1) D가 $a\le x\le b,\ c\le y\le d$ 인 직사각형,

(2) D가 $y=x^2,\ x=2$ 및 x 축으로 둘러싸인 영역,

(3) D가 $x^2+y^2=1,\ y=x$ 및 y 축으로 둘러싸인 제 1사분면의 영역

《풀이》

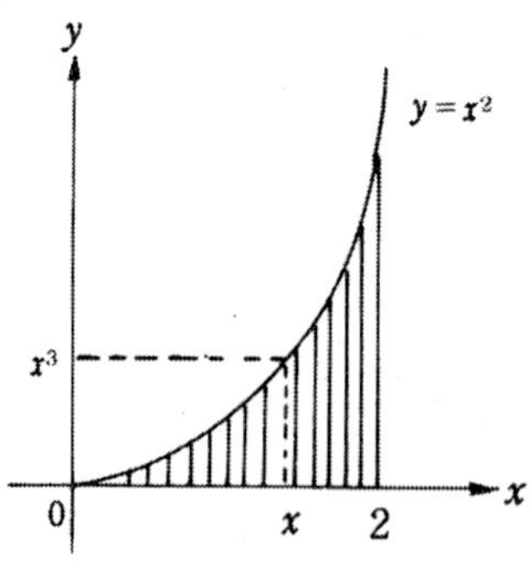

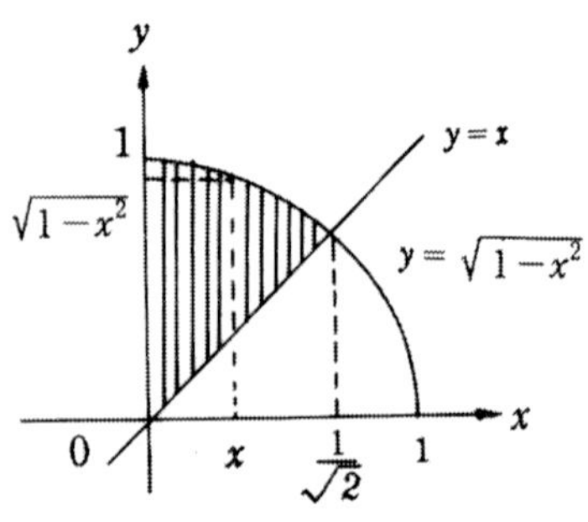

(1) $A=\int_c^d\int_a^b x^3y\,dx\,dy=\int_c^d\left[\frac{1}{4}x^4y\right]_a^b dy$

$=\frac{1}{4}(b^4-a^4)\left[\frac{1}{2}y^2\right]_c^d=\frac{1}{8}(b^4-a^4)(d^2-c^2)$

(2) $A=\int_0^2\int_0^{x^2} x^3y\,dy\,dx=\int_0^2\left[\frac{1}{2}x^3y^2\right]_0^{x^2}dx=\int_0^2\frac{1}{2}x^7\,dx=16$

(3) $A=\int_0^{\frac{1}{\sqrt{2}}}\int_x^{\sqrt{1-x^2}} x^3y\,dy\,dx=\int_0^{\frac{1}{\sqrt{2}}}\left[\frac{1}{2}x^3y^2\right]_x^{\sqrt{1-x^2}}dx$

$=\frac{1}{2}\int_0^{\frac{1}{\sqrt{2}}}(x^3-2x^5)\,dx=\frac{1}{2}\left[\frac{x^4}{4}-\frac{x^6}{3}\right]_0^{\frac{1}{\sqrt{2}}}=\frac{1}{96}$ ◀

주 의 위의 (2), (3)의 경우 적분순서를 바꾸어 계산할 수도 있다.

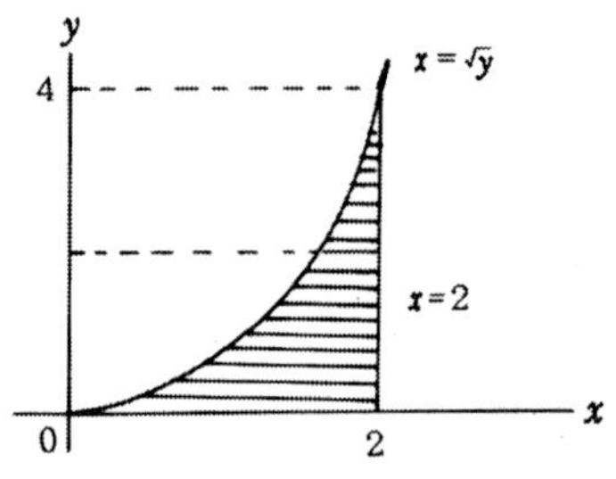

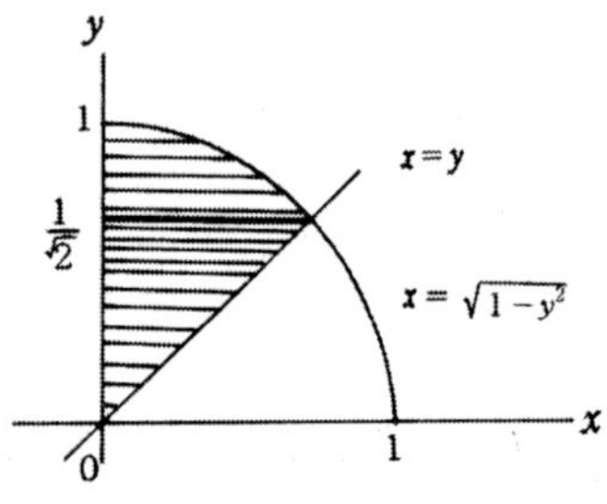

(2) $A=\int_0^4\int_{\sqrt{y}}^2 x^3y\,dx\,dy=\int_0^4\left[\frac{1}{4}yx^4\right]_{\sqrt{y}}^2 dy$

$=\int_0^4(4y-\frac{1}{4}y^3)dy=\left[2y^2-\frac{1}{16}y^4\right]_0^4=16$

(3) $A=\int_0^{\frac{1}{\sqrt{2}}}\int_0^y x^3y\,dx\,dy+\int_{\frac{1}{\sqrt{2}}}^1\int_0^{\sqrt{1-y^2}} x^3y\,dx\,dy$

$=\frac{1}{192}+\frac{1}{192}=\frac{1}{96}$

연습문제

1. 다음 중적분을 구하여라.

(1) $\int_{-1}^{2}\int_{0}^{2} x^2 y\, dy\, dx$

(2) $\int_{0}^{1}\int_{1}^{2} (x-y)\, dy\, dx$

(3) $\int_{0}^{4}\int_{-y}^{y^2} xy\, dx\, dy$

(4) $\int_{-1}^{3}\int_{0}^{3y} (x^2+y^2)\, dx\, dy$

2. 다음 주어진 영역 D에 대하여 중적분을 구하여라.

(1) $\iint_D e^{px+qy}\, dx\, dy \ (p, q \neq 0)$, $D: 0 \le x \le a,\ 0 \le y \le a$

(2) $\iint_D dx\, dy$, $D: 0 \le x \le 2,\ x^2 \le y \le 2x$

(3) $\iint_D xy\, dx\, dy$, $D: -3 \le x \le y+1, -2 \le y \le 4$

(4) $\iint_D y e^{xy}\, dx\, dy$, $D: 1 \le x \le 2, \frac{1}{x} \le y \le 2$

(5) $\iint_D x^2 y\, dx\, dy$, $D: y \le x-2,\ x+y^2 \le 4$

(6) $\iint_D \sqrt{4x^2-y^2}\, dx\, dy$, $D: 0 \le y \le x,\ 0 \le x \le 1$

(7) $\iint_D (x^2+y^2)\, dx\, dy$, $D: 0 \le x,\ 0 \le y,\ x+y \le 1$

(8) $\iint_D \sin \pi x^3\, dy\, dx$, $D: 0 \le x \le 3,\ 0 \le y \le x^2$

10.2 극좌표의 중적분

이 절에서는 극좌표를 이용한 적분법을 이용하여 극방정식으로 나타난 함수들의 중적분을 공부한다.

정리 1 (1) 극좌표에 적분영역 $D=\{(r,\theta)|\alpha\le\theta\le\beta,\ a\le r\le b\}$ 에서 함수 $f(x,y)$ 가 연속이면

$$\iint_D f(x,y)\,dD=\int_\alpha^\beta\int_a^b f(r\cos\theta, r\sin\theta)\,r\,dr\,d\theta$$

이고,

(2) 극좌표에 의한 영역 $D=\{(r,\theta)|\alpha\le\theta\le\beta, g_1(\theta)\le r\le g_2(\theta)\}$ 에서 함수 $f(x,y)$ 가 연속이면

$$\iint_D f(x,y)\,dD=\int_\alpha^\beta\int_{g_1(\theta)}^{g_2(\theta)} f(r\cos\theta, r\sin\theta)\,r\,dr\,d\theta$$

이다.

【예제 1】 $D=\left\{(r,\theta)|0\le\theta\le\frac{\pi}{2},\ 1\le r\le 2\right\}$ 일 때,

$$\iint_D (3x+8y^2)\,dD$$

를 구하여라.

《풀이》 $$\iint_D (3x+8y^2)dD=\int_0^{\frac{\pi}{2}}\int_1^2 (3r\cos\theta+8r^2\sin^2\theta)\,r\,dr\,d\theta$$

$$=\int_0^{\frac{\pi}{2}}\left[r^3\cos\theta+2r^4\sin^2\theta\right]_1^2 d\theta=\int_0^{\frac{\pi}{2}}(7\cos\theta+30\sin^2\theta)\,d\theta$$

$$=\int_0^{\frac{\pi}{2}}(7\cos\theta+15-15\cos2\theta)\,d\theta=\left[7\sin\theta+15\theta-\frac{15}{2}\sin2\theta\right]_0^{\pi/2}$$

$$=7+\frac{15}{2}\pi$$ ◀

【예제 2】 $D=\{(x,y) \mid 1 \le x^2+y^2 \le 2x\}$ 일 때,

$$\iint_D \sqrt{x^2+y^2}\, dD$$

를 구하여라.

《풀이》 영역 D를 극좌표의 영역으로 나타내면

$$D=\left\{(r,\theta) \mid -\frac{\pi}{3} \le \theta \le \frac{\pi}{3},\ 1 \le r \le 2\cos\theta\right\}$$

이다. 따라서

$$\iint_D \sqrt{x^2+y^2}\, dD = \int_{-\pi/3}^{\pi/3}\int_1^{2\cos\theta} r^2\, dr\, d\theta = \int_{-\pi/3}^{\pi/3}\left[\frac{1}{3}r^3\right]_1^{2\cos\theta} d\theta$$

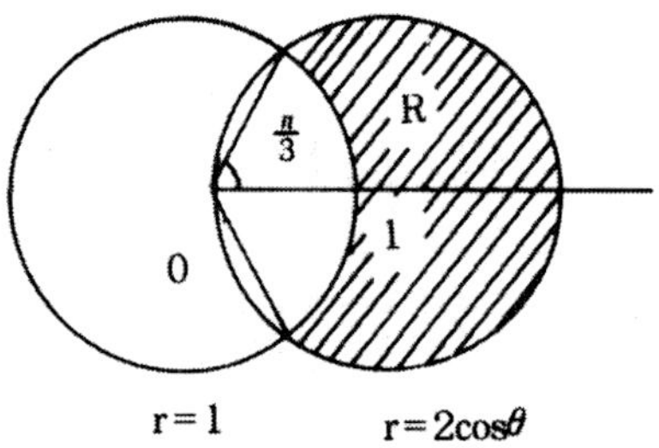

$$= \frac{1}{3}\int_{-\pi/3}^{\pi/3}(8\cos^3\theta - 1)\, d\theta$$

$$= \frac{8}{3}\int_{-\pi/3}^{\pi/3}\cos\theta(1-\sin^2\theta)d\theta - \frac{2}{9}\pi$$

$$= \frac{8}{3}\left[\sin\theta - \frac{1}{3}\sin^3\theta\right]_{-\pi/3}^{\pi/3} - \frac{2}{9}\pi$$

$$= \frac{8}{3}\left(\sqrt{3} - \frac{\sqrt{3}}{4}\right) - \frac{2}{9}\pi = 2\sqrt{3} - \frac{2}{9}\pi$$

【예제 3】 $D=\{(r,\theta) \mid \theta \le r \le 2\theta,\ 0 \le \theta \le 3\pi\}$ 일 때,

$$\iint_D (x^2+y^2)dD$$

를 구하여라.

《풀이》 $\displaystyle\iint_D (x^2+y^2)dD$

$$= \int_0^{3\pi}\int_\theta^{2\theta} r^3\, dr\, d\theta$$

$$= \int_0^{3\pi}\left[\frac{1}{4}r^4\right]_\theta^{2\theta} d\theta = \frac{15}{4}\int_0^{3\pi}\theta^4\, d\theta$$

$$= \frac{15}{4}\left[\frac{1}{5}\theta^5\right]_0^{3\pi} = \frac{729}{4}\pi^5$$ ◀

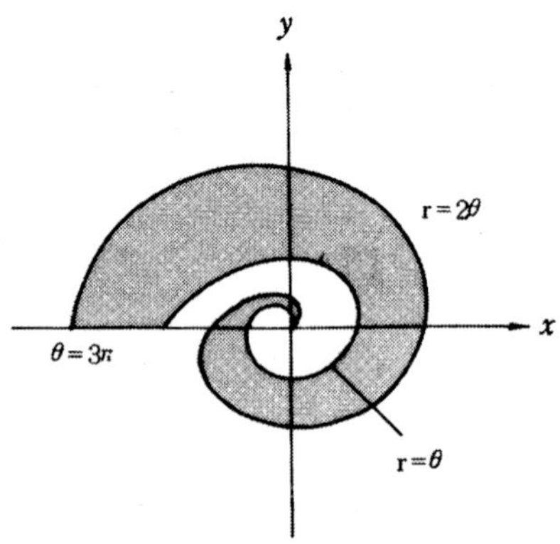

주의 $D=\{(r,\theta)\mid \alpha \le \theta \le \beta, g_1(\theta) \le r \le g_2(\theta)\}$이고, $f(r,\theta)=1$일 때 $\int\int_D dD=\int_\alpha^\beta \int_{g_1(\theta)}^{g_2(\theta)} r\,dr\,d\theta$ 는 영역 D의 넓이가 된다.

【예제 4】 삼엽장미 $r=2\sin 3\theta$ 로 둘러싸인 넓이를 구하여라.

《풀이》 $$넓이=3\int_0^{\pi/3}\int_0^{\sin 3\theta} r\,dr\,d\theta$$
$$=\frac{3}{2}\int_0^{\pi/3} 4\sin^2 3\theta\,d\theta$$
$$=3\int_0^{\pi/3}(1-\cos 6\theta)\,d\theta$$
$$=3\left[\theta-\frac{1}{6}\sin 6\theta\right]_0^{\pi/3}=\pi$$ ◀

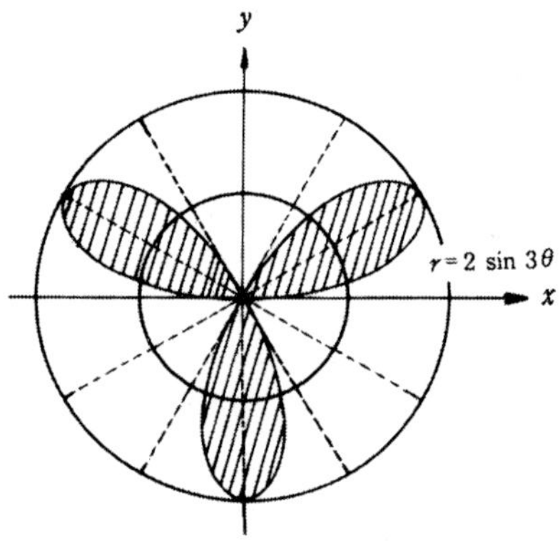

【예제 5】 $\int_0^\infty e^{-x^2}dx$ 를 구하여라.

《풀이》 $I=\int_0^\infty e^{-x^2}dx$ 라 두면

$$I^2=\int_0^\infty e^{-x^2}dx\int_0^\infty e^{-y^2}dy=\int_0^\infty\int_0^\infty e^{-(x^2+y^2)}dx\,dy$$

이 된다. 여기서 $x=r\cos\theta$, $y=r\sin\theta$ 를 대입하면 $x^2+y^2=r^2$ 이 되고 적분영역은

$$\{(x,y)|0\le x,y<\infty\}=\left\{(r,\theta)|0\le r<\infty,\ 0\le\theta\le\frac{\pi}{2}\right\}$$ 이므로

$$I^2=\int_0^\infty\int_0^{\pi/2} e^{-r^2}r\,d\theta\,dr=\frac{\pi}{2}\int_0^\infty e^{-r^2}r\,dr=\frac{\pi}{2}\left[-\frac{1}{2}e^{-r^2}\right]_0^\infty=\frac{\pi}{4}$$

한편 $I>0$ 이므로 $I=\frac{\sqrt{\pi}}{2}$ 이다. ◀

연습문제

1. 다음 중적분을 구하여라.

(1) $\int_0^{\frac{\pi}{2}}\int_0^{\sin\theta} r\cos\theta\, dr\, d\theta$　　(2) $\int_{-\frac{\pi}{2}}^{\frac{\pi}{2}}\int_0^{\sin\theta} r^2\, dr\, d\theta$

(3) $\int_0^{\pi}\int_0^{1-\sin\theta} r^2\cos\theta\, dr\, d\theta$　　(4) $\int_0^{\pi}\int_0^{\cos\theta} r^3\, dr\, d\theta$

(5) $\int_0^{1}\int_0^{\sqrt{1-x^2}} (x^2+y^2)\, dy\, dx$　　(6) $\int_{-2}^{2}\int_{-\sqrt{4-y^2}}^{\sqrt{4-y^2}} e^{-(x^2+y^2)}\, dx\, dy$

2. 다음 주어진 영역 D에 대하여 중적분을 구하여라.

(1) $\iint_D r^2\sin\theta\, dr\, d\theta \quad D:\ 0\le r\le 2a\cos\theta\,(0\le\theta\le\frac{\pi}{2})$

(2) $\iint_D (x^2+y^2)\, dx\, dy\ D:\ 0\le r\le 2a\cos\theta$

(3) $\iint_D (x^2+y^2)\, dx\, dy\ D:\ a^2\le x^2+y^2\le b^2\ (0<a<b)$

(4) $\iint_D (x^2+y^2)\, dx\, dy\ D:\ 0\le r\le a(1+\cos\theta)\ (a>0)$

3. 이중적분을 이용하여 심장형 $r=a(1+\cos\theta)(a>0)$로 둘러싸인 넓이를 구하여라.

10.3 다중적분

정리 1 $V=\{(x, y, z)\mid a_1 \le x \le a_2,\ b_1 \le y \le b_2,\ c_1 \le z \le c_2\}$ 일 때, $w=f(x,y,z)$ 가 V 위에서 연속이면

$$\iiint_V f(x,y,z)\,dV = \int_{a_1}^{a_2}\int_{b_1}^{b_2}\int_{c_1}^{c_2} f(x,y,z)\,dz\,dy\,dx$$

가 성립한다.

【예제 1】 $\int_0^2\int_0^1\int_1^2 x^2yz\,dx\,dy\,dz$ 를 구하여라.

《풀이》
$$\int_0^2\int_0^1\int_1^2 x^2yz\,dx\,dy\,dz = \int_0^2\int_0^1 yz\left[\frac{1}{3}x^3\right]_1^2 dy\,dz$$
$$= \int_0^2\int_0^1 \frac{7}{3}yz\,dy\,dz = \frac{7}{3}\int_0^2\left[\frac{1}{2}y^2z\right]_0^1 dz$$
$$= \frac{7}{6}\int_0^2 z\,dz = \frac{7}{6}\left[\frac{1}{2}z^2\right]_0^2 = \frac{7}{3} ◀$$

【예제 2】 $V=\{(x,y,z)\mid 2\le x\le 5,\ 1\le y\le 2,\ 2\le z\le 3\}$일 때,

$$\iiint_V 6xy^2\,dV$$

를 구하여라.

《풀이》
$$\iiint_V 6xy^2\,dV = \int_2^5\int_1^2\int_2^3 6xy^2\,dz\,dy\,dx$$
$$= \int_2^5\int_1^2 6xy^2[z]_2^3\,dy\,dx = \int_2^5\int_1^2 6xy^2\,dy\,dx$$
$$= \int_2^5 2x[y^3]_1^2\,dx = \int_2^5 14x\,dx = [7x^2]_2^5 = 147 ◀$$

영역 V가 직육면체가 아닌 경우도 다음 정리로 얻을 수 있다.

정리 2 $V=\{(x,y,z)\mid a\le x\le b,\ h_1(x)\le y\le h_2(x),$
$g_1(x,y)\le z\le g_2(x,y)\}$ 일 때,
$w=f(x,y,z)$ 가 V에서 연속이면,

$$\iiint_V f(x,y,z)\,dx\,dy\,dz=\int_a^b\int_{h_1(x)}^{h_2(x)}\left\{\int_{g_1(x,y)}^{g_2(x,y)} f(x,y,z)\,dz\right\}dy\,dx$$

가 성립한다.

【예제 3】 $V=\{(x,y,z)\mid 0\le x\le 1,\ 0\le y\le 1-x,\ 0\le z\le 1-x-y\}$ 일때 $\iiint_V z\,dz\,dy\,dx$ 를 구하여라.

《풀이》

$$\begin{aligned}\iiint_V z\,dz\,dy\,dx &= \int_0^1\int_0^{1-x}\int_0^{1-x-y} z\,dz\,dy\,dx\\ &=\int_0^1\int_0^{1-x}\left[\frac{1}{2}z^2\right]_{z=0}^{1-x-y}dy\,dx\\ &=\frac{1}{2}\int_0^1\int_0^{1-x}(1-x-y)^2\,dy\,dx\\ &=\frac{1}{2}\int_0^1\left[-\frac{1}{3}(1-x-y)^3\right]_{y=0}^{1-x}dx\\ &=\frac{1}{6}\int_0^2(1-x)^3\,dx\\ &=\frac{1}{6}\left[-\frac{1}{4}(1-x)^4\right]_0^1=\frac{1}{24}\end{aligned}$$ ◀

【예제 4】 평면 $y=x$, $x=0$ 및 곡면 $y^2+z^2=1$ 로 둘러싸인 입체를 V라고 할 때,

$$\iiint_V z\,dV$$

를 구하여라.

《풀이》 우선 V를 그림으로 나타내면 다음과 같다.

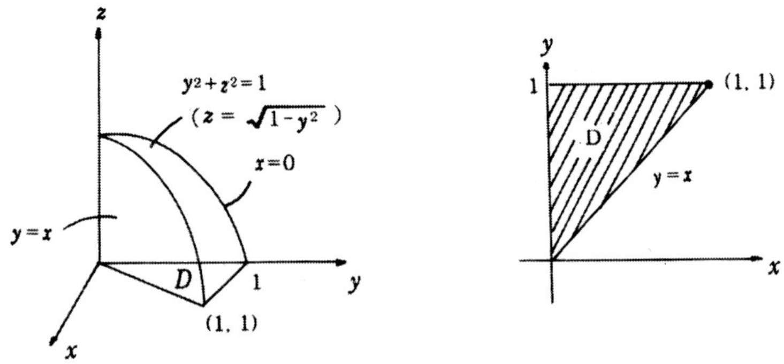

또한 영역 $V=\left\{(x,y,z)\,|\,0\le y\le 1,\ 0\le x\le y,\ 0\le z\le \sqrt{1-y^2}\right\}$이다. 따라서

$$\begin{aligned}\iiint_V z\,dV &= \int_0^1\int_0^y\int_0^{\sqrt{1-y^2}} z\,dz\,dx\,dy \\ &= \int_0^1\int_0^y\left[\frac{1}{2}z^2\right]_{z=0}^{\sqrt{1-y^2}} dx\,dy \\ &= \frac{1}{2}\int_0^1\int_0^y(1-y^2)\,dx\,dy = \frac{1}{2}\int_0^1\left[(1-y^2)x\right]_{x=0}^{y} dy \\ &= \frac{1}{2}\int_0^1(y-y^3)\,dy = \frac{1}{2}\left[\frac{1}{2}y^2-\frac{1}{4}y^4\right]_0^1 = \frac{1}{8}\end{aligned}$$ ◀

정리 3 $V=\left\{(r,\theta,z)\,|\,g_1(\theta)\le r\le g_2(\theta),\ \alpha\le\theta\le\beta,\ f_1(x,y)\le z\le f_2(x,y)\right\}$와 같이 V가 원주좌표로 주어질 때, f가 V에서 연속이면

$$\iiint_V f(x,y,z)\,dx\,dy\,dz = \int_\alpha^\beta\int_{g_1(\theta)}^{g_2(\theta)}\int_{f_1(r\cos\theta,\,r\sin\theta)}^{f_2(r\cos\theta,\,r\sin\theta)} f(r\cos\theta,r\sin\theta,z)\,r\,dz\,dr\,d\theta$$

【예제 5】 $V=\{(x,y,z)\mid x^2+y^2\le 16,\ 0\le z\le 4-y\}$ 일 때,

$$\iiint_V \sqrt{x^2+y^2}\,dx\,dy\,dz$$

를 구하여라.

《풀이》 $x=r\cos\theta,\ y=r\sin\theta$ 에 의해서 $r^2\le 16$ 즉, $0\le r\le 4$ 이 됨으로 $V=\{(r,\theta,z)\mid 0\le r\le 4,\ 0\le\theta\le 2\pi,\ 0\le z\le 4-r\sin\theta\}$ 이다. 따라서

$$\begin{aligned}\iiint_V \sqrt{x^2+y^2}\,dx\,dy\,dz &= \int_0^{2\pi}\int_0^4\int_0^{4-r\sin\theta} r^2\,dz\,dr\,d\theta \\ &= \int_0^{2\pi}\int_0^4 \left[r^2 z\right]_0^{4-r\sin\theta} dr\,d\theta \\ &= \int_0^{2\pi}\int_0^4 (4r^2-r^3\sin\theta)\,dr\,d\theta \\ &= \int_0^{2\pi}\left[\frac{4}{3}r^3-\frac{1}{4}r^4\sin\theta\right]_0^4 d\theta \\ &= \int_0^{2\pi}\left(\frac{256}{3}-64\sin\theta\right)d\theta \\ &= \left[\frac{256}{3}\theta+64\cos\theta\right]_0^{2\pi} \\ &= \frac{512}{3}\pi\end{aligned}$$ ◀

주의 $f(x,y,z)=1$ 일 때 $\iiint_V dV$ 는 영역 V 의 부피가 된다.

【예제 6】 윗면이 $z=\sqrt{25-x^2-y^2}$ 이고, 밑면이 $x^2+y^2\le 9$ 인 z 축에 평행인 기둥의 부피를 구하여라.

《풀이》 먼저 그림을 살펴보면 다음과 같고,

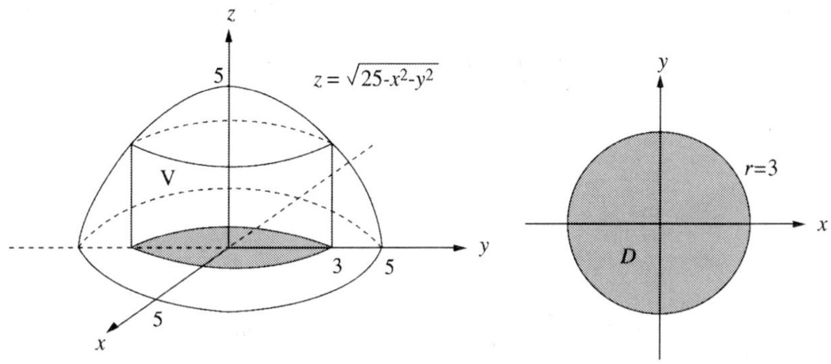

$$V\text{의 부피} = \iiint_V dV = \iint_D \left\{ \int_0^{\sqrt{25-x^2-y^2}} dz \right\} dx\, dy$$

이다. 그러나 극좌표를 이용하여 계산하면 간편하게 됨을 알 수 있다. 따라서

$$\begin{aligned}\iiint_V dV &= \int_0^{2\pi}\int_0^3\int_0^{\sqrt{25-r^2}} r\, dz\, dr\, d\theta \\ &= \int_0^{2\pi}\int_0^3 r\sqrt{25-r^2}\, dr\, d\theta \\ &= \int_0^{2\pi}\left[-\frac{1}{3}(25-r^2)^{\frac{3}{2}}\right]_{r=0}^3 d\theta \\ &= \int_0^{2\pi}\frac{61}{3}d\theta = \frac{122}{3}\pi \blacktriangleleft\end{aligned}$$

정리 4 $V=\{(\rho,\phi,\theta)\mid \alpha\le\theta\le\beta,\ 0\le g_1(\theta)\le\phi\le g_2(\theta)\le\pi,$
$f_1(\phi,\theta)\le\rho\le f_2(\phi,\theta)\}$ 와 같이

V가 구면좌표로 주어질 때, f가 V에서 연속이면

$$\iiint_V f(x,y,z)\,dx\,dy\,dz$$
$$=\int_\alpha^\beta\int_{g_1(\theta)}^{g_2(\theta)}\int_{f_1(\phi,\theta)}^{f_2(\phi,\theta)} f(\rho\sin\phi\cos\theta,\rho\sin\phi\sin\theta,\rho\cos\phi)\rho^2\sin\phi\, d\rho\, d\phi\, d\theta$$

【예제 7】 $V=\{(x,y,z)|\, x^2+y^2+z^2 \le a^2\}$일 때,

$$\iiint_V dV$$

를 구하여라.

《풀이》 구면좌표로 변환시키면

$$\begin{aligned}
\iiint_V dV &= \int_0^{2\pi}\int_0^{\pi}\int_0^{a} \rho^2 \sin\phi \, d\rho d\phi d\theta \\
&= \int_0^{2\pi}\int_0^{\pi} \sin\phi \left[\frac{1}{3}\rho^3\right]_0^a d\phi d\theta \\
&= \int_0^{2\pi}\int_0^{\pi} \frac{1}{3}a^3 \sin\phi \, d\phi d\theta \\
&= \int_0^{2\pi} \left[-\frac{1}{3}a^3\cos\phi\right]_0^{\pi} d\theta \\
&= \frac{2}{3}a^3 \int_0^{2\pi} d\theta \\
&= \frac{2}{3}a^3 [\theta]_0^{2\pi} \\
&= \frac{4}{3}\pi a^3 \quad ◀
\end{aligned}$$

연습문제

1. 다음 삼중적분을 구하여라.

(1) $\int_2^3 \int_1^2 \int_2^5 xy^2\,dx\,dy\,dz$

(2) $\int_1^2 \int_y^{y^2} \int_0^{\log x} ye^z\,dz\,dx\,dy$

(3) $\int_0^{\frac{\pi}{2}} \int_0^{2\cos\theta} \int_0^{4-r^2} r\,dz\,dr\,d\theta$

(4) $\int_0^{2\pi} \int_0^{\pi/4} \int_0^{2a\cos\phi} \rho^2 \sin\phi(1+\cos\theta)\,d\rho\,d\phi\,d\theta$

2. 공간에서 부등식

$$x+y+z \le a^2,\ x \ge 0,\ y \ge 0,\ z \ge 0$$

으로 주어지는 영역을 V라 할 때 다음을 구하여라. $(a>0)$

$$\iiint_V x^2\,dx\,dy\,dz$$

3. $V=\left\{(x,y,z) \mid 0 \le y \le x \le \frac{\pi}{2},\ 0 \le z \le x+y\right\}$일 때,

$$\iiint_V \sin(x+y+z)\,dx\,dy\,dz$$

를 구하여라.

4. 삼중적분을 이용하여 주면 $x^2+y^2=9$와 평면 $z=1$, $x+z=5$로 둘러싸인 입체의 부피를 구하여라.

연습문제 해답

연습문제 제1장

1. (1) $a^{\frac{5}{4}}$ (2) 6
2. (1) 1 (2) 2, $\sqrt{2}$
3. (1) $b-a-1$ (2) $\dfrac{b}{a}$ (3) $\dfrac{a-b}{a+b+1}$
4. (1) $x=-1$ (2) $x=\dfrac{1+\sqrt{3}}{2}$
5. (1) $0 \le x \le 1$ (2) $x > 2$
6. (1) $y=e^{x}$ (2) $y=\log_2 \dfrac{2}{3}x,\ x>0$
7. (1) 7 자리 (2) 10 자리
8. (1) 10 (2) $\dfrac{2}{3}$ (3) 3
9. 1

연습문제 제2장

1. (1) $\dfrac{2}{3}\pi$ (2) $\dfrac{5}{4}\pi$ (3) 75° (4) 270°
2. (1) $\dfrac{\sqrt{2}}{2}$ (2) $\dfrac{\sqrt{3}}{2}$ (3) $\dfrac{1}{2}$ (4) 0 (5) $\dfrac{\sqrt{3}}{2}$
   (6) $\dfrac{\sqrt{2}}{2}$ (7) $\dfrac{1}{2}$ (8) $-\dfrac{\sqrt{3}}{2}$ (9) -1 (10) $\dfrac{\sqrt{3}}{3}\left(\dfrac{1}{\sqrt{3}}\right)$
   (11) 1 (12) $-\dfrac{\sqrt{3}}{3}\left(-\dfrac{1}{\sqrt{3}}\right)$ (13) 0

3. (1) $\frac{\sqrt{2}}{4}(\sqrt{3}-1)$ (2) $\frac{\sqrt{3}}{2}$ (3) $-\frac{\sqrt{3}}{3}$

4. (1) 0.352 (2) -0.28 (3) $-\frac{24}{7}$

5. (1) $\frac{t}{\sqrt{1-t^2}}$ (2) $\frac{1-t^2}{1+t^2}$ (3) $\frac{2t}{1-t^2}$ (4) $\frac{\sqrt{1+t^2}-1}{t}$

6. (1) $\frac{\sqrt{6}+\sqrt{2}}{4}$ (2) $\frac{\sqrt{2+\sqrt{2}}}{2}$ (3) $2+\sqrt{3}$

7. (1) 1 (2) $\tan\theta$

8. (1) $\frac{2t}{1+t^2}$ (2) $\frac{1-t^2}{1+t^2}$ (3) $\frac{2t}{1-t^2}$ (4) $\frac{1-t^2}{2t}$

9. (1) $a=\sqrt{7}$, $\cos B=\frac{1}{2\sqrt{7}}$ (2) $C=120°$ (3) $R=2$, $\angle B=30°$

10. (1) $\frac{\pi}{3}$ (2) $\frac{2}{3}\pi$ (3) $-\frac{\pi}{6}$

11. (1) $2m\pi$, $2m\pi+\frac{\pi}{3}$ (2) $n\pi$, $n\pi\pm\frac{\pi}{4}$

12. (1) $\sin A:\sin B:\sin C=\frac{4}{2R}:\frac{5}{2R}:\frac{6}{2R}$

$=4:5:6$

(2) $\cos A=\frac{3}{4}$, $\cos B=\frac{9}{16}$, $\cos C=\frac{1}{8}$

$\therefore \cos A:\cos B:\cos C=12:9:2$

13. (1) $\frac{a}{2R}=2\times\frac{a^2+c^2-b^2}{2ac}\times\frac{c}{2R}$ $\quad\therefore b=c$

따라서, △ABC는 $b=c$인 이등변삼각형이다.

(2) $\cos A:\cos B=b:a$에서

$a\cos A=b\cos B$

코사인법칙을 이용하여 정리하면

$$(a+b)(a-b)(a^2+b^2-c^2)=0$$

$$\therefore a=b \text{ 또는 } a^2+b^2=c^2$$

따라서, $\triangle$ABC는 $a=b$인 이등변삼각형 또는 $\angle C=90°$인 직각삼각형이다.

14. $\overline{\text{AC}}=b$로 놓으면

$$b^2=4^2+3^2-2\times4\times3\cos60°=13$$

이므로 $b=\sqrt{3}$ $\quad\therefore \overline{\text{AM}}=\dfrac{\sqrt{13}}{2}$

또한, $\overline{\text{AB}}^2+\overline{\text{BC}}^2=2(\overline{\text{AM}}^2+\overline{\text{BM}}^2)$에서

$$4^2+3^2=2\left\{\left(\frac{\sqrt{13}}{2}\right)^2+\overline{\text{BM}}^2\right\}$$

$$\therefore \overline{\text{BM}}=\frac{\sqrt{37}}{2}$$

15. (1) $(\sin\theta-\cos\theta)^2=\dfrac{1}{4}$에서

$$\sin^2\theta-2\sin\theta\cos\theta+\cos^2\theta=\frac{1}{4}$$

$$\therefore \sin\theta\cos\theta=\frac{3}{8}$$

$$(\sin\theta+\cos\theta)^2=\sin^2\theta+2\sin\theta\cos\theta+\cos^2\theta \;=1+\frac{3}{4}=\frac{7}{4}$$

$$\therefore \sin\theta+\cos\theta=\pm\frac{\sqrt{7}}{2}$$

(2) $\sin^2\theta+\cos^2\theta=(\sin\theta+\cos\theta)^3-3\sin\theta\cos\theta(\sin\theta+\cos\theta)$

$$=\left(\pm\frac{\sqrt{7}}{2}\right)^3-3\times\frac{3}{8}\times\left(\pm\frac{\sqrt{7}}{2}\right)$$

$$=\pm\frac{7\sqrt{7}}{8}\mp\frac{9\sqrt{7}}{16}=\pm\frac{5\sqrt{7}}{16} \text{ (복부호 동순)}$$

16. (1) $2\sin^2x+\cos x=1$에서

$$2(1-\cos^2x)+\cos x=1$$

$2\cos^2 x - \cos x - 1 = 0$

$(2\cos x + 1)(\cos x - 1) = 0$

$\cos x = -\dfrac{1}{2}$ 또는 $\cos x = 1$

(i) $\cos x = -\dfrac{1}{2}$

$\therefore x = \dfrac{2}{3}\pi$ 또는 $x = \dfrac{4}{3}\pi$

(ii) $\cos x = 1$ $\quad\therefore x = 0$

(i),(ii)에서 $x = 0$ 또는 $x = \dfrac{2}{3}\pi$ 또는 $x = \dfrac{4}{3}\pi$

(2) (i) $\dfrac{1}{2} \le \sin x$ 에서 $\dfrac{\pi}{6} \le x \le \dfrac{5}{6}\pi$

(ii) $\sin x \le \dfrac{\sqrt{3}}{2}$ 에서

$0 \le x \le \dfrac{\pi}{3},\ \dfrac{2}{3}\pi \le x < 2\pi$

(i), (ii)에서 $\dfrac{\pi}{6} \le x \le \dfrac{\pi}{3}$ 또는 $\dfrac{2}{3}\pi \le x \le \dfrac{5}{6}\pi$

17. (1) $\cos A = \dfrac{5^2 + 7^2 - 3^2}{2 \times 5 \times 7} = \dfrac{13}{14}$

(2) $\sin A = \sqrt{1 - \cos^2 A} = \dfrac{3\sqrt{3}}{14}$

$\therefore S = \dfrac{1}{2} \times 5 \times 7 \times \dfrac{3\sqrt{3}}{14} = \dfrac{15\sqrt{3}}{4}$

(3) $S = \dfrac{abc}{4R}$ 에서 $R = \dfrac{abc}{4S}$ 이므로

$R = \dfrac{3 \times 5 \times 7}{4 \times \dfrac{15\sqrt{3}}{4}} = \dfrac{7\sqrt{3}}{3}$

18. $y=\sin^2 x-4\cos x+2$

$=-\cos^2 x-4\cos x+3$

$\cos x=t \quad (-1\le t\le 1)$

로 놓으면

$y=-t^2-4t+3$

$=-(t+2)^2+7$

따라서,

$t=-1$일 때 최대값 6

$t=1$일 때 최소값 -2

를 갖는다.

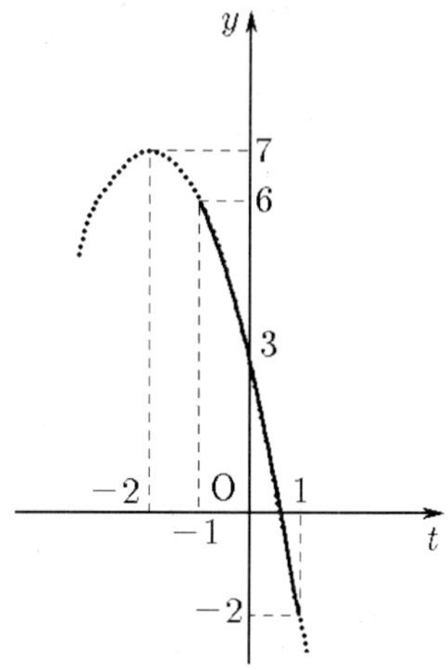

19. (1) $a\sin\left(\frac{\pi}{2}-C\right)=c\sin\left(\frac{\pi}{2}-A\right)$

$a\cos C=c\cos A$

코사인법칙을 이용하여 정리하면

$a^2=c^2$

$\therefore (a+c)(a-c)=0$

따라서, △ABC 는 $a=c$인 이등변삼각형이다.

(2) $\sin(A+B)=\sin\{\pi-(A+B)\}=\sin C$

이므로

$a\sin A+b\sin B=c\sin(A+B)$에서

$a\sin A+b\sin B=c\sin C$

사인법칙을 이용하면

$a\times\frac{a}{2R}+b\times\frac{b}{2R}=c\times\frac{c}{2R}$

$\therefore a^2+b^2=c^2$

따라서, △ABC 는 $\angle C=90°$인 직각삼각형이다.

연습문제 3.1

1. $\left(3, \frac{\pi}{4} \pm 2n\pi\right), \left(-3, \frac{\pi}{4} \pm (2n-1)\pi\right),\ n \in Z$ 2. 생략

3. (1) $r^2 \sin\theta\cos\theta = 2$ 또는 $r^2\sin 2\theta = 4$ (2) $r(\cos\theta - \sin\theta) = 3$

(3) $r = 2\cos\theta$ (4) $\cos^2\theta - \sin^2\theta = r^{-48/25}$

4. (1) $x = 2$ (2) $x = y$ (3) $x^2 = 4y$ (4) $x^2 + y^2 + 2xy = 1$

5. (1)

θ°	0°	30°	60°	90°	120°	150°	180°	$\cdots$
r	4	$2+\sqrt{3}$	3	2	1	$2-\sqrt{3}$	0	$\cdots$

(r,θ) 대신에 $(r,-\theta)$를 대입해도 같은 값을 가지므로, 이 그래프는 기선에 대하여 대칭이다. 따라서 그래프는 아래 왼쪽 그림과 같다.

(2)

θ	0	$\frac{\pi}{6}$	$\frac{\pi}{3}$	$\frac{\pi}{2}$	$\frac{2\pi}{3}$	$\frac{5\pi}{6}$	π	$\cdots$
r	0	$\pm\frac{\sqrt{2}}{2}$	$\pm\sqrt{\frac{\sqrt{3}}{2}}$	± 1	$\pm\sqrt{\frac{\sqrt{3}}{2}}$	$\pm\frac{\sqrt{2}}{2}$	0	$\cdots$

(r,θ) 대신에 $(-r,\theta), (r,\pi-\theta), (-r,\pi-\theta)$를 대입해도 같은 값을 가지므로, 이 그래프는 원점, y축, x축에 대하여 모두 대칭이다. 따라서 그래프는 아래 오른쪽 그림과 같다.

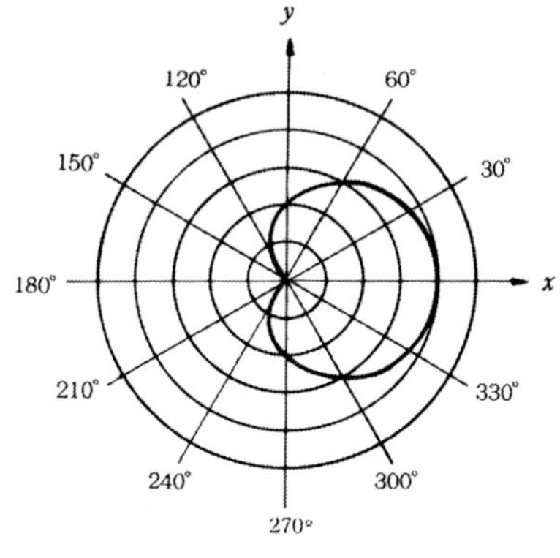

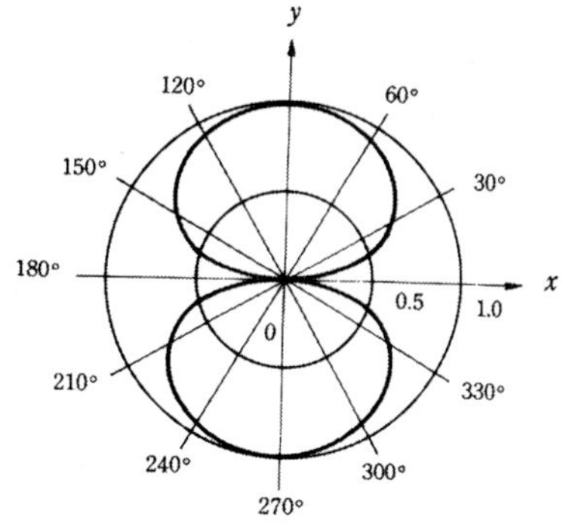

(3) 생략 (4) 생략

연습문제 3.4

1. (1) 구면좌표$\left(13,\ \tan^{-1}\left(-\frac{4}{3}\right),\ \tan^{-1}\left(\frac{5}{12}\right)\right)$ 원주좌표$\left(5,\ \tan^{-1}\left(-\frac{4}{3}\right),\ 12\right)$

   (2) 구면좌표$\left(6,\ \tan^{-1}\left(\frac{1}{2}\right),\ \tan^{-1}\left(-\frac{\sqrt{5}}{2}\right)\right)$

   원주좌표$\left(2\sqrt{5},\ \tan^{-1}\left(\frac{1}{2}\right),\ -4\right)$

   (3) 구면좌표 $\left(2\sqrt{5},\ \frac{2\pi}{3},\ \tan^{-1}\left(\frac{1}{2}\right)\right)$ 원주좌표 $\left(2,\ \frac{2\pi}{3},\ 4\right)$

2. (1) 직교좌표 $(-3,\ 3\sqrt{3},\ -2)$ 구면좌표 $\left(2\sqrt{10},\ \frac{2\pi}{3},\ \tan^{-1}(-3)\right)$

   (2) 직교좌표 $(0,\ -12,\ 5)$ 구면좌표 $\left(13,\ \frac{3\pi}{2},\ \tan^{-1}\left(\frac{12}{5}\right)\right)$

   (3) 직교좌표 $(-4,\ -4\sqrt{3},\ -4)$ 구면좌표 $\left(4\sqrt{5},\ \frac{4\pi}{3},\ \tan^{-1}(-2)\right)$

연습문제 4.1

1. (1) 0 (2) -2 (5) ∞ (6) 2/3 (9) $-\infty$ (10) 0

2. (1) $(-\infty,\ \infty)$ (2) $(-\infty,\ \infty)$ (6) $x \neq -5$인 모든 실수

3. (1) $k=6$ (2) $k=2$

연습문제 4.2

1. (1) $y'=12(1+3x)^3$ (2) $y'=-\frac{1}{(x+1)^2}$ (3) $y'=\frac{4x-5x^2}{2\sqrt{1-x}}$

2. $a=b=1,\ c=0$

3. (1) $\frac{dy}{dx}=\frac{x(1+y^2)}{y(1-x^2)}$ (2) $\frac{dy}{dx}=-\left(\frac{y}{x}\right)^{\frac{1}{3}}$

4. (1) $x+4y=9,\quad 4x-y=2$ (2) $3x-5y=4,\quad 5x+3y=18$

5. (1) $\dfrac{dx}{dy}=\dfrac{1}{3(y+2)^{2/3}}$ (2) $\dfrac{dx}{dy}=\dfrac{1}{5y^{4/5}(y^{1/5}-1)^2}$

6. (1) $\dfrac{dy}{dx}=-1$ (2) $\dfrac{dy}{dx}=\dfrac{(1+t)^2}{1+t^2}$

7. (1) $y^{(n)}=(-1)^n n!(1+x)^{-(1+n)}$

(2) $y^{(n)}=\dfrac{(-1)^{n-1}}{2^n}3\cdot5\cdots(2n-3)\dfrac{x^{\frac{1}{2}-n}}{1-x}$

$$+{}_nC_1\frac{(-1)^{n-2}}{2^{n-1}}3\cdot5\cdots(2n-5)\frac{x^{\frac{3}{2}-n}}{(1-x)^2}+\cdots+\frac{n!x^{\frac{1}{2}}}{(1-x)^{n+1}}$$

연습문제 4.3

1. (1) $y'=\sin x+x\cos x$ (2) $y'=-\sin 2x$

(3) $y'=-2x\sec^2(1-x^2)$ (4) $y'=\dfrac{2}{\sqrt{1+4x^2}}$

2. 생략

3. $y'=-\dfrac{\sin x+y}{x+\sin y}$

연습문제 4.4

1. (1) $y'=xe^x(2+x)$ (2) $y'=2e^{2x+1}$ (3) $y'=e^x-e^{-x}$

(4) $y'=2xe^{-x^2}(1-x^2)$ (5) $y'=\dfrac{a}{ax+b}$

2. (1) $\dfrac{dy}{dx}=\cot x$ (2) $\dfrac{dy}{dx}=2^x(\sin x\ln 2+\cos x)$

연습문제 4.5

1. (1) $y' = \dfrac{\cos x}{2\sqrt{1+\sin x}}$ (2) $y' = 4x\tan(x^2+1)\sec^2(x^2+1)$

   (3) $5(2x+1)^{\frac{3}{2}}\sec(2x+1)^{\frac{5}{2}}\tan(2x+1)^{\frac{5}{2}}$

   (4) $\dfrac{1}{4}\sec^2 x\sin(\tan x)^{-\frac{3}{4}}\cos(\tan x)$

2. (1) $y' = \sin^{-1}x^2 + \dfrac{2x^2}{\sqrt{1-x^4}}$ (2) $y' = \dfrac{2x}{2\quad x^2}$

3. (1) $y' = \dfrac{\cos(\log x)}{x}$ (2) $y' = e^x(\cos x - \sin x)$

   (3) $y' = \dfrac{e^x + e^{-x}}{e^x - e^{-x}} = \coth x$ (4) $y' = a^x \log a\left\{\log(1+a^x) + \dfrac{a^x}{1+a^x}\right\}$

4. (1) $y' = e^{2x}$ (2) $y' = \dfrac{2e^{2x}\sinh(\tan^{-1}e^{2x})}{1+e^{4x}}$ (3) $y' = -\dfrac{1}{2x}$

5. (1) $\dfrac{4}{5}$ (2) $-\dfrac{\pi}{4}$ (3) $\dfrac{33}{65}$

6. 생략

연습문제 5.1

1. (1) $c = 3$ (2) $c = \pi$

2. (1) $c = 1$

   (2) f 는 $x = 1$ 에서 불연속이므로 평균값정리가 성립하지 않는다.

   (3) $f'(0)$ 이 존재하지 않으므로 평균값정리가 성립하지 않는다.

   (4) $c = \dfrac{5}{4}$

연습문제 5.2

1. (1) 극소값 $f(\frac{3}{4})=\frac{47}{8}$

   (2) 극소값 $f(2)=-58$, 극대값 $f(5)=-31$

   (3) 극대값 $f(-1)=8$, 극소값 $f(5)=-100$

   (4) 극치를 갖지 않는다.

   (5) 극소값 $f(1)=2$, 극대값 $f(-1)=-2$

   (6) 극소값 $f(-2)=-121$, 극대값 $f(0)=7$

   극소값 $f(2)=121$

2. 생략

연습문제 5.3

1. (1) $\sum_{n=0}^{\infty}\frac{x^{n+1}}{n!}$　(2) $x+\frac{1}{3}x^3+\frac{2}{15}x^5+\cdots$

   (3) $\sum_{n=0}^{\infty}\frac{x^{2n+1}}{(2n+1)!}$　(4) $\sum_{n=0}^{\infty}(-1)^n x^n$

   (5) $x^2-\frac{1}{3}x^4+\frac{2}{45}x^6+\cdots$　(6) $1-x^2+\frac{x^4}{3}-\frac{2}{45}x^6+\cdots$

2. (1) $\frac{1}{5}-\frac{1}{5^2}(x-3)+\frac{2}{5^3}(x-2)^2-\frac{6}{5^4}(x-3)^3+\cdots$

   (2) $\sum_{n=0}^{\infty}(-1)^n\frac{\Pi^{2n}(x-\frac{1}{2})^{2n}}{2n!}$

   (3) $\frac{15}{8}+\frac{17}{8}(x-\log 4)+\frac{15}{16}(x-\log 4)^2+\frac{17}{48}(x-\log 4)^3+\cdots$

   (4) $\sum_{n=0}^{\infty}(-1)^{n+1}\frac{(x-1)^n}{n}$

3. $55+87(x-2)+50(x-2)^2+12(x-2)^3+(x-2)^4$

4. (1) $1-2x+2x^2-\frac{4}{3}x^3+\frac{2}{3}x^4$

(2) $2x-\frac{4}{3}x^3$

(3) $x+\frac{1}{3}x^3$

(4) $x+x^2+\frac{x^3}{2!}+\frac{x^4}{3!}$

(5) $1+\frac{1}{2}x^2+\frac{5}{24}x^4$

(6) $\ln 3+\frac{2}{3}x-\frac{2}{9}x^2+\frac{8}{81}x^3-\frac{4}{81}x^4$

연습문제 5.4

1. (1) $3\frac{15}{16}$ (2) 3.025

2. (1) 1.517003 (2) 0.7853982

3. (1) 1.288 (2) 1.169

4. 제 1 근사값 2.1

제 2 근사값 2.0046

연습문제 6.1

1. (1) $\frac{8}{3}x^3-x^2+3x+C$ (2) $\cos x+5\sin x+C$

(3) $\frac{3}{5}x^5 - \ln|x| + 5\sin^{-1}x + C$ (4) $\frac{2}{3}x\sqrt{x} + e^x - 2x - 2\sin x + C$

연습문제 6.2

1. (1) $xe^x - e^x + C$ (2) $\frac{1}{3}x^3\ln x - \frac{1}{9}x^3 + C$

(3) $x\sin x + \cos x + C$ (4) $x\tan x + \ln|\cos x| + C$

(5) $x\tan^{-1}x - \frac{1}{2}\ln(1+x^2) + C$ (6) $x\cosh x - \sinh x + C$

(7) $\frac{1}{2}(\cos x + \sin x)e^x + C$ (8) $-\frac{1}{x}\ln(1+x^2) + 2\tan^{-1}x + C$

2. 생략

3. (2) $\frac{1}{8}(2\cos^3 x\sin x + 3\cos x\sin x + 3x) + C$

연습문제 6.3

1. (1) $\frac{1}{4}(1+2x)^4 + C$ (2) $\sqrt{1+x^2} + C$

(3) $\frac{1}{2}\sin 2x + C$ (4) $\frac{1}{2}e^{2x} + C$

(5) $\frac{1}{3}\tan^3 x + C$ (6) $\frac{1}{3}(\ln x)^3 + C$

(7) $-\cos(\ln x) + C$ (8) $\frac{3}{5}(1+x^2)^{4/3} + C$

(9) $2e^{\sqrt{x}} + C$ (10) $\ln|x^2 - 3x + 2| + C$

2. (1) $-\frac{1}{3}\cos x^3 + C$ (2) $\frac{1}{2}\tan^{-1}(x^2) + C$

(3) $\frac{1}{2}(\ln 2x)^2 + C$ (4) $\frac{1}{a^3}\left(\frac{a^2x^2}{2} - abx + b^2\ln|ax+b|\right) + C$

(5) $\frac{1}{3}\tan(3x+1) + C$ (6) $\frac{1}{3}\sin^3 x + C$

연습문제 6.4

1. (1) $-\frac{1}{4}\cos 2x-\frac{1}{16}\cos 8x+C$ (2) $\frac{1}{4}\tan^4 x-\frac{1}{2}\tan^2 x-\ln|\cos x|+C$

(3) $\frac{1}{7}\sec^7 x-\frac{1}{5}\sec^5 x+C$ (4) $-\frac{1}{3}\csc 3x+C$

(5) $-\frac{2}{1+\tan\frac{x}{2}}+C$ (6) $\sin^{-1}\left(\frac{x}{a}\right)+C$

연습문제 6.5

1. (1) $\frac{1}{2}\left(\ln|x+1|-\ln\sqrt{x^2+1}+\tan^{-1}x\right)+C$

(2) $-\frac{7}{15}\ln|3x-1|+\frac{2}{5}\ln\left(x^2+1\right)+\frac{3}{5}\tan^{-1}x+C$

(3) $2\ln\left|\frac{x-2}{x}\right|+\frac{2}{x}+C$

(4) $x^3+x+\frac{1}{3}\ln\left|\frac{x-1}{x+2}\right|+C$

(5) $\ln\left(\frac{e^x+1}{e^x+2}\right)+C$

(6) $\frac{1}{4}(\ln|x-1|-\ln|x+1|)-\frac{1}{2}\tan^{-1}x+C$

(7) $\frac{1}{5}\left(\ln\left|\tan\frac{x}{2}-\frac{1}{3}\right|-\ln\left|\tan\frac{x}{2}+3\right|\right)+C$

(8) $\ln|x^2-4x+8|+3\tan^{-1}\left(\frac{x-2}{2}\right)+C$

연습문제 6.5

1. (1) $\sqrt{x}-\log(1+\sqrt{x})+C$

(2) $\ln(x+\sqrt{x-1})-\dfrac{2}{\sqrt{3}}\tan^{-1}\dfrac{2\sqrt{x-1}+1}{\sqrt{3}}+C$

(3) $6(\sqrt[6]{x}-\tan^{-1}\sqrt[6]{x})+C$

(4) $\dfrac{x}{\sqrt[3]{1+x^3}}+C$

(5) $\sin^{-1}\left(\dfrac{\sin x}{\sqrt{2}}\right)+C$

(6) $\dfrac{1}{2}\ln(x^2-4x+8)+\tan^{-1}\left(\dfrac{x-2}{2}\right)+C$

연습문제 7.1

1. (1) 6　(2) $\dfrac{e^{\pi}+1}{2}$　(3) 1　(4) $\dfrac{e-2}{2}$

연습문제 7.2

1. (1) $\dfrac{21}{50}$　(2) $\dfrac{1}{3}$　(3) $\dfrac{\pi^2}{32}$　(4) $\dfrac{1}{3}\ln\left(\dfrac{1+3e}{4}\right)$　(6) $\dfrac{1}{3}$

연습문제 7.3

1. (1) -1　(2) 1　(3) ∞　(4) $-\infty$　(5) 2
 (6) 값은 존재하지 않는다.　(7) 2　(8) ∞

연습문제 8.1

1. πab　2. 18　3. 6π　4. $\dfrac{3}{2}a^2$　5. π

연습문제 8.2

1. $\frac{1}{3}\pi a^2 h$ 2. $\frac{4}{3}\pi r^3$ 3. $\frac{4}{3}\pi a^2 b$ 4. $\frac{2}{15}\pi$ 5. 2π 6. 4π

연습문제 8.3

1. $\frac{17}{6}$ 2. $\frac{4}{3}\pi a^2 b$ 3. $\sqrt{2}\left(e^{\frac{\pi}{2}}-1\right)$ 4. 4

연습문제 8.4

1. $4\pi r^2$ 2. $\frac{15+\ln 2}{4}\pi$ 3. $\frac{2\pi ab}{e}\left(e\sqrt{1-e^2}+\sin^{-1}e\right)$, $\left(\text{단, } e^2=\frac{a^2-b^2}{a^2}\right)$

4. $\frac{2\sqrt{2}}{5}(2e^{\pi}+1)$ 5. $2\pi a^2(2-\sqrt{2})$

연습문제 9.1

1. (1) $\frac{\partial f}{\partial x}=2x-y,\ \frac{\partial f}{\partial y}=-x+2y$ (2) $\frac{\partial f}{\partial x}=-\frac{1}{(x+y)^2}=\frac{\partial f}{\partial y}$

(3) $\frac{\partial f}{\partial x}=e^x\ln y,\ \frac{\partial f}{\partial y}=e^x\frac{1}{y}$ (4) $\frac{\partial f}{\partial x}=\frac{-\frac{y}{x^2}}{1+\left(\frac{y}{x}\right)^2},\ \frac{\partial f}{\partial y}=\frac{\frac{1}{x}}{1+\left(\frac{y}{x}\right)^2}$

2. (1) $\frac{1}{2\sqrt{5}}$ (2) $\frac{2}{\sqrt{5}}$

3. (1) $f_{xx}=y^2(x^2+y^2)^{-\frac{3}{2}},\ f_{yy}=x^2(x^2+y^2)^{-\frac{3}{2}},$

$f_{xy}=f_{yx}=-xy(x^2+y^2)^{-\frac{3}{2}}$

(2) $f_{xx} = \dfrac{-16}{(4x-5y)^2}$, $f_{yy} = \dfrac{-25}{(4x-5y)^2}$, $f_{xy} = f_{yx} = \dfrac{20}{(4x-5y)^2}$

연습문제 9.2

1. (1) $\dfrac{dz}{dt} = \dfrac{3}{t^2}\sin\dfrac{1}{t}$ (2) $\dfrac{dz}{dt} = -\dfrac{5}{2}t\,\sqrt{t}\,e^{1-t^2\sqrt{t}}$

2. (1) $\dfrac{\partial z}{\partial u} = -\dfrac{2\sin u}{3\sin v}$, $\dfrac{\partial z}{\partial v} = -\dfrac{2\cos u\cos v}{3\sin^2 v}$

   (2) $\dfrac{\partial z}{\partial u} = \dfrac{2u}{v^2} - u^2 v\sec^2\left(\dfrac{u}{v}\right) - 2uv^2\tan\left(\dfrac{u}{v}\right)$

   $\dfrac{\partial z}{\partial v} = -\dfrac{2u^2}{v^2} + u^3\sec^2\left(\dfrac{u}{v}\right) - 2u^2 v\tan\left(\dfrac{u}{v}\right)$

3. (1) $\dfrac{dy}{dx} = \dfrac{y}{\sin y - x}$ (2) $\dfrac{dy}{dx} = -\dfrac{ye^{xy} + ye^x}{xe^{xy} + e^x}$ (3) $\dfrac{dy}{dx} = \dfrac{3x^2 - 3y^2}{6xy - 3y^2}$

연습문제 9.3

1. (1) $dz = (2xy + y^2)dx + (x^2 + 2xy)dy$

   (2) $dz = \left(\dfrac{y^2}{xy^2} + \cosh x\right)dx + \left(\dfrac{2xy}{xy^2}\right)dy$

2. (1) 4.15 (2) -0.1

3. (1) 극소점$(-2,3)$ 극소값 -18

   (2) 안장점$(0,0)$ 극대점 $(1,1)$ 극대값 -1

   극소점 $(-1,-1)$ 극대값 -1

   (3) 극값을 갖지 않음

연습문제 10.1

1. (1) 6 (2) -1 (3) 928/3 (4) 240

2. (1) $(e^{ap}-1)(e^{aq}-1)/pq$ (2) 4/3
   (3) 36 (4) $e^4/2-e^2$
   (5) $-243/40$ (6) $\frac{1}{3}(\frac{\pi}{3}+\frac{\sqrt{3}}{2})$
   (7) 1/6 (8) $\frac{2}{3\pi}$

연습문제 10.2

1. (1) 1/6 (2) 0 (3) 0
   (4) $3\pi/32$ (5) $\pi/8$ (6) $\pi(1-e^{-4})$

2. (1) $\frac{2}{3}a^3$ (2) $\frac{3}{2}\pi a^4$ (3) $\frac{\pi}{2}(b^4-a^4)$ (4) $\frac{35}{16}\pi a^4$

3. $\frac{3}{2}\pi a^2$

연습문제 10.3

1. (1) 47/2 (2) 47/24 (3) $5\pi/4$ (4) πa^3

2. $\frac{4}{15}\pi a^4$

3. $\frac{1}{2}$

4. 36π

찾아보기

Leibniz / 100

Maclaurin / 126
Maclaurin급수 / 126

Newton의 공식(Newton's formula) / 132
Newton의 방법 / 132

Rolle의 정리 / 117

Taylor급 / 126
Taylor급수 / 126
Taylor다항식 / 125

공간극좌표 / 83
공간극좌표계 / 83
구면좌표 / 83
구면좌표계 / 80
극 / 71
극값 / 121, 232
극값의 판정 / 121
극대 / 232
극대값 / 121, 232, 232
극소값 / 121
극좌표 / 71
극좌표변환 / 74
극축 / 71
근사값 / 131

다항 / 125
다항식 / 125
대수함수 / 107
도함수 / 94
동경 / 83

로그부등식 / 18

무리함수 / 166
미분 / 130
미분가능 / 224
미분계수 / 93
밑 / 4

반복적분 / 242
방위각 / 82, 83
부분적분법 / 140
부정적분 / 137

3차원Euclid공간 / 81
상단 / 174
성망형 / 215
성분 / 81
심장형 / 195, 209
쌍곡선함수 / 110

안장점 / 233
역사인함수 / 51
연쇄법칙 / 95

원주좌표 / 82
원주좌표계 / 80, 82
유리함수 / 161
음함수 / 98
음함수의 미분법 / 98
이상적분 / 182
1라디안 / 26
임계점 / 232

자연대수 / 107
적분가능 / 174
전미분 / 230
점화식 / 143
정적분 / 174
좌표 / 80
주기(period) / 45
주기함수(periodic function) / 44
중간값 정리 / 91
지수 / 4
지수부등식 / 13
지수함수 / 4, 107
직교좌표 / 80
직교좌표계 / 80
진폭 / 44, 46

천정각 / 83
최대값과 최소값 정리 / 91
치환적분법 / 145
치환적분법에 의한 정적분 / 179

편도함수 / 221
편미분한다 / 221
편적분 / 242
평균값의 정리 / 118

하단 / 174
함수의 극한 / 87
함수의 연속 / 89
호도법 / 26

[저자소개]

이효삼
대구대학교 자연과학대학 수학과 교수

이관영
대구대학교 공과대학 토목공학과 교수

황정주
대구대학교 강사(이학박사)

공 학 기 초 수 학 I

1판1쇄 — 2008년 2월 28일
1판4쇄 — 2015년 3월 23일
지은이 — 이효삼 · 이관영 · 황정주
펴낸이 — 홍 덕 률
펴낸곳 — 대구대학교출판부
주소 — 경북 경산시 진량읍 대구대로 201
전화 — (053)850-5661～2
팩스 — (053)850-5669
찍은곳 — 유림출판사
등 록 — 경산 제11호
정가 12,000원
ISBN 978-89-7794-453-4-93410